# 战斗部结构设计及靶场试验

杜　宁　熊　玮　刘　闯
郝志坚　郭秋萍　卢建东　编著

北京理工大学出版社
BEIJING INSTITUTE OF TECHNOLOGY PRESS

## 内容简介

本书在继承传统战斗部结构与原理和试验手段的基础上，结合国军标，较全面地概述常规战斗部的结构设计及靶场试验，包括具体的设计原理、设计方法、设计手段和试验后数据处理，阐述了相关设计原理及方法的理论依据，补充一些新的战斗部结构设计手段与试验方法。本书共分9章，重点阐述破片战斗部、爆破战斗部、聚能装药设计、穿甲侵彻战斗部、子母战斗部等典型战斗部的结构设计和试验方案，并给出了部分战斗部的发展趋势；简单介绍了其他类型武器战斗部发展趋势、战斗部装药方法、战斗部试验方案。

本书具有通用性和广泛的适用范围，主要作为高等院校有关专业本科生、研究生的教材，也可为其他专业对弹药试验感兴趣的学生及不同工作岗位的科技技术人员提供参考。



**图书在版编目（CIP）数据**

战斗部结构设计及靶场试验 / 杜宁等编著. --北京：北京理工大学出版社，2022. 8

ISBN 978-7-5763-1647-6

Ⅰ. ①战… Ⅱ. ①杜… Ⅲ. ①战斗部-结构设计 ②靶场试验 Ⅳ. ①TJ410. 3 ②TJ06

中国版本图书馆 CIP 数据核字（2022）第 159748 号

出版发行 / 北京理工大学出版社有限责任公司
社　　址 / 北京市海淀区中关村南大街 5 号
邮　　编 / 100081
电　　话 /（010）68914775（总编室）
（010）82562903（教材售后服务热线）
（010）68944723（其他图书服务热线）
网　　址 / http：//www. bitpress. com. cn
经　　销 / 全国各地新华书店
印　　刷 / 河北盛世彩捷印刷有限公司
开　　本 / 787 毫米×1092 毫米　1/16
印　　张 / 13. 75
字　　数 / 319 千字
版　　次 / 2022 年 8 月第 1 版　2022 年 8 月第 1 次印刷
定　　价 / 68. 00 元

责任编辑 / 王玲玲
文案编辑 / 王玲玲
责任校对 / 刘亚男
责任印制 / 李志强

图书出现印装质量问题，请拨打售后服务热线，本社负责调换

# 前言

编写本书的目的在于研究战斗部的设计原理，并介绍适合各类战斗部的方法。战斗部是各类弹药毁伤目标的最终单元，是直接用于摧毁、杀伤目标，完成战斗使命的部件。由于新原理、新技术、新材料、新工艺在战斗部设计中的应用，战斗部结构不断改进，常规战斗部正朝着智能化、灵巧化、多模式、多功能的方向发展。由于军事目标的多样性，因而战斗部种类也具有多样性。一个善于设计满足战术要求的战斗部结构，灵活应用战斗部设计方法，能敏锐地观察试验现象，深刻地分析试验结果，并能准确地处理试验数据的科技人员，无疑会取得较高的工作效率，获得较大的科技成果。本书较全面地概述常规战斗部的结构和作用原理，包括具体的结构设计、试验方案、测试手段和数据处理，阐述了相关战斗部结构设计的设计流程，补充一些新的战斗部结构设计手段与试验方法，帮助兵器类专业学生更清楚、规范地了解各种战斗部结构特点、组成、分类和发展趋势等，对从事弹药工程研究的科技人员进行产品的研制提供参考。

本书共 9 章。第 1 章为绪论，简要介绍战斗部的作用及其战术技术要求、战斗部设计依据与设计准则、战斗部设计内容与方法、战斗部研制程序，最后介绍战斗部的发展趋势。第 2 章破片战斗部，介绍了破片战斗部主要性能参数优化设计、破片战斗部设计流程、弹道枪试验等内容。第 3 章爆破战斗部，战斗部爆炸形成破片和空气冲击波超压杀伤已成为战场主要威胁，本章介绍了活性材料爆破战斗部结构设计等内容。第 4 章聚能装药战斗部，介绍了聚能现象及其应用、聚能射流形成过程、聚能装药结构设计等内容。第 5 章穿甲侵彻战斗部，介绍了侵彻与贯穿现象的一般特性、半穿甲战斗部技术设计程序、钢筋混凝土靶试验建立及破孔尺寸检测等内容。第 6 章子母弹战斗部，主要讨论子母弹子弹筒组合体下落高度、出筒速度、扫描转速、子弹各阶段的初始速度、稳态扫描状态的扫描角等参数的变化引起的散布等内容。第 7 章其他类型武器战斗部，主要介绍了云爆战斗部、碳纤维弹、激光武器和微波武器等几种新型战斗部的基本概况、作用原理和发展现状等内容。第 8 章战斗部装药，介绍了常规战斗常用的炸药性能和装药成型技术等问题。第 9 章战斗部试验，介绍了战斗部试验用技术条件与技术标准、靶场试验安全性、战斗部威力试验常用的设备等内容。

本书由杜宁副教授完成第 1 ~ 3、8 章的编写工作；熊玮讲师完成第 9 章的编写工作；刘闯博士后完成第 5 章的编写工作；郝志坚副教授、郭秋萍高级工程师、卢建东高级工程师共同完成第4、6、7章及附录的编写工作。全书由杜宁副教授统稿。

本书在《飞航导弹战斗部与引信》《战斗部结构与原理》基础上，较全面地概述常规战斗部的结构和作用原理，包括具体的结构设计、试验方案、测试手段和数据处理，阐述了相关战斗部结构设计的设计流程，补充了一些新的战斗部结构设计手段与试验方法，使得本书具有时代特色和先进性。本书主要面向兵器类专业且对弹药相关知识有一定了解的本科生，帮助学生们更清楚、规范地了解各种战斗部结构、组成、分类和发展趋势等。同时，本书编排合理、内容通俗易懂，自学者可根据个人需要选学，也可为其他专业对战斗部结构设计有兴趣的学生及不同工作岗位的科技技术人员提供参考。

本书在章节体系和内容组织方面得到了张先锋教授、焦志刚教授的指点和帮助，特此致谢。本书在定稿过程中进行了多次修改和完善，在这期间，课题组研究生樊金欣、张雨萌等，本科生张泽林、王定一、犹智辉等，为书稿的打印、插图绘制和修改付出了辛勤的劳动，也提出了很多有益的修改建议，在此一并表示感谢。

由于作者水平有限，本书不足之处难免，恳请读者指正。E-mail：duning@ sylu. edu. cn。

# 目　录


**第1章　绪论** ……………………………………………………（1）

1.1　战斗部的作用及其战术技术要求 ……………………………（1）

1.1.1　战斗部的作用和地位 ……………………………（1）

1.1.2　战斗部的组成 ……………………………（2）

1.1.3　战斗部分类 ……………………………（4）

1.1.4　战斗部的战术技术要求 ……………………………（4）

1.2　战斗部设计依据与设计准则 ……………………………（4）

1.2.1　战斗部设计依据 ……………………………（4）

1.2.2　战斗部设计准则 ……………………………（5）

1.2.3　战斗部设计程序 ……………………………（5）

1.2.4　战斗部试验用技术条件与技术标准 ……………………………（6）

1.3　战斗部设计内容与方法 ……………………………（6）

1.3.1　典型目标“要害”特性分析 ……………………………（7）

1.3.2　选择战斗部类型 ……………………………（7）

1.3.3　编制方案论证报告 ……………………………（8）

1.3.4　进行关键技术攻关和必要的设计验证试验 ……………………………（8）

1.3.5　拟定战斗部设计任务书 ……………………………（8）

1.3.6　战斗部设计的常用方法 ……………………………（8）

1.4　战斗部威力设计试验项目 ……………………………（9）

1.5　战斗部研制程序 ……………………………（9）

1.6　战斗部的发展趋势 ……………………………（10）

1.6.1　高效毁伤战斗部 ……………………………（11）

1.6.2　智能化复合化战斗部 ……………………………（13）

1.7　活性材料壳体爆炸驱动下能量释放特性试验 ……………………………（14）

1.7.1　Al/PTFE、Al/Ni 典型活性材料制备及力学性能测试 ……………………………（14）

1.7.2　Al/PTFE、Al/Ni 典型活性材料壳体爆炸驱动试验 ……………………………（20）

1.7.3 爆炸作用过程温度场分布特点 …… (25)
1.7.4 活性材料壳体爆炸驱动下空气冲击波强化效应分析 …… (28)
1.7.5 结论 …… (29)
参考文献 …… (30)
**第2章 破片战斗部** …… (31)
2.1 破片战斗部主要性能参数优化设计 …… (31)
2.1.1 破片战斗部的设计 …… (32)
2.1.2 连续杆战斗部的设计 …… (36)
2.1.3 破片聚焦战斗部的设计 …… (37)
2.2 破片战斗部设计流程 …… (38)
2.3 弹道枪试验 …… (38)
2.3.1 不同硬度钢质破片侵彻 Q235A 钢板试验研究 …… (38)
2.3.2 侵彻试验方案 …… (39)
2.3.3 不同硬度 D60 钢破片的侵彻性能分析 …… (40)
2.3.4 破片剩余速度 …… (42)
2.3.5 不同硬度破片对钢板极限穿透速度量纲为 1 的模型 …… (43)
2.3.6 弹道枪试验结论 …… (44)
2.4 不同硬度刻槽壳体爆炸驱动形成破片特性试验 …… (44)
2.4.1 战斗部结构 …… (45)
2.4.2 试验方案 …… (46)
2.4.3 不同硬度刻槽壳体形成破片侵彻钢板性能 …… (47)
2.4.4 沙箱回收破片 …… (47)
2.4.5 不同硬度刻槽壳体形成破片过程仿真及试验分析 …… (49)
2.4.6 不同硬度刻槽壳体形成破片质量变化规律 …… (51)
2.4.7 刻槽壳体形成破片速度变化规律 …… (52)
2.4.8 静爆试验结论 …… (53)
2.5 活性破片 …… (54)
2.5.1 活性材料冲击压缩响应特性理论分析 …… (54)
2.5.2 活性材料冲击反应速率模型 …… (57)
思考题 …… (58)
参考文献 …… (58)
**第3章 爆破战斗部** …… (60)
3.1 爆破战斗部结构 …… (60)
3.1.1 爆破战斗部结构类型 …… (60)
3.1.2 爆破战斗部装药 …… (62)
3.1.3 空气冲击波的几个重要参数 …… (62)
3.1.4 空气冲击波初始参数 …… (64)
3.2 活性材料爆破战斗部结构设计 …… (65)

3.3 活性材料壳体制备…………………………………………………………(65)
3.3.1 试验原料……………………………………………………………(65)
3.3.2 合金制备……………………………………………………………(66)
3.3.3 材料性能参数………………………………………………………(66)
3.4 试验方案的设计…………………………………………………………(67)
3.5 试验测试方案……………………………………………………………(67)
3.6 试验结果分析与讨论……………………………………………………(68)
3.6.1 爆炸作用过程高速摄影观测结果…………………………………(68)
3.6.2 活性材料壳体装药爆炸加载释能特性……………………………(71)
3.6.3 爆炸作用过程温度场分布特点……………………………………(72)
3.6.4 空气中空气冲击波传播特性分析…………………………………(73)
3.7 回收破片断口特征………………………………………………………(80)
3.8 结论………………………………………………………………………(83)
3.9 不同结构活性材料壳体…………………………………………………(84)
思考题 ………………………………………………………………………(84)
参考文献 ……………………………………………………………………(84)
**第4章 聚能装药战斗部** ………………………………………………………(86)
4.1 聚能现象及其应用………………………………………………………(86)
4.1.1 聚能现象……………………………………………………………(86)
4.1.2 聚能装药应用………………………………………………………(87)
4.2 聚能射流形成过程………………………………………………………(89)
4.3 聚能装药结构设计………………………………………………………(91)
4.3.1 炸药装药……………………………………………………………(91)
4.3.2 药型罩设计…………………………………………………………(93)
4.3.3 炸高确定……………………………………………………………(96)
4.3.4 战斗部对引信的要求………………………………………………(98)
4.3.5 隔板…………………………………………………………………(99)
4.3.6 旋转运动……………………………………………………………(99)
4.3.7 壳体 ………………………………………………………………(101)
4.3.8 靶板 ………………………………………………………………(101)
4.4 计算破甲深度的经验公式 ……………………………………………(101)
4.4.1 经验公式之一 ……………………………………………………(101)
4.4.2 经验公式之二 ……………………………………………………(102)
4.4.3 其他经验公式 ……………………………………………………(103)
4.5 定常不可压缩理想流体理论 …………………………………………(103)
4.6 双模聚能战斗部成型装药的结构优化 ………………………………(103)
4.6.1 引言 ………………………………………………………………(103)
4.6.2 喇叭形药型罩装药的射流形成理论 ……………………………(104)

4.6.3 战斗部聚能装药结构 …… (106)
4.6.4 结论 …… (108)
4.7 活性材料药型罩 …… (109)
思考题 …… (110)
参考文献 …… (110)
**第5章 穿甲侵彻战斗部** …… (111)
5.1 侵彻与贯穿现象的一般特性 …… (111)
5.1.1 靶板的侵彻 …… (112)
5.1.2 靶板的贯穿 …… (112)
5.1.3 钢筋混凝土破坏特征 …… (114)
5.2 侵彻混凝土研究方法 …… (115)
5.2.1 试验研究法 …… (115)
5.2.2 理论分析法 …… (116)
5.2.3 数值模拟法 …… (116)
5.3 半穿甲战斗部技术设计程序 …… (117)
5.4 半穿甲战斗部技术设计 …… (117)
5.4.1 头部形状的选择 …… (118)
5.4.2 壳体材料和厚度的确定 …… (119)
5.4.3 确定半穿甲战斗部壁厚的计算方法 …… (119)
5.4.4 选择炸药和确定装药量 …… (125)
5.4.5 半穿甲战斗部的装药在撞击条件下的安全性 …… (126)
5.5 钢筋混凝土靶试验建立及破孔尺寸检测 …… (127)
5.5.1 钢筋混凝土靶试验建立 …… (127)
5.5.2 不规则毁伤的靶板检测 …… (127)
5.6 卵形弹对素混凝土侵彻深度的经验公式 …… (129)
5.7 钻地弹原理与结构 …… (130)
5.7.1 钻地弹结构 …… (130)
5.7.2 钻地弹的关键技术 …… (131)
5.7.3 钻地弹的发展趋势 …… (133)
5.8 脱壳穿甲弹 …… (133)
5.9 活性材料侵彻弹 …… (134)
思考题 …… (135)
参考文献 …… (135)
**第6章 子母弹战斗部** …… (136)
6.1 子母弹战斗部作用原理 …… (136)
6.1.1 子母弹典型结构 …… (138)
6.1.2 子母弹的作用过程 …… (139)
6.2 子母弹战斗部的设计步骤 …… (140)

6.3　子母弹子弹散布 …………………………………………………… (140)
6.3.1　假设条件 …………………………………………………… (141)
6.3.2　影响落点散布的因素 ……………………………………… (141)
6.3.3　随机数的生成方法 ………………………………………… (143)
6.3.4　均匀分布随机数的生成 …………………………………… (143)
6.3.5　正态分布随机数的生成 …………………………………… (143)
6.3.6　概率偏差的计算方法 ……………………………………… (144)
6.3.7　落点散布分析 ……………………………………………… (144)
6.4　子战斗部设计 ……………………………………………………… (146)
6.4.1　子战斗部的类型 …………………………………………… (146)
6.4.2　子战斗部的数量 …………………………………………… (147)
6.4.3　子战斗部结构设计 ………………………………………… (147)
6.5　引爆要求 …………………………………………………………… (148)
6.6　设计资料归纳 ……………………………………………………… (148)
思考题……………………………………………………………………… (149)
参考文献…………………………………………………………………… (149)
**第7章　其他类型武器战斗部**……………………………………………… (150)
7.1　云爆战斗部 ………………………………………………………… (150)
7.1.1　云爆战斗部作用原理 ……………………………………… (150)
7.1.2　云爆战斗部典型结构 ……………………………………… (152)
7.1.3　云爆战斗部的破坏效应 …………………………………… (153)
7.1.4　主体战斗部结构设计 ……………………………………… (154)
7.1.5　爆炸威力试验大纲 ………………………………………… (155)
7.2　温压战斗部 ………………………………………………………… (155)
7.3　碳纤维弹 …………………………………………………………… (156)
7.3.1　碳纤维弹作用原理 ………………………………………… (156)
7.3.2　碳纤维弹的应用 …………………………………………… (156)
7.4　激光武器 …………………………………………………………… (156)
7.4.1　激光武器概述 ……………………………………………… (156)
7.4.2　激光武器毁伤原理 ………………………………………… (157)
7.5　微波武器 …………………………………………………………… (157)
7.5.1　微波武器原理与作用 ……………………………………… (157)
7.5.2　微波武器的应用 …………………………………………… (158)
思考题……………………………………………………………………… (159)
参考文献…………………………………………………………………… (159)
**第8章　战斗部装药**………………………………………………………… (161)
8.1　战斗部常用炸药的性能 …………………………………………… (162)
8.1.1　炸药的性能术语 …………………………………………… (162)

8.1.2 战斗部常用炸药的性能 …… (163)
8.2 战斗部常用炸药的装药方法 …… (165)
8.2.1 上、下冲、模体尺寸确定 …… (165)
8.2.2 上、下冲的高度尺寸和整体结构尺寸确定 …… (166)
8.2.3 模体尺寸的确定 …… (167)
8.2.4 模体与上、下冲配合间隙的确定 …… (167)
8.2.5 模体型腔的设计 …… (167)
8.2.6 双向压药模具垫块的确定 …… (167)
8.3 战斗部装药和装药方法选择的基本原则 …… (168)
8.3.1 选择战斗部装药的基本原则 …… (168)
8.3.2 战斗部装药方法选择的基本原则 …… (169)
8.4 战斗部安全性评估试验 …… (169)
8.4.1 跌落试验 …… (169)
8.4.2 慢速烤燃试验 …… (170)
8.4.3 快速烤燃试验 …… (170)
8.4.4 枪击试验 …… (170)
8.4.5 殉爆试验 …… (171)
8.4.6 破片撞击试验 …… (171)
8.4.7 射流试验 …… (171)
思考题 …… (172)
参考文献 …… (172)
**第9章 战斗部试验** …… (173)
9.1 战斗部试验用技术条件与技术标准 …… (173)
9.2 靶场试验安全性 …… (173)
9.3 战斗部威力试验常用的设备 …… (174)
9.3.1 加速发射装置 …… (174)
9.3.2 电子测时仪与区截装置 …… (176)
9.3.3 战斗部威力试验时的安全防护装置 …… (176)
9.3.4 高速摄影机 …… (176)
9.3.5 脉冲X光摄影仪 …… (178)
9.3.6 压电式传感器 …… (178)
9.4 破片战斗部威力试验 …… (178)
9.4.1 破碎性试验 …… (179)
9.4.2 破片速度分布试验 …… (179)
9.4.3 破片空间分布试验 …… (179)
9.4.4 扇形靶试验 …… (179)
9.5 爆破战斗部威力试验 …… (180)
9.6 聚能装药战斗部威力试验 …… (180)

9.7 EFP速度测量的高速摄影试验 …… (181)
9.7.1 试验方法和试验条件 …… (181)
9.7.2 试验验证 …… (183)
9.7.3 结论 …… (184)
9.8 云爆战斗部威力试验 …… (184)
9.8.1 试验条件 …… (184)
9.8.2 云爆战斗部的布置 …… (184)
9.8.3 测试系统的现场标定 …… (185)
9.8.4 云爆战斗部TNT当量计算 …… (185)
9.8.5 TNT当量计算 …… (188)
9.8.6 试验结果的评定 …… (189)
9.8.7 试验报告 …… (189)
9.8.8 传感器的布置 …… (189)
9.9 子母战斗部的开舱、抛撒试验 …… (190)
9.10 战斗部试验数据的处理 …… (190)
9.10.1 试验数据的分类和特征参数 …… (191)
9.10.2 试验数据的处理 …… (191)
思考题 …… (192)
参考文献 …… (192)
**附录** …… (194)
附录1 声速 $C$ 随高度 $y$ 变化的数值 …… (194)
附录2 1943年阻力定律的 $C_{xon}$-$Ma$ …… (194)
附录3 名称解释 …… (195)

# 第1章 绪 论

战斗部是弹箭武器实现杀伤破坏敌方武器装备、设施及有生力量的十分重要的部件。高效毁伤战斗部包含先进战斗部结构设计、先进装药及先进高效毁伤战斗部材料及其制造工艺等技术，目标是使战斗部实现高破片率杀伤破坏能力、高侵彻能力和高爆轰威力。其中，与弹体(壳体)、弹芯、药型罩等战斗部零部件密切相关的高效毁伤战斗部材料及其制造工艺技术是获得高效毁伤战斗部的十分重要的技术基础。

## 1.1 战斗部的作用及其战术技术要求

### 1.1.1 战斗部的作用和地位

战斗部是弹药毁伤目标或完成既定终点效应的部分。有些武器系统仅由战斗部单独构成，如地雷、水雷、航空炸弹、手榴弹等。根据对目标作用和战术技术要求的不同，可分为几种不同类型的战斗部，其结构和作用机理呈现各自的特点。爆破战斗部，壳体相对较薄，内装大量高能炸药，主要利用爆炸的直接作用或爆炸冲击波毁伤各类地面、水中和空中目标；杀伤战斗部，壳体厚度适中(有时壳体刻有槽纹)，内装炸药及其他杀伤元件，通过爆炸后形成的高速破片来杀伤有生力量，毁伤车辆、飞机或其他轻型技术装备；动能穿甲战斗部，弹体为实心或装少量炸药，强度高、断面密度大，以动能击穿各类装甲目标；破甲战斗部，为聚能装药结构，利用聚能效应产生高速金属射流或爆炸成型弹丸，用于毁伤各类装甲目标；特种战斗部，壳体较薄，内装发烟剂、照明剂、宣传品等，以达到特定的目的；子母战斗部，母弹体内装有抛射系统和子弹等，到达目标区后抛出子弹，毁伤较大面积上的目标。

以导弹为例，根据被攻击目标的特性，导弹武器系统将战斗部和引信运送到预定的适当位置(指目标附近、目标表面或目标内部)；引信探测或觉察目标，适时、可靠地提供信号，起爆传爆系列，使战斗部主装药爆轰释放出能量，与战斗部其他构件一起形成各种毁伤元素(破片、连续杆、爆炸成型弹丸、金属射流、爆炸冲击波等)，对目标产生预期的破坏效果。使用导弹武器系统的最终目的就是有效地摧毁目标。导弹武器系统探测发现目标，可靠、及时地发射导弹，把导弹导引到命中或拦截目标的各个阶段，其任务都是有效地摧毁目标。从这个意义上来说，战斗部是导弹武器系统中重要的分系统，而导弹其他各分系统都是为保证将战斗部和引信可靠、准确地运送到预定适当位置的。

### 1.1.2 战斗部的组成

战斗部的类型虽然很多，但其组成基本上是相同的。国外较广泛地采用广义的战斗部系统概念，认为战斗部系统是由战斗部、引信和保险/解决保险机构组成的。国内则将战斗部与引信分为两部分。战斗部由壳体和装填物组成，有时包括部分传爆系列。

1. 壳体

它是战斗部的基体，用于装填爆炸装药或子战斗部，起支撑体和连接体作用。根据导弹总体要求，战斗部壳体可作为导弹弹体的组成部分，参与弹体受力，也可不作为导弹弹体的组成部分而安置于战斗部舱内。

壳体应满足各种载荷(包括发射、飞行、碰撞目标时)作用下的强度及刚度要求；结构工艺性好，材料来源广泛。破片战斗部壳体还应具有良好的破片性。

2. 装填物

装填物是战斗部毁伤目标的能源。起爆炸破坏作用的装填物有猛炸药和核装料，对于特种战斗部，则有化学毒剂、生物战剂(细菌、微生物)、燃烧剂和发烟剂等。其作用是将本身储藏的化学能量(或核能)通过化学反应(或核反应)释放出来，形成破坏不同目标的杀伤元素。例如，常规装药战斗部在引爆后通过化学反应释放出能量，驱动产生金属射流、爆炸成型弹丸、破片、冲击波等毁伤元素。核装药战斗部在引爆后，通过核反应形成冲击波、光辐射和核辐射等杀伤元素。

常规战斗部的装填物是高能炸药。炸药爆炸时能产生很大破坏作用的原因，一是爆炸反应的速度(即爆速)非常快，通常达6～9 km/s；二是爆炸时产生高压(即爆压)，其值在20～40 GPa；三是爆炸时产生大量气体(即爆轰产物)，爆轰产物的比容为700～1 000 L/kg。这样，在十几微秒到几十微秒的极短时间内，战斗部壳体内形成一个高温高压环境，使壳体膨胀、破碎，形成许多高速的杀伤元素。同时，高温高压的爆炸气体产物迅速膨胀，推动周围空气，形成在一定距离内有很大破坏力的空气冲击波。因此，炸药爆轰性能的主要表征参数有爆速、爆压或爆热等。

对炸药装药的要求是：对目标造成尽可能大的破坏作用，爆炸性能好，作用可靠、使用安全、冲击和摩擦感度低；有良好的化学、物理安定性，便于长期储存；装药工艺性好、毒性低、成本低、原材料立足于国内。具体要求如下：

(1)使战斗部对目标有最大的毁伤效应。通常聚能破甲战斗部采用高爆压的炸药；杀伤爆破战斗部采用爆热大和爆轰产物比容大的高威力炸药，如含铝炸药；破片战斗部大多采用高爆速的炸药，旨在提高破片初速，增大破片打击目标的动能，同时使壳体质量与炸药质量的比例适配。

(2)机械感度要低，爆轰感度要高。感度是炸药在外界能量作用下产生爆炸反应的难易程度。炸药对不同外能(如机械能、热能、爆轰波能等)的作用具有不同的感度(如冲击感度、摩擦感度、热感度、火焰感度、爆轰感度等)。炸药的冲击感度、摩擦感度低，可确保战斗部在制造、运输、使用中的安全性，爆轰感度高可保证战斗部作用于目标时的可靠性。

(3)具有一定的物理力学性能。炸药装药的物理力学性能对炸药的应用影响很大，如铸装成型和压装成型的工艺性、装药密度和密度的均匀性在很大程度上取决于炸药本身的流变性质；装药结构尺寸在长期储存过程中的稳定性与炸药本身的蠕变性质有关；装药的可加工性也与炸药装药的力学性质有关。另外，冲击感度与装药的变形刚度也是有关联的。

(4)储存性能良好。炸药在长期储存或在环境条件变化(如压力、温度、湿度)的影响下，应具有保持性能不变的能力，所以要求炸药的物理、化学安定性好。另外，还要求炸药与接触材料具有一定的相容性(指二者接触不起化学反应，或反应速度极慢)，以便于长期储存。

对装填物的要求是对目标有尽可能大的破坏作用，爆轰时起爆完全，具有良好的化学安全性与物理安定性，装药工艺性好，原材料来源广泛等。

为应对复杂的战争形势、严苛的战场环境，突破目前装药当量的限制，以提升自身的生存能力和对目标的毁伤能力等条件，科学家们致力于高能量密度、低感度的含能材料及其制备技术和反应机理的研究。目前，多种高能钝感含能材料相继研制成功，如类 TATB 含能材料、FOX-7 衍生物、新型含能离子盐等高能钝感炸药。炸药爆燃转爆轰条件、炸药热点及其传播机理、炸药摩擦点火机制等理论研究也相继开展，以满足未来严苛环境下战斗部装药的实际需求。

3. 传爆系列

传爆系列是由火工元件组成的能量逐级放大、感度逐级降低的装置。其功能是将微弱的激发冲量传递并放大到能引爆主装药，或将微弱的火焰传递并放大到引燃发射药。按该系列输出能量的特性，可将其分为传爆系列(输出爆炸性能量)和传火系列(输出非爆炸性能量)。

传爆系列通常由雷管、传爆药柱(或传爆管)组成，有时在系列中还加入延期药、导爆药柱或扩爆药柱。

传火系列通常由火帽、传火药、发射药组成，有时在系列中还加入延期药。导弹战斗部系统的传爆系列有的和引信装在一起，有的分装在战斗部和引信内。

对传爆系列的要求是，第一级火工元件的感度合适，最末一级火工元件的输出能量务必能引爆主装药，作用时间符合设计要求以及良好的化学安定性与物理安定性。

典型战斗部结构示意图如图 1.1.1 所示。

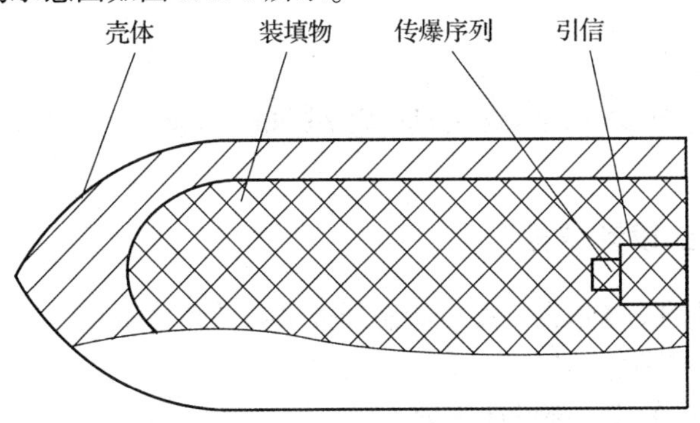


**图 1.1.1　战斗部结构组成示意图**

### 1.1.3 战斗部分类

现代战争中所对付的目标多种多样。为了对付不同的目标，战斗部的种类也有很多。战斗部的类型一般根据它对目标的作用原理或内部装填物来确定，可分为核战斗部和非核战斗部。前者虽然威力很大，但由于众所周知的原因，很难得到实际应用。用炸药作为能源的战斗部一般称为常规战斗部，装备常规战斗部的弹药称为常规武器，这是本书讨论的重点。战斗部分类如图 1.1.2 所示。

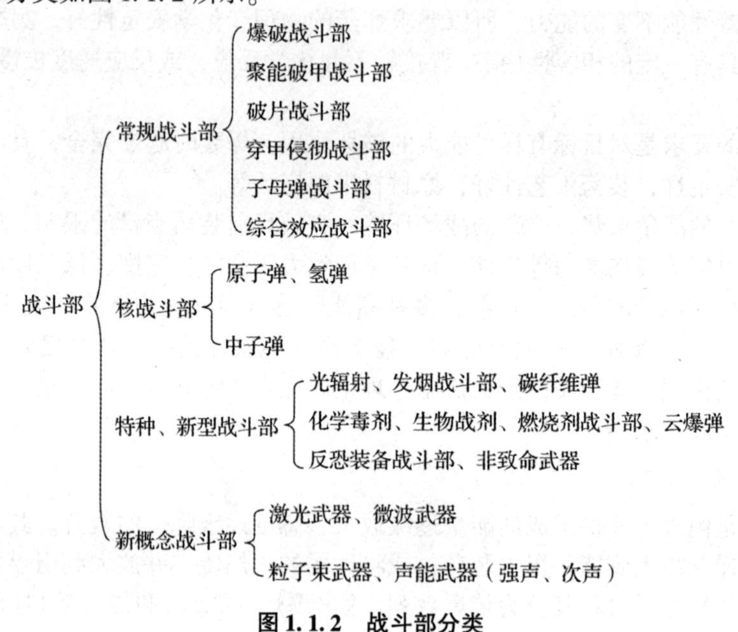


**图 1.1.2 战斗部分类**

### 1.1.4 战斗部的战术技术要求

战斗部的战术技术要求是使用方和总体设计部门(如导弹总体设计部门)根据目标特性、导弹的类型、任务、使用环境条件等所提出的性能要求和作战使用要求的总称，是战斗部设计、试验和评价的依据。战术要求指战斗部的用途、威力和使用特点等。技术要求指战斗部的尺寸、质量、强度、可靠性、可维修性、安全性、储存、运输、使用环境条件及在导弹上的安装协调关系等。

## 1.2 战斗部设计依据与设计准则

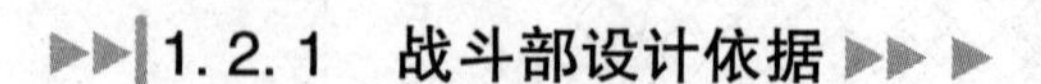

### 1.2.1 战斗部设计依据

战斗部总体设计的基本依据是型号研制任务书和导弹总体对战斗部所提出的设计要求及其约束条件，主要内容：

(1)导弹总体允许的战斗部设计质量。

(2)战斗部应具有的威力半径。

(3)战斗部(舱)的结构尺寸限制和其与相邻舱段的连接形式。

(4)目标特性，如尺寸大小、“要害”(指飞机的油箱、弹药、关键操作系统等)部位、导弹与目标的交会条件。

飞机的主要材料是硬铝，因此，破片打击其他材料的等效硬铝厚度由下式计算：

$$b_{Ar}=b\sigma/\sigma_{Ar} \tag{1.2.1}$$

式中，$b_{Ar}$ 为等效硬铝厚，mm；$\sigma_{Ar}$ 为硬铝的临界应力，Pa；$\sigma$ 为某种材料的临界应力，Pa；$b$ 为某种材料厚，mm。

装甲钢板强度较高，而战斗部地面打靶试验靶板主要用普通 Q235 钢板(A3 钢板)，均可按上式换算。

(5)战斗部(舱)应承受的载荷。

(6)战斗部条件杀伤概率要求。

(7)引战配合对战斗部要求(对破片战斗部：破片飞散、破片初速；对连续杆战斗部：连续杆初速)。

(8)战斗部(舱)应经受的环境条件，如高温、低温、温度循环、湿热、盐雾、霉菌、振动、冲击、跌落、运输和颠簸等。此外，由于战争的条件下，情况千变万化，环境恶劣，如刮风下雨、下雪、日晒雨淋等，在任何可能的情况下，都应保证战斗部安全可靠，技术性能不变。

(9)战斗部寿命(有效贮存期)要求。

(10)战斗部可靠性、可维修性、安全性要求。

### 1.2.2　战斗部设计准则

战斗部总体设计一般应遵循以下准则：

(1)战斗部应在威力半径范围内能对典型目标达到预期毁伤效应。

(2)战斗部的威力半径应与导弹导引精度匹配。

(3)满足引信对战斗部的要求。

(4)战斗部类型、质量、质心位置、结构形式和尺寸应与总体协调、匹配。

(5)应使战斗部在勤务处理、发射和飞行过程中，其作用可靠性、安全可靠性均满足设计任务书要求，并确保在规定的环境条件下和使用有效期内的安全。

(6)原材料、元器件立足于国内研制生产，装药中的有害配方应符合国家有关规定，装药与其相接触的材料应有良好的相容性。

(7)主装药药室结构应有良好的密封性。

(8)应选择不同类型战斗部进行比较分析，选择最优方案。

(9)应采用通用化、系列化、组合化设计。

(10)研制周期短、经济性好。

### 1.2.3　战斗部设计程序

图 1.2.1 为战斗部总体设计的设计程序流程。

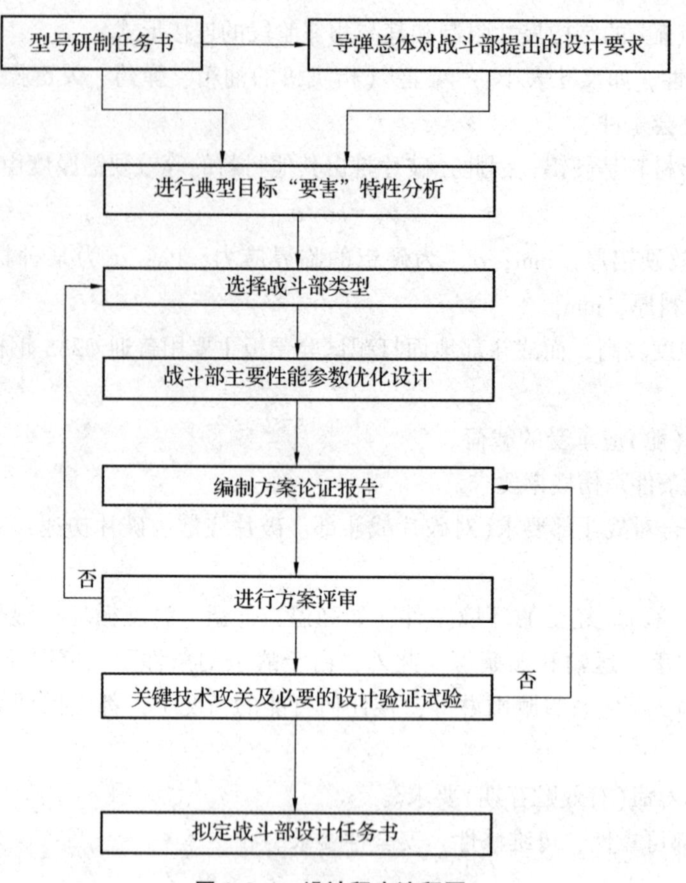


图 1.2.1　设计程序流程图

### 1.2.4　战斗部试验用技术条件与技术标准

各项战斗部靶场试验除符合产品图有关规定外，首先必须执行有关的国家军用标准(GJB)，没有国军标，则执行国家标准(GB)，若未制定国家标准，则执行部级标准(如WJ、YJ 等)。

此外，国外战斗部的靶场试验规程和技术标准也可作为参考依据，在实际应用时，可相应地参考这些文件规范。

为考核战斗部的各项性能指标是否达到设计指标，需采用高速数字摄影及扇形靶等测试技术。这些技术均需在靶场开展易损性和毁伤效应试验研究，建立云爆、温压战斗部和水中爆炸毁伤效应试验与评估方法，从而为战斗部设计和毁伤效能评估研究奠定基础、提供方法和手段。

## 1.3　战斗部设计内容与方法

战斗部总体设计规范主要表述战斗部总体性能的设计过程。

### 1.3.1 典型目标“要害”特性分析

依据型号研制任务书所给定的典型目标，结合所掌握的典型目标信息，进行“要害”特性分析。分析的主要内容为：

(1)目标素材：外形尺寸、主要部件及部位安排、主要结构特征。

(2)目标“要害”的合理简化。

(3)目标“要害”的等效厚度换算。

(4)确定目标的等效装甲板厚度。

通过对目标“要害”特性分析，确定目标的必要杀伤动能值，作为战斗部的设计依据之一，并作为战斗部地面静爆试验在最大威力半径处设置靶板的依据。

击毁典型目标的杀伤动能和比动能见表 1.3.1。

**表 1.3.1 典型目标的杀伤动能和比动能**

| 目标 | 杀伤动能/J | 比动能/(J · $mm^{-2}$) |
|---|---|---|
| 人员 | 78 ~ 98 | ≥25.5 |
| 金属飞机 | 1 470 ~ 2 450 | — |
| 机翼、油箱、油管 | 196 ~ 294 | — |
| 发动机 | 882 ~ 1 323 | — |
| 大梁 | — | 784 |
| 蒙皮 | — | 392 ~ 490 |
| 4 mm 的 Q235A 钢板 | — | ≥784 |
| 7 mm 的 Q235A 钢板 | 2 156 | — |
| 10 mm 的 Q235A 钢板 | 3 430 | — |
| 12 mm 的 Q235A 钢板 | 4 900 | 3 430 |
| 13 mm 的 Q235A 钢板 | 5 782 | — |
| 16 mm 的 Q235A 钢板 | 10 192 | — |

### 1.3.2 选择战斗部类型

使战斗部具有最佳的对目标的摧毁效率是选择战斗部类型的基本原则，选择战斗部类型(以导弹为例)的原始依据：

(1)导弹总体设计时初步确定的理论杀伤区特征点的导弹与目标交会条件。

(2)目标特性。

(3)导弹导引精度。

(4)导弹总体允许的战斗部性能指标。

导弹导引精度高，目标外形尺寸大时，一般选择连续杆战斗部；导弹导引精度低，目标外形尺寸小时，一般选择破片战斗部；对导引精度高，可直接命中目标的导弹，除可选用破片或连续杆战斗部外，还可选用爆破战斗部、聚能装药战斗部、破片聚焦战斗部等。

### 1.3.3 编制方案论证报告

根据导弹总体对战斗部所提出的设计要求及其约束条件，依据设计准则，经过战斗部类型选择、战斗部主要性能参数的优化设计及结构的初步预定，结合具体研制生产条件，即可编制战斗部方案论证报告，其主要内容：

(1)导弹总体对战斗部提出的设计要求。

(2)典型目标“要害”特性分析。

(3)战斗部对目标的杀伤机理与数学模型。

(4)拟定的战斗部总体方案及可达到性能指标。

(5)实现总体方案可供选择的技术途径及关键技术。

(6)需进行的设计验证试验。

(7)研制周期设想及经费估算。

(8)需要解决的重大保障条件。

总体方案需经评审。

### 1.3.4 进行关键技术攻关和必要的设计验证试验

对涉及总体方案的关键技术要组织力量进行攻关，根据总体方案的创新程度进行必要的设计验证试验。

### 1.3.5 拟定战斗部设计任务书

总体方案所涉及的关键技术已基本解决，必要的技术方案得到试验验证，在此基础上拟定战斗部设计任务书。破片战斗部设计任务书主要内容如下：

(1)任务来源及用途。

(2)主要战术技术指标：

①战斗部的总质量。

②战斗部的威力半径。

③战斗部的90%有效破片静态飞散角及飞散方向角。

④战斗部的破片静态平均初速。

⑤战斗部的有效破片总数。

⑥单枚破片质量(理论或实际质量)。

⑦穿甲率等。

(3)战斗部的可靠性要求、寿命要求。

### 1.3.6 战斗部设计的常用方法

如图1.3.1所示，综合设计法是综合使用理论分析、数值计算、试验相结合的手段设计战斗部的方法，是常用的设计方法。综合设计法首先是拟定战术技术要求，通常由军方提出。其次选择战斗部类型和方案，以战术技术要求为准则，选定一组初始数据作为迭代过程的起点。综合设计法的目的是通过多次迭代，修正或优化初始数据，以便得到所要求的性能指标。最后，综合设计法是一个闭合回路，通过不断迭代计算得到较为满意的设计方案。

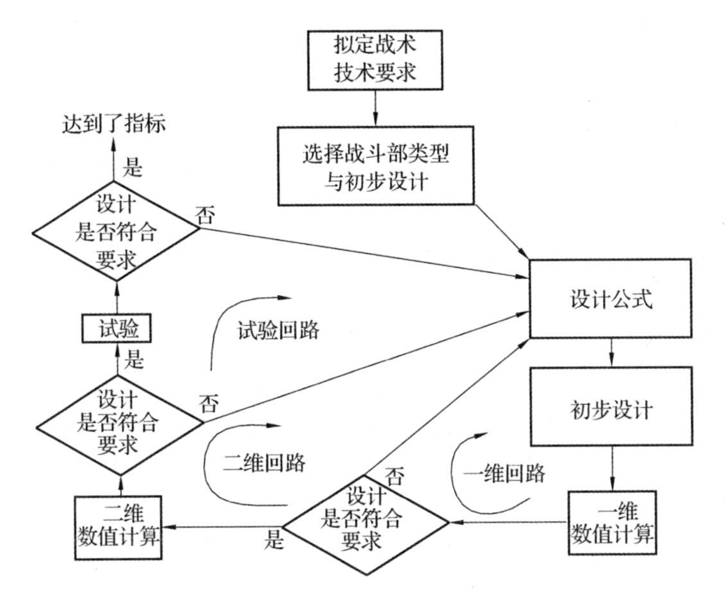


图 1.3.1　综合设计法迭代流程图

## 1.4　战斗部威力设计试验项目

战斗部威力设计验证试验项目主要有：

(1)威力半径。

(2)飞散角。

(3)静态平均初速。

(4)有效破片总数。

(5)单枚破片质量。

(6)穿甲率等。

考核标准为战斗部设计任务书或专用技术条件。

## 1.5　战斗部研制程序

战斗部研制程序分为战术技术指标论证、方案论证、工程研制和设计定型四个阶段。每个阶段达到规定的要求后，方可转入下一阶段的工作，一般不得超越阶段进行。

1. 战术技术指标论证

战术技术指标是战斗部研制、验收和评价的依据。战术技术指标要反映战术性能的先进性、技术实现的可能性和生产的经济性。

在研制新的导弹时，军方提出导弹的战术技术指标，导弹设计部对战斗部提出战术技术指标。

2. 方案论证阶段

方案论证阶段是研制过程的重要环节。设计部门根据战术技术要求和设计规范规定的程序组织技术方案论证。

方案论证的工作有：

(1)调查研究国外同类战斗部的性能、发展现状、国内预研成果和有关技术资料。

(2)拟定采用的新技术、新材料和新工艺，确定战斗部方案。

(3)通过理论分析、计算和必要的试验，确定初步方案和性能参数。

(4)提出对引信的要求。

(5)完成方案论证报告并绘制出战斗部结构图。

(6)组织方案评审。

3. 工程研制阶段

工程研制是设计工作的主要阶段。在此阶段内要进行详细的设计、计算，对战斗部结构、威力性能进行优化设计。合理地确定结构形式，进行性能分析和强度校核以及可靠性评估。工程研制阶段的主要工作有：

(1)通过设计、计算确定结构。

(2)为考核设计的先进性、合理性和满足战术技术要求的程度，进行必要的论证、试验。

(3)绘制产品图，完成设计计算报告和产品特性分析报告等技术文件。

(4)编写研制总结报告。

(5)组织设计评审。

4. 设计定型阶段

经过环境试验、地面静止爆炸试验以及必要时在火箭橇上的试验，证明战斗部性能稳定，满足战术技术要求，就可以申请定型。

设计定型是对战斗部进行全面考核的主要形式。设计定型必须符合《军工产品定型工作条例》，具体要求为：

(1)经过设计定型试验，证明产品的性能达到了战术技术指标的要求。

(2)符合标准化、系列化、通用化的要求。

(3)产品图纸及技术文件完整、准确，验收技术条件齐备。

(4)产品的配套件、原材料有供货来源。

设计定型要进行定型试验，包括勤务性能试验和威力性能试验。定型试验按 GJB 349 有关规定执行。

## 1.6 战斗部的发展趋势

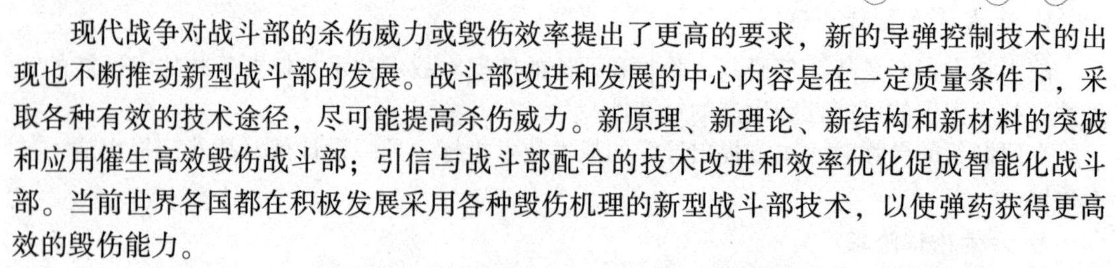

现代战争对战斗部的杀伤威力或毁伤效率提出了更高的要求，新的导弹控制技术的出现也不断推动新型战斗部的发展。战斗部改进和发展的中心内容是在一定质量条件下，采取各种有效的技术途径，尽可能提高杀伤威力。新原理、新理论、新结构和新材料的突破和应用催生高效毁伤战斗部；引信与战斗部配合的技术改进和效率优化促成智能化战斗部。当前世界各国都在积极发展采用各种毁伤机理的新型战斗部技术，以使弹药获得更高效的毁伤能力。

进入 21 世纪以来，世界战争形势逐渐由单一化、接触式作战特征向精确化、信息化和体系化的方向转变，战略优势地位的形成和保持越来越依赖科学发展和技术突破。战争的成败取决于军事力量的强弱，而军事力量的根本在于国防科技的发展。作为国防科技的关键技术，战斗部和引信技术及其基础领域技术的发展受到世界各国的高度重视。

## 1.6.1　高效毁伤战斗部

1. 防空反导战斗部

新一代防空反导战斗部不但要能对付如战术弹道导弹等高速目标，还要能对付像巡航导弹和普通飞机等低速目标，其常规战斗部最新进展主要体现在采用定向战斗部技术实现高效毁伤（如美国“爱国者”PAC-3导弹和俄罗斯S-300V导弹的战斗部就属于这一类型）、采用新结构战斗部以适应不同的毁伤要求（新型聚焦破片战斗部技术等）、采用新材料技术获得综合毁伤效果（金属氟化物等活性材料应用于战斗部）、新原理用于防空反导（激光武器等）。

动能战斗部利用自身的超高速度所产生的动能，直接击中从而摧毁目标，无须依靠装填的炸药进行二次爆炸性毁伤。由于精度高而打击面小，在复杂的战争环境中，动能战斗部可以在精确摧毁目标的同时尽可能减少附带损失。此外，由于不使用高能炸药，不仅减小了导弹质量，也免去了导弹对战斗部的热防护要求，提高了导弹安全性。

早在2020年3月，美国为电磁炮研制了一种新型动能拦截弹。其弹头由高强度的耐热合金打造而成，依靠其马赫数13的最高速度飞行，以超高速碰撞目标后产生超过1亿焦耳的贯穿动能，从而彻底击碎目标。实心金属结构的电磁炮动能弹如图1.6.1所示。

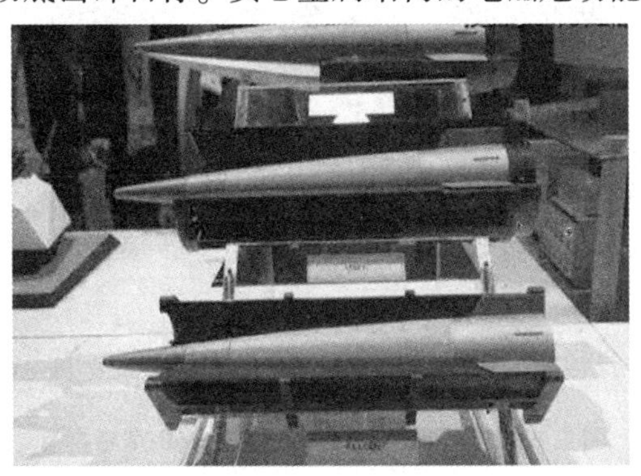

**图1.6.1　实心金属结构的电磁炮动能弹**

2. 反舰、反潜及反航母战斗部

反舰导弹自20世纪40年代末开始研制以来，已发展到第四代。从爆破战斗部发展到一弹多用、采用模块化技术的半穿甲爆破型战斗部，战斗部载荷增大，并增加了新的毁伤元素。随着现代舰艇防护能力的提高，新型爆破型、半穿甲型和聚能破甲型反舰导弹战斗部受到各国的关注。这些战斗部装药量较小，但具有高抗冲击过载的能力，或采用串联随进结构，穿入舰体内部爆炸，通过爆炸产生的高速破片和冲击波来毁伤目标，对目标具有穿甲、破片杀伤和爆破三重作用。

国外新一代高效毁伤反舰、反潜、反航母的战斗部主要采用半穿甲爆破型，如“鸬鹚”战斗部就采用了半穿甲战斗部，同时还采用了动能侵彻、聚能破甲和爆破等复合毁伤技术。

3. 反硬目标及深层工事战斗部

用于反硬目标及深层工事的武器主要是采用侵彻战斗部的钻地弹，用于对机场跑道、地面加固目标及地下设施进行攻击。例如，美国的 GBU-28/B 钻地弹可穿透 6 m 的钢筋混凝土，爆炸摧毁内部目标。

钻地弹可分为巡航导弹钻地弹、航空炸弹钻地弹、精确制导钻地弹(如 GBU-28 激光制导钻地弹)。此外，还有航空布撒器携载的侵彻子弹药、炮射钻地弹药及肩射火箭型侵彻弹药等。钻地弹按侵彻战斗部类型不同，可分为动能侵彻型和复合侵彻型。动能侵彻型依靠弹体飞行动能侵彻到掩体内部后，引爆战斗部内的高爆装药以毁伤目标，如美国的 BLU-109 及 BLU-113 型战斗部都属于这一类。

与此同时，英国、法国、俄罗斯、日本、以色列、巴基斯坦等国都研制过贫铀弹。美军在研发的动能侵彻战斗部中已开始采用钨合金及贫铀材料代替合金钢材料。钨合金具有优异的耐高温性能，可以在高温环境中保持较高的强度。同时，钨合金具有较高的密度($16.5 \sim 18.75\ g/mm^3$)，用作动能侵彻战斗部壳体可提高单位截面积动能，显著增加战斗部侵彻能力。但钨合金韧性略差，需要通过相应的研究进行改进。而贫铀材料具有密度高、硬度高、自锐性好等特点，非常适用于动能侵彻战斗部壳体材料，但贫铀材料会对环境造成放射性污染，故对其发展造成较大限制。装配贫铀战斗部的 R-60 空空导弹如图 1.6.2 所示。

**图 1.6.2　装配贫铀战斗部的 R-60 空空导弹**

4. 反先进装甲战斗部

目前国外发展的高效毁伤反装甲战斗部主要有大威力串联式破甲战斗部、攻顶战斗部和高速动能穿甲弹，用于对付复合装甲和坦克群。结构的创新主导着反坦克破甲战斗部的主要发展。串联战斗部、攻顶战斗部技术已比较成熟，新型聚能装药结构研究较活跃，破甲穿深可达 16 倍口径。多功能聚能破甲战斗部技术和大长径比爆炸成型弹丸(Explosively Formed Projectile，EFP，或称自锻破片)技术，以及直列式多级串联 EFP 技术，已成为各国研究的重点内容，旨在有效避开主动装甲的袭击。

5. 面目标毁伤战斗部

除了装填高能炸药外，目前新型高效毁伤面杀伤武器主要采用集束式子母战斗部、云爆战斗部、温压战斗部技术，使杀伤的效果和威力大大增强。美国和俄罗斯竞相发展大威力重型炸弹，相继出台了“炸弹之母”“炸弹之父”等弹种。

6. 其他新型毁伤战斗部

目前，碳纤维毁伤技术、强电磁脉冲技术、强闪光致盲技术、软杀伤技术等研究比较活跃，毁伤效果较好。现已发展了用于破坏电力设施的碳纤维弹，对付雷达、通信等电子设备的电磁脉冲弹，用于使人员眩晕和致盲的强光致盲弹，使人暂时丧失行为能力的次声武器等。在特定条件下，软杀伤战斗部对敌方人员心理和精神上的威慑力，远远大于其他类型战斗部。

此外，新型毁伤战斗部还有多模综合效应、横向效应增强型、活性破片等多种形式。

多模综合效应战斗部是综合集成多种毁伤元素或机制(如破甲、破片、侵彻等)，从而能执行多种任务的战斗部，起爆后生成两种或两种以上不同机理的毁伤元素，能够攻击不同类型的目标，具有起爆选择功能，可针对不同目标起爆形成相应的毁伤元素，优化毁伤效能。

横向效应弹(Penetrator with Enhanced Lateral Effect，PELE)正是基于满足城区作战部队破坏钢筋混凝土目标，以便能够在钢筋混凝土目标上贯穿一个可供反恐人员通过的洞的需求而提出的新概念毁伤元。它无须装填炸药和装定引信，弹丸完全惰性，却同时具有穿甲弹和榴弹的功能，能实现高效毁伤等。研究发现，3 发 125 mm PELE 能在建筑物上穿出可以使全副武装步兵通过的洞，与之相比，要想达到同样的效果，需要使用 5 ~ 6 枚制式同口径碎甲弹。

### 1.6.2 智能化复合化战斗部

1. 采用系列化和模块化设计思想

战场环境日益复杂，同时高价值新型目标大量出现，使战斗部的模块化、系列化、通用化受到越来越高的重视。采用系列化和模块化的设计思想实现一种战斗部多平台携带和一弹携带多种战斗部，可根据战场的需要组合成不同武器，达到高效毁伤的目的。

2. 发展复合作用和多任务战斗部

由于新型目标不断出现，需要多种效应的战斗部才能产生较好的毁伤作用。一些战斗部向复合功能方向发展，以便最大限度地发挥战斗部对目标的毁伤能力。同时，用于对付多种目标的多任务战斗部也受到重视，以实现一种战斗部对付多种目标的能力。

为了提高对付深埋目标的能力，串联复合侵彻战斗部及其智能引信技术成为一个重要的发展方向。为提高对掩体和工事内人员、设备的杀伤与破坏，发展了具有随进杀伤、燃烧、爆破作用以及模块化爆炸侵彻的攻坚战斗部，既可对付重、轻型装甲目标，也可对付钢筋混凝土目标，同时具有巨大的后效作用。

多任务聚能装药战斗部技术可用于毁伤装甲和掩体目标，进行城区作战。对付装甲目标时，采用可编程引信，具有高的装甲侵彻能力；对付掩体目标时，采用延时引信，以便战斗部侵入目标后实现高爆毁伤。

3. 先进的引信技术使战斗部智能化

随着高新技术的开发与应用，高精度定时和智能目标识别电子引信技术以及信息采集和传输技术得到大量应用，弹药和导弹将广泛采用各种引信启动区的自适应控制技术，即智能化引信，以适应不同的交会条件，提高引战配合效率。由这种引信自动在最佳时刻和最佳方位引爆，战斗部可将炸药能量形成最佳毁伤元素，并有效地作用在目标上，达到毁伤效率最大化的目的。

高新技术的广泛应用，赋予了传统战斗部新的生命力，已在很大程度上提升了战斗部的作战效能，新材料、新工艺、新原理的广泛应用，正带动着战斗部的一系列变革，而未来战争的需要又为战斗部的发展开辟了广阔的空间。

## 1.7 活性材料壳体爆炸驱动下能量释放特性试验

活性材料(Reactive Materials)又称含能结构材料(Energetic Structural Materials)(如Al/PTFE、Al/Ni、Ni/Ti等)，是一种同时具备结构强度和化学反应释能特性的新材料。该类材料通常由两种或更多种非爆炸性固体组成，在一般情况下保持惰性，当给予足够的机械、电或激光等刺激后，会迅速发生化学反应进而释放大量能量。这种兼具强度和化学反应的材料可广泛应用于制作钝感弹药、含能药型罩、含能破片(如侵彻作用和引燃/爆作用)等毁伤元提高对目标毁伤效能，也可应用于防护材料中利用化学反应提高其综合防护能力，因而在未来高效毁伤和防护技术上有非常广阔的应用前景。

活性材料以反应过程是否需要氧，可分为三种：厌氧反应类型、氧平衡反应类型和富氧反应类型。针对氧平衡反应类型，有采用压制烧结工艺制备的铝(Al)/聚四氟乙烯(PTFE)、铝(Al)/镍(Ni)等典型活性材料。针对富氧反应类型，有以铝(Al)、镁(Mg)等为主要元素由合金熔炼铸造工艺加工而成的典型活性材料。在物理性能方面，氧平衡反应类型活性材料具有一定力学强度，可以用作结构件；富氧反应类型活性材料强度较高，可以替换传统惰性材料(如传统战斗部中惰性壳体)。在化学反应特性方面，氧平衡反应类型材料在冲击作用下可诱发组分间发生化学反应，并释放大量能量；富氧反应类型材料在冲击作用下，其组分与环境间(如氧气等)发生化学反应，并释放大量能量。

### 1.7.1 Al/PTFE、Al/Ni典型活性材料制备及力学性能测试

1. Al/PTFE、Al/Ni典型含能结构混合粉末材料壳体及试件制备

参考相关学者对典型活性材料的制备工艺，制备Al/PTFE材料和Al/Ni材料时，分别采用压制烧结工艺和压制工艺方法。烧结工艺是Al/PTFE材料最终获得结构强度的重要手段，对于Al/Ni材料，采用压制可获得较高的结构强度。此种方法具有制备成本低、工艺简单的优点。粉末压制成型工艺主要包括混合、干燥、模具压制和烧结等过程，其制备流程如图1.7.1所示。

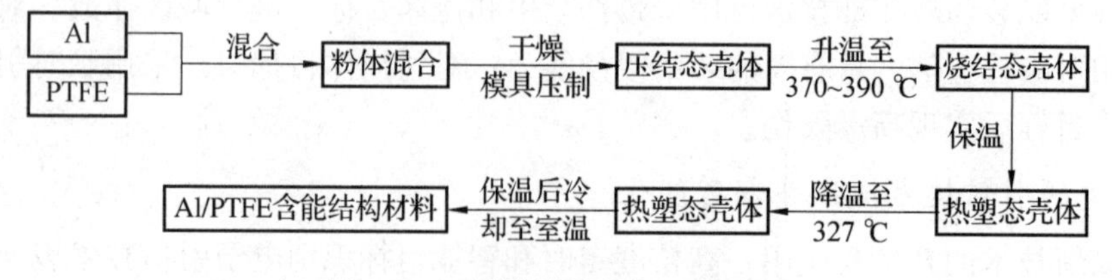


图1.7.1 活性材料制备工艺流程

试验主要研究 Al/PTFE、Al/Ni 两种典型活性材料壳体爆炸驱动下能量释放特性，选用相同粒径尺寸的 $Al_2O_3$、W 材料，制备 $Al_2O_3$/PTFE、$Al_2O_3$/PTFE/W 材料壳体进行对比研究。结合之前活性材料壳体装药爆炸驱动数值模拟中采用的材料配比方案，确定壳体及试件配比方案，见表 1.7.1。

**表 1.7.1 材料性能参数**

| 方案 | 材料组分 | 质量分数/% | | | | |
|---|---|---|---|---|---|---|
| | | Al | PTFE | Ni | $Al_2O_3$ | W |
| 1 | Al/PTFE | 26.5 | 73.5 | 0 | 0 | 0 |
| 2 | Al/Ni | 23.9 | 0 | 76.1 | 0 | 0 |
| 3 | $Al_2O_3$/PTFE | 0 | 86.4 | 0 | 13.6 | 0 |
| 4 | $Al_2O_3$/PTFE/W | 0 | 20 | 0 | 36.9 | 43.1 |

本书选用纯度在 99.5% 以上的原材料粉末制备壳体及试件，原材料粉末相关参数见表 1.7.2。粉末的粗细程度通常使用颗粒可以通过筛网的筛孔尺寸进行表征，25.4 mm(1 in)长度上所具有的网孔个数称为目数。颗粒目数越大，说明粒度越细；目数越小，说明粒度越大。三种典型原始粉末照片如图 1.7.2 所示，其中，Al、Ni 均为均匀的粉末状，颜色分别为浅灰色和深灰色，而 PTFE 为易团聚的白色粉末。Al 粉、Ni 粉平均粒径均约为 75 μm。

**表 1.7.2 原材料粉末参数**

| 材料 | Al | PTFE | Ni | W | $Al_2O_3$ |
|---|---|---|---|---|---|
| 颗粒目数/目 | +600 | — | +200 | +200 | +200 |
| 粒径/μm | <23 | — | <75 | <75 | <75 |
| 厂家 | 上海关金粉体材料有限公司 | 国药集团化学试剂有限公司 | 国药集团化学试剂有限公司 | 国药集团化学试剂有限公司 | 国药集团化学试剂有限公司 |
| 纯度/% | 99.5 | 99.5 | 99.5 | 99.7 | 99.7 |

不同材料壳体及试件成型具体操作过程包括：

(1)混合：首先将不同组分材料分别按照表 1.7.1 中方案称重后混合搅拌，然后将搅拌均匀后的混合物放置于烘箱中干燥 24 h。

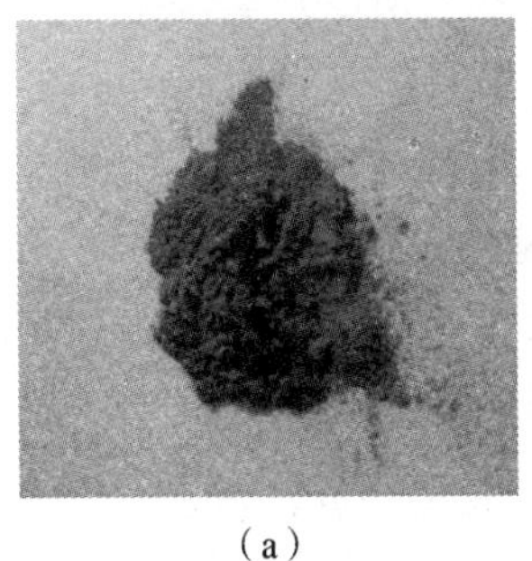
(a)

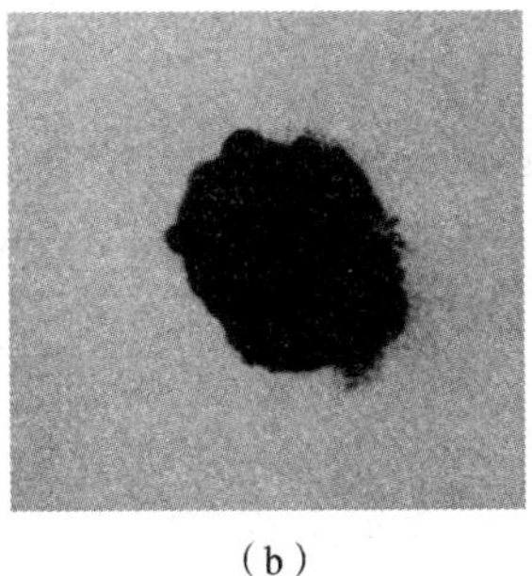
(b)

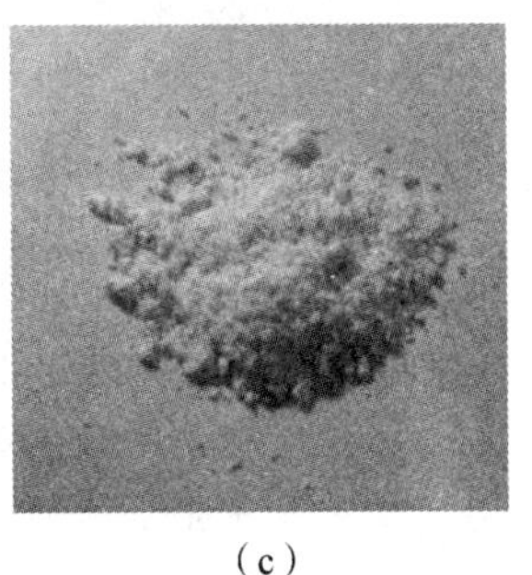
(c)

**图 1.7.2 三种典型原料粉末照片**

(a)Al；(b)Ni；(c)PTFE

（2）压制：粉末压制示意图如图 1.7.3 所示。根据不同试验的测试需求设计模具，将干燥后的混合物粉末按照壳体及试件尺寸计算所需质量分别倒入设计好的模具中，通过模具压制的方法制备 Al/PTFE、Al/Ni、$Al_2O_3$/PTFE、$Al_2O_3$/PTFE/W 四种不同配方的壳体及试件。图 1.7.4 为本试验所用 WAW-300B 型微机控制电子万能试验机（最大载荷为 30 吨），通过粉末压制工艺制备的 Al/PTFE、Al/Ni 壳体及试件如图 1.7.5 所示。为了避免压制后的壳体及试件压力卸载后发生回弹变形（无法达到预计设计尺寸），在压制过程中需要增加保压时间（约 5 min）。

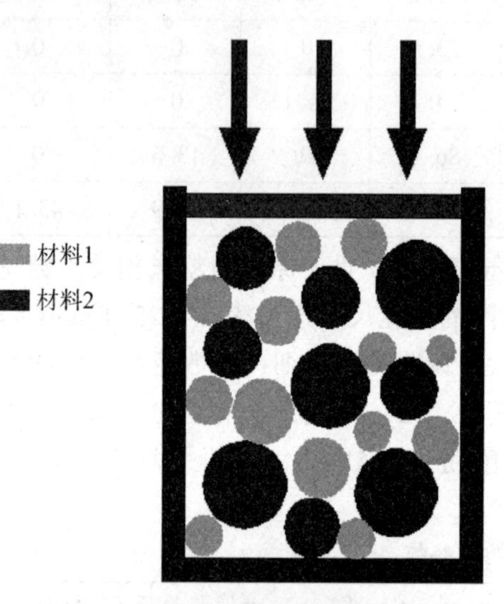


图 1.7.3　粉末压制示意图

图 1.7.4　微机控制电子万能试验机

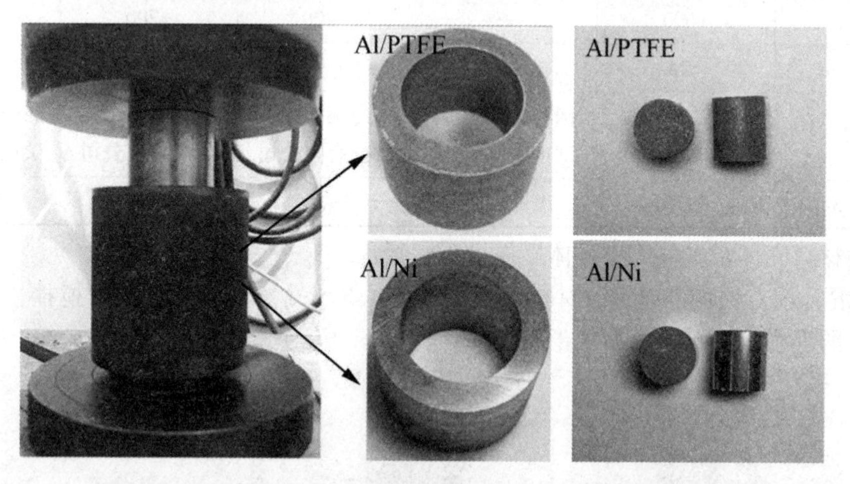


图 1.7.5　粉末压制工艺制备 Al/PTFE、Al/Ni 材料壳体及试件

（3）烧结：为了提高 Al/PTFE 材料压制成型后壳体及试件强度，采用真空烧结工艺对 Al/PTFE 成型后壳体及试件进行烧结处理。烧结时采用的温度和时间如图 1.7.6 所示，真空烧结装置如图 1.7.7 所示。通过可编程真空烧结装置控制壳体及试件烧结过程温度（烧结前，利用烧结装置中的真空泵抽取炉中空气，保持炉腔处于真空状态）。

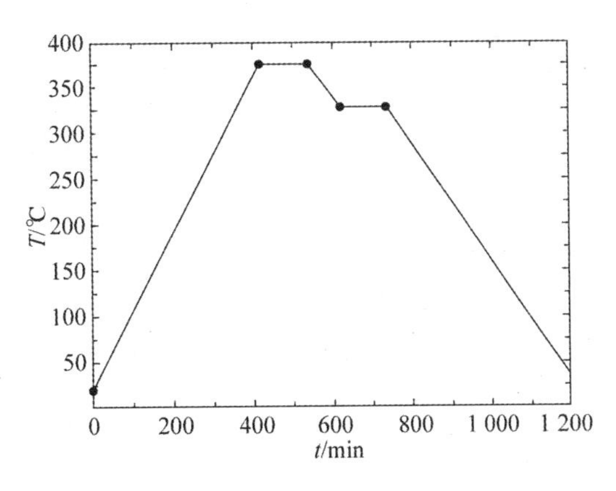


图 1.7.6 Al/PTFE 活性材料烧结工艺曲线

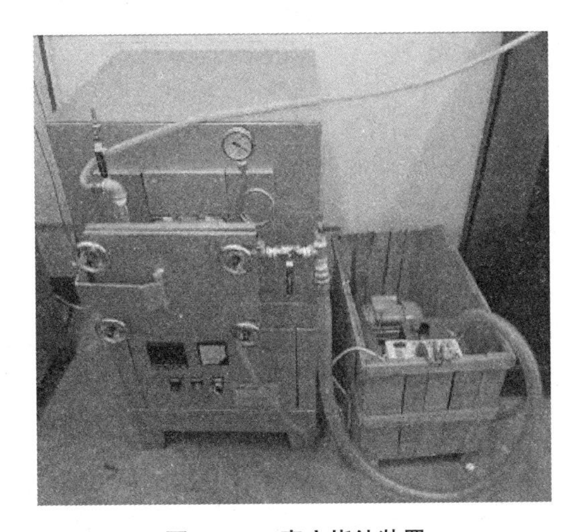

图 1.7.7 真空烧结装置

采取压制工艺制备了 $Al_2O_3$/PTFE、$Al_2O_3$/PTFE/W 惰性材料壳体，用于开展对比研究。在惰性材料 $Al_2O_3$/PTFE/W 中，成分 W 非常稳定，基本不参与反应，主要起增加密度的作用。通过调整各组分的质量分数，保证惰性材料的质量、密度、密实度等参数与活性材料基本一致。通过粉末压制成型工艺制备的壳体材料参数见表 1.7.3。其中，$Q_m$ 为每克活性材料释放的化学能；$\sigma_z$ 为材料准静态压缩屈服强度，由准静态压缩试验确定，试验应变率为 0.001 $s^{-1}$；$\rho_s$ 为不同材料壳体的密度；$m_s$ 为不同材料壳体的质量。

表 1.7.3 材料性能参数

| 材料 | 质量分数比 | 密实度/% | $Q_m$/(kJ · $g^{-1}$) | $\sigma_z$/MPa | $\rho_s$/(g · $cm^{-3}$) | $m_s$/g |
|---|---|---|---|---|---|---|
| Al/PTFE | 26.5 : 73.5 | 99.5 | 8.87 | 20.43 | 2.27 | 87.78 |
| Al/Ni | 23.9 : 76.1 | 68.9 | 1.38 | 27.70 | 3.97 | 157.01 |
| $Al_2O_3$/PTFE | 13.6 : 86.4 | 96.4 | 0 | 16.66 | 2.20 | 87.45 |
| $Al_2O_3$/PTFE/W | 20 : 36.9 : 43.1 | 67.9 | 0 | 18.47 | 3.91 | 154.72 |

2. 排水法密度测量

本书根据阿基米德原理测试混合物试件密度，并以混合物实际测得的密度与理论密度的百分比为密实度，具体测量方法如下：

假设待测试件实重为 $m_1 g$，试件完全浸没在水中(试件悬吊在装有水的容器中，但不与容器内壁接触)的重量为 $m_2 g$，试件的体积为 $V_1$，容器中水的密度为 $\rho_w$，根据阿基米德原理可得：

$$\rho_w g V_1 = (m_1 - m_2) g \tag{1.7.1}$$

试件的体积为：

$$V_1 = \frac{m_1 - m_2}{\rho_w} \tag{1.7.2}$$

试件的实际密度为：

$$\rho = \frac{m_1}{m_1 - m_2}\rho_w \tag{1.7.3}$$

根据叠加原理确定的试件理论密度为：

$$\rho_t = \sum \rho_i V_i \tag{1.7.4}$$

式中，$\rho_i$、$V_i$ 分别为混合物中不同组分的理论密度与体积分数。

因此，被测量试件的密实度为：

$$\rho_{TMD} = \frac{\rho_t}{\rho} \times 100\% \tag{1.7.5}$$

测量前，试件必须保持清洁和干燥，每个试件测 3 个数据并取平均值，测得结果列于表 1.7.3。

3. 活性材料准静态压缩应力-应变曲线

运用图 1.7.4 万能试验机对典型活性材料试件开展准静态压缩试验，准静态压缩试验参考国标 GB/T 1039—1992《塑料力学性能试验方法总则——塑料压缩性能试验方法》以及国标 GBT 7314—2005《金属材料室温压缩试验方法》。试验前，试件与控制压头之间涂凡士林，减小试件与压头之间的摩擦力。试验时，通过控制压头移动的速度来控制试件应变率为 0.001 $s^{-1}$，由计算机上的数据采集系统记录试件在加载过程中作用力随压头位移变化曲线，最后通过计算获得试件的真实应力-应变曲线，同时观测试件压缩破坏情况。准静态压缩试验如图 1.7.8 所示。

**图 1.7.8　准静态压缩试验**

利用采集到的试验数据并结合式(1.7.6)即可得到试件在不同应变率下的工程应力-应变曲线。

$$\begin{cases}\sigma_{\mathrm{Eeg}} = 4p_{\mathrm{p}}/(\pi d_0^2)\\ \varepsilon_{\mathrm{Eeg}} = (l_0 - l)/l_0\end{cases} \tag{1.7.6}$$

式中，$d_0$ 为试件初始直径；$l_0$、$l$ 分别为试件初始长度和瞬时长度；$\sigma_{\mathrm{Eeg}}$、$\varepsilon_{\mathrm{Eeg}}$ 分别为计算所得试件的工程应力、工程应变。

真实应力、真实应变转化为工程应力、工程应变可以表示为：

$$\begin{cases}\sigma_{\mathrm{T}} = \sigma_{\mathrm{Eeg}}(1 - \varepsilon_{\mathrm{Eeg}})\\ \varepsilon_{\mathrm{T}} = -\ln(1 - \varepsilon_{\mathrm{Eeg}})\end{cases} \tag{1.7.7}$$

因此，结合式(1.7.6)、式(1.7.7)可得到典型活性材料试件准静态压缩真实应力-应变曲线，三组重复性试验曲线如图1.7.9所示。

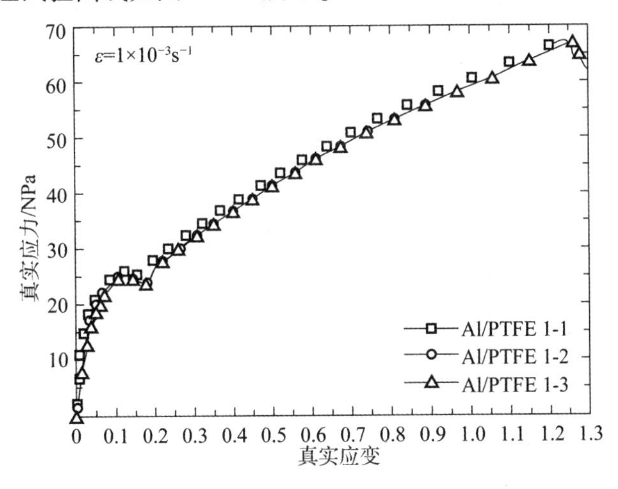


**图1.7.9 Al/PTFE材料的真实应力-真实应变曲线**

由图1.7.9真实应力-真实应变曲线可以得到试件的屈服强度，对于没有明显屈服点的曲线，可以利用沿弹性变形阶段画一条直线，然后将直线平移0.2%，所得到的交点为屈服强度(或作真实应力-真实应变曲线中弹性阶段与应变硬化阶段的切线，两切线的焦点即为材料的屈服强度)。在加载初期，弹性阶段很短，真实应变小于0.1，主要是由PTFE键长、键角产生的形变及链段运动造成，该阶段属于非线性黏弹性阶段；当应力加载至20 MPa时，无定形区的分子链沿着应力取向出现轻微滑移，应变导致再结晶化，并未出现明显的屈服行为；然后结晶区的分子链开始滑移，出现微裂纹的摩擦滑移、弯折扩展，该阶段进入线性强化阶段，即该阶段的损伤演化进入不可逆阶段；当压缩应力达到最大值(约70 MPa)时，材料出现应变软化现象，形成裂纹、开裂，以至于最终失效。

根据国标GBT 7314—2005《金属材料室温压缩试验方法》设计试件尺寸，准静态压缩试验中试件长度 $l_0$ 与直径 $d_0$ 取值范围为 $1 \leqslant l_0/d_0 \leqslant 2$，本书选取试件的尺寸为 $\phi$10 mm×10 mm。

$$\rho_{\mathrm{w}} g V_1 = (m_1 - m_2) g \tag{1.7.8}$$

$$\dot{\varepsilon} = \frac{\Delta \varepsilon_{\mathrm{Eng}}}{\Delta t} = \frac{\Delta l/l}{\Delta t} = \frac{\Delta l/\Delta t}{l} = \frac{v}{l_0} \tag{1.7.9}$$

设定万能试验机压头移动速度 $v$ 为0.1 mm/s，由式(1.7.6)可得到试件压缩时的应变率为0.001 $s^{-1}$。对不同材料中每种情况均重复了三次准静态压缩试验，共计12次，试验数据见表1.7.4。Al/PTFE、Al/Ni、$Al_2O_3$/PTFE、$Al_2O_3$/PTFE/W抗压屈服强度分别为20.43 MPa、27.70 MPa、16.66 MPa、18.47 MPa。

**表1.7.4　准静态压缩试验结果**

| 试验序号 | 材料 | 试件编号 | 初始尺寸/(mm×mm) | 应变率/$s^{-1}$ | σ/MPa | |
|---|---|---|---|---|---|---|
| | | | | | 试验值 | 平均值 |
| 1 | Al/PTFE | 1-1 | $\phi$10×10.04 | 0.001 | 20.3 | 20.43 |
| 2 | | 1-2 | $\phi$10×10.04 | 0.001 | 19.7 | |
| 3 | | 1-3 | $\phi$10×10.06 | 0.001 | 21.3 | |
| 4 | Al/Ni | 2-1 | $\phi$10×10.02 | 0.001 | 27.9 | 27.70 |
| 5 | | 2-2 | $\phi$10×10.02 | 0.001 | 27.8 | |
| 6 | | 2-3 | $\phi$10×10.06 | 0.001 | 27.4 | |
| 7 | $Al_2O_3$/PTFE | 3-1 | $\phi$10×10.04 | 0.001 | 16.7 | 16.66 |
| 8 | | 3-2 | $\phi$10×10.02 | 0.001 | 16.8 | |
| 9 | | 3-3 | $\phi$10×10.04 | 0.001 | 16.5 | |
| 10 | $Al_2O_3$/PTFE/W | 4-1 | $\phi$10×10.02 | 0.001 | 18.6 | 18.47 |
| 11 | | 4-2 | $\phi$10×10.04 | 0.001 | 18.5 | |
| 12 | | 4-3 | $\phi$10×10.02 | 0.001 | 18.3 | |

## 1.7.2　Al/PTFE、Al/Ni典型活性材料壳体爆炸驱动试验

1. 活性材料爆炸驱动装置

活性材料爆炸驱动装置结构示意图如图1.7.10所示，主要由传爆药柱、炸药装药、尼龙衬套、壳体、下盖板等组成，其中壳体材料分别为表1.7.3中的4种材料。

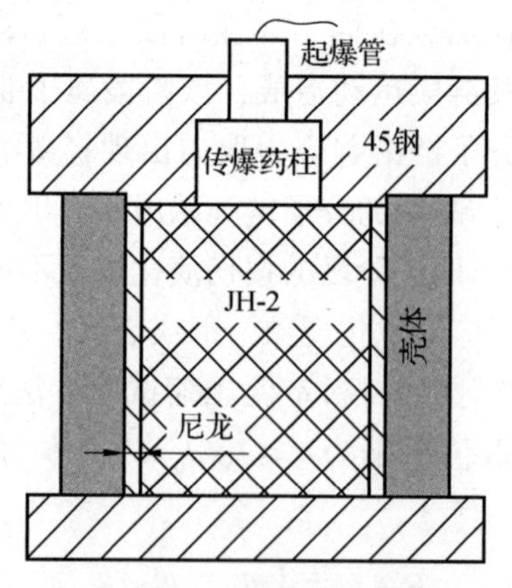


**图1.7.10　试验装置示意图**

试验装置照片如图1.7.11所示。其中，炸药装药为$\phi$30 mm×37 mm的JH-2(8701)药柱，密度为1.7 g/$cm^3$，装药质量为44 g；活性材料外径为50 mm，内径为34 mm；尼龙衬

套壁厚 1.7 mm。雷管座主要用于固定雷管及传爆药柱并与药柱下盖板一起约束爆轰产物，控制爆轰产物飞散方向的作用。

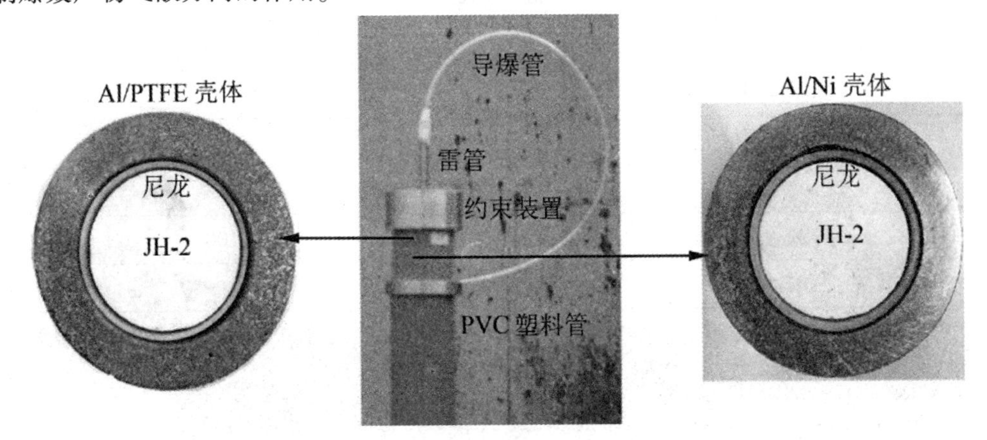


图 1.7.11 活性材料爆炸驱动装置照片

1)试验测试方案

试验布局示意图如图 1.7.12 所示，将该装药结构置于 PVC 塑料管支架上，距离地面 1.5 m。运用 CY-YD-202 压电式压力传感器测量爆炸驱动下自由场空气冲击波超压峰值。采用高速摄影、远红外热像仪测试火球爆炸参数、温度场分布特点。活性材料爆炸驱动装置与压力传感器、高速摄影、远红外热像仪的水平距离分别为 1.8 m、22 m、22 m。其中，爆炸驱动过程由高速摄影以 5 000 帧/s 的速度进行拍摄，捕捉不同材料爆炸驱动过程中火光结构的瞬态演变过程。此外，为了研究活性材料的撞击反应行为，在距离装药水平距离 2 m 处设置了一块尺寸为 600 mm×600 mm×10 mm 的钢板。为了得到科学、合理的试验结果，对每种材料试验重复 2 次，并且对典型试验结果进行分析。

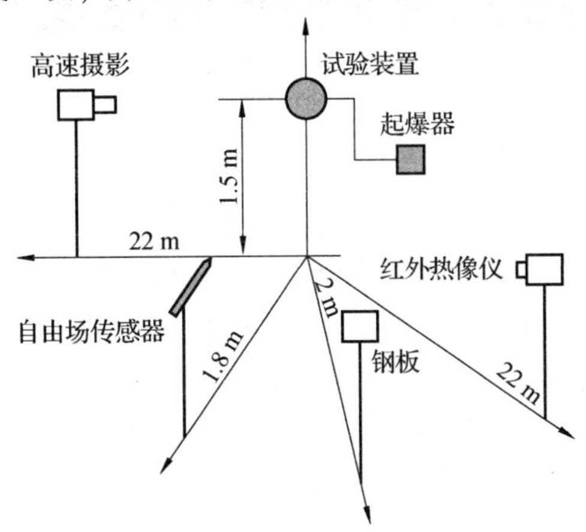


图 1.7.12 试验布局示意图

2)空气冲击波超压测试系统

空气冲击波超压测试系统主要由安装基座、压电式压力传感器(图 1.7.13)、便携式多路数据采集仪(图 1.7.14)组成。其中，型号为 CY-YD-202 的压电式压力传感器压力感受面为胶封层，适用于自由场空气冲击波测量，其上升时间短、过冲比小，表 1.7.5 为传感器参数。本试验设置便携式高速数据采集仪的采样频率为 1.25 MHz。

表 1.7.5　CY-YD-202 压电传感器参数

| 静态参数 | |
|---|---|
| 压力灵敏度((20±5)℃)/($pC\cdot MPa^{-1}$) | 约 350 |
| 测压范围/MPa | 0 ~ 10 |
| 过载能力/% | 120 |
| 动态参数 | |
| 自振频率/kHz | >100 |
| 工作温度/℃ | -10 ~ +80 |

图 1.7.13　压电式传感器

图 1.7.14　便携式多路数据采集仪

试验时，将压电式压力传感器一端固定于安装基座上，带有白色胶封层一端用于测量空气冲击波超压，另一端通过低噪声同轴电缆与便携式多路数据采集仪连接。爆炸试验前，启动冲击波测试系统记录空气冲击波的压力变化；爆炸试验后，冲击波测量系统自动记录冲击波信号，冲击波压力传感器将冲击波超压转换为电信号，由信号调理及数据采集模块进行调理以及显示储存，通过电子显示屏可以直接显示所测得的超压曲线。测量系统的分辨率为 0.1 MPa/V，量程为 1 MPa。

3)温度场测试系统

炸药装药爆炸过程具有放热性、高速度(或瞬时性)并能自行传播、生成大量气体产物三个特征。由于炸药装药爆炸反应速度极高，时间较短，较难测定爆炸温度场参数。早期大多通过间接测量爆炸产物的比热、爆热来估算爆温，这种方法只能计算出爆温的区间范围，不能获得具体的温度值。目前通常采用光谱测温的方法直接测量爆炸温度，如激光相干反斯托克斯拉曼光谱法(CARS)、原子发射光谱双谱线法、多光谱辐射测温法、红外热成像法等，其中一些方法不但可以获得爆炸温度值，而且可以获得温度随时间变化曲线。

根据测试系统中的感温元件是否与目标接触，可分为接触法（如热电偶法）和非接触法（如多光谱辐射测温法、红外热成像法等）两大类。其中红外辐射测温原理可表示为：

$$\rho_w g V_1 = (m_1 - m_2) g \tag{1.7.10}$$

$$M_{b\chi} = \frac{2\pi hc^2}{\chi^5} \frac{1}{e^{\frac{hc}{\chi k T_h}} - 1} = \frac{C_1}{\chi^5} \frac{1}{e^{\frac{C_2}{\chi T_h}} - 1} \tag{1.7.11}$$

式中，$c$ 为真空中的光速，取 $3\times10^8\ \text{m}\cdot\text{s}^{-1}$；$C_1$ 为第一辐射常数，取 $3.741\ 5\times10^{-12}\ \text{W}\cdot\text{cm}^2$；$C_2$ 为第二辐射常数，取 1.438 79 cm · K；$T_h$ 为黑体绝对温度，K；$k$ 为玻尔兹曼常数，取 $1.380\ 6\times10^{-23}\ \text{W}\cdot\text{s}\cdot\text{K}^{-1}$；$h$ 为普朗克常数，取 $6.626\ 2\times10^{-34}\ \text{J}\cdot\text{s}$；$\chi$ 为光谱辐射的波长；$M_{b\chi}$ 为黑体的光谱辐射能力，$\text{W}\cdot\text{cm}^{-2}\cdot\mu\text{m}^{-1}$。

红外热像仪利用实时的扫描热成像技术测试温度，是一种红外波段的摄像机，可以更直观地观测并记录爆炸过程中不同时刻温度变化。本试验使用美国 Flir 公司生产的 SC7000 型远红外热像仪，如图 1.7.15 所示。该仪器具有测试精度高、灵敏度高、测试速度快等特点，能够实时监控记录样品爆炸及辐射性能的动态变化。仪器波长范围为 7.7～9.2 μm，测试频率为 200 Hz，镜头焦距为 25 mm，发射率为 1。使用该仪器测得结果可利用仪器自带软件 Altair 进行数据分析处理，最终可获得任意时刻样品爆炸温度、辐射面积等试验结果。其主要测试参数见表 1.7.6。

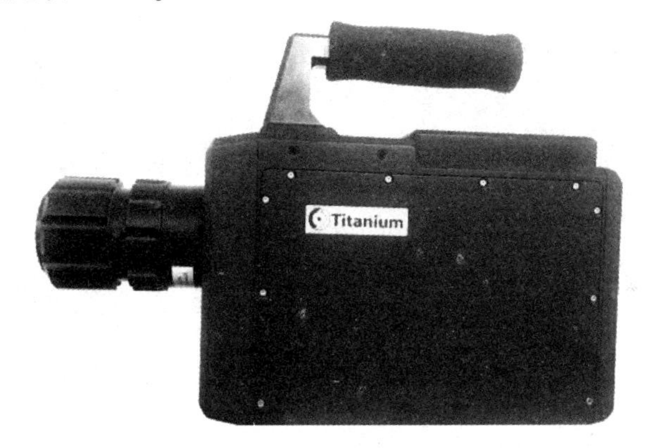


**图 1.7.15 SC7000 型远红外热像仪**

**表 1.7.6 远红外热像仪技术参数**

| 名称 | 参数 | 名称 | 参数 |
|---|---|---|---|
| 探测器材料 | MCT | 测试距离/mm | 22 |
| 镜头焦距/mm | 25 | 发射率 | 1 |
| 分辨率/ppi | 320×240 | 温度分辨率/mK | <20 |
| 工作波段/μm | 7.7～9.2 | 大气透过率/% | 99.95 |
| 测试温度挡/℃ | −25～150 | 频率/Hz | 200 |

2. 试验结果分析与讨论

炸药爆炸后产生的毁伤方式主要有冲击波毁伤和热毁伤等。其中，热毁伤主要通过爆炸火球参数进行表征，爆炸火球参数主要包括火球直径、持续时间、火球温度。基于此，对 4 种不同壳体材料进行爆炸驱动试验，以便全面分析活性材料爆炸驱动下能量释放特性。

1）爆炸作用过程高速摄影观测结果

通过高速摄影记录的不同材料爆炸驱动下火球成形和演变情况如图 1.7.16 所示。试验结果表明，炸药爆炸后产生了明显火光。随着时间的增长，火光先增强再逐渐减弱。将初始出现火光的时间设定为 0，可以发现爆炸驱动后，Al/PTFE 火光持续时间较长(15.4 ms)，并在最后产生大量的黑烟；而 $Al_2O_3$/PTFE 惰性材料，由爆炸产生的火光在 1.4 ms 后迅速减弱甚至消失。Al/PTFE 火光持续时间约是 $Al_2O_3$/PTFE 的 11 倍(15.4/1.4)。

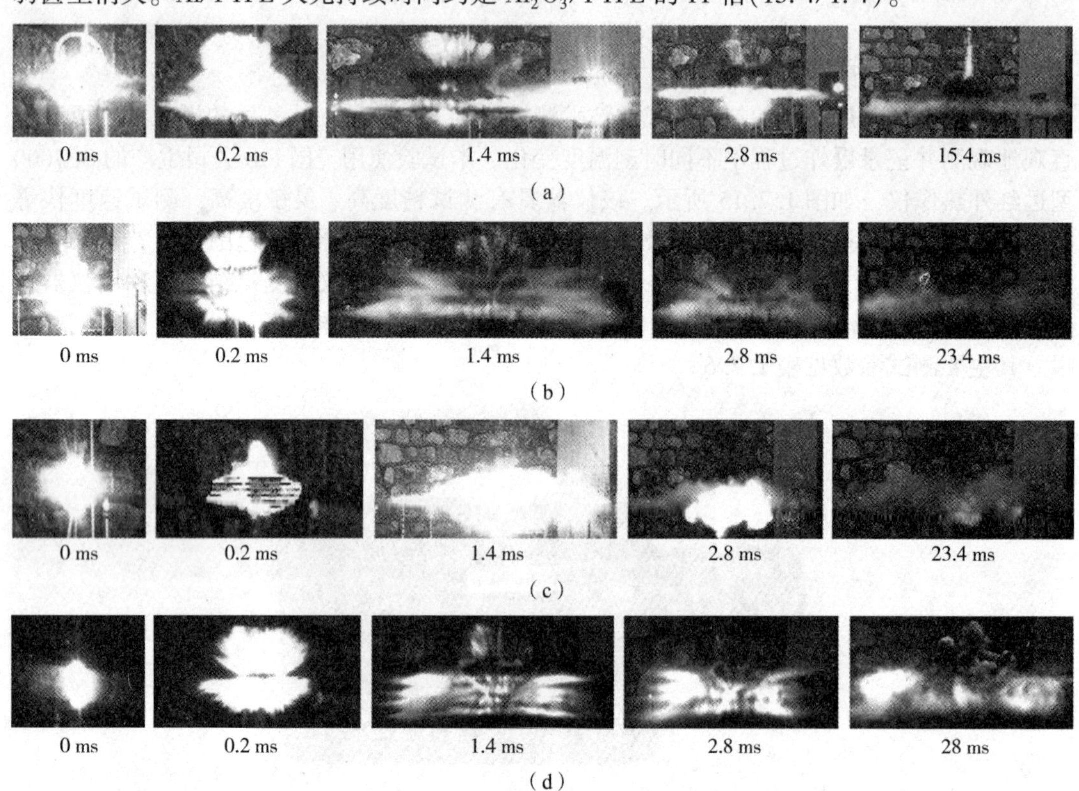


**图 1.7.16　不同材料爆炸驱动下火球成形和演变情况**

(a) Al/PTFE；(b) $Al_2O_3$/PTFE；(c) Al/Ni；(d) $Al_2O_3$/PTFE/W

另外，Al/Ni 在爆炸驱动下，55.6 ms 后火光消失，可见少量黑烟；而 $Al_2O_3$/PTFE/W 惰性材料，随着时间的增加火光迅速消失，惰性材料向四周飞散，伴有白色雾状烟。Al/Ni 火光持续时间约是 $Al_2O_3$/PTFE/W 的 39.7 倍(55.6/1.4)。此外，通过高速摄影照片可以测量不同时刻火球直径。在 0.2 ms 时，Al/PTFE 和 $Al_2O_3$/PTFE 火球直径分别为 1 035.9 mm、616.6 mm，前者比后者相对增大 68%；Al/Ni 和 $Al_2O_3$/PTFE/W 火球直径分别为 428.8 mm、394.1 mm，火球直径相差不大。

试验结果表明，活性材料均比惰性材料火光更强烈，这是因为活性材料在爆炸驱动的强加载条件下发生了化学反应，释放一部分能量，增强炸药爆炸产生的火光。另外，材料破碎后，爆轰产物冲出并将其包围起来，破碎的材料仍受到爆轰产物的推动，此时活性材料持续反应并释放能量，延长火光持续时间，增强火光亮度和火球直径。

2)活性材料爆炸驱动反应行为分析

不同材料碎片撞击钢板的试验结果如图1.7.17所示。从图1.7.17(a)和(c)可知，Al/PTFE材料和Al/Ni材料在0.2 ms时由于爆炸驱动作用已向四周飞散，爆炸中心处有明显火光，飞散的材料在到达钢板前未出现明显火光。1.6 ms和18.4 ms时，两种活性材料碎片已分别撞击右侧钢板，在爆炸中心及右侧钢板处均可观察到明显的火光，而在左侧相同位置处(无钢板)并未出现火光。图1.7.17(b)和(d)分别为惰性材料 $Al_2O_3$/PTFE和 $Al_2O_3$/PTFE/W碎片在达到钢板前、后的试验现象，可以发现两种惰性材料撞击钢板后未产生火光，且爆炸中心处的火光相对活性材料较弱。该现象说明，Al/PTFE和Al/Ni材料在爆炸驱动下未发生完全化学反应。炸药爆炸瞬间，在爆轰压力的作用下，仅有一部分活性材料参与反应并释放能量，在爆炸中心处可见火光明显增强。另外，未反应的碎片向四周飞散，在飞散过程中撞击钢板并有部分活性材料发生后续反应。此外，对比图1.7.17(a)和(c)可知，炸药爆炸瞬间，Al/PTFE材料产生的火光比Al/Ni更强；而爆炸驱动下的Al/Ni材料和Al/PTFE材料撞击右侧钢板后，则出现相反的结果。该现象说明，在爆炸驱动作用下，Al/Ni材料的反应延迟时间相对于Al/PTFE材料更长，爆炸瞬间释放能量更少，在爆轰产物的推动过程中和撞击钢板后才逐渐释放能量，产生更强的火光。

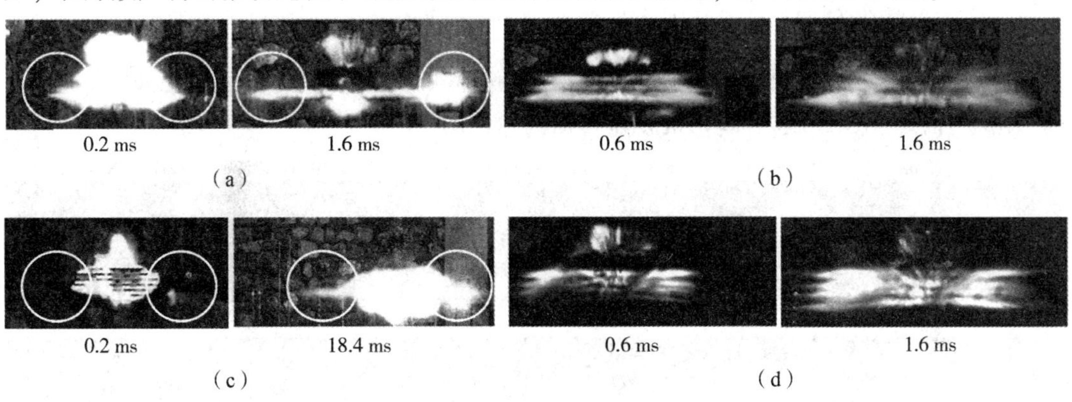


**图1.7.17 不同材料碎片撞击钢板的试验结果**

(a)Al/PTFE；(b)$Al_2O_3$/PTFE；(c)Al/Ni；(d)$Al_2O_3$/PTFE/W

## 1.7.3 爆炸作用过程温度场分布特点

试验利用远红外热像仪测试不同材料爆炸驱动下温度场分布及辐射性能。图1.7.18为不同材料装药爆炸过程中典型时刻的红外热像图。由图1.7.18可知，炸药爆炸壳体材料及产物飞散区有明显的温度升高，并且温度区域层次清晰。将热像图由内到外分为高温区、过渡区、低温区3个区域，其中，中心为高温区，该区域主要集中在爆炸中心；最外层粉色为低温区，两者之间为过渡区。可以观察到，从20 ms到30 ms的时间段中，不同材料的辐射面积和高温区域均减小。其中，惰性材料温度区域的连续性和亮度均明显降低。随着时间的增加，不同材料最外层的粉红色低温区域先消失，中心高温区域向四周扩散，重新呈现层次分明的温度区域，最终温度区域将减小直至消失。

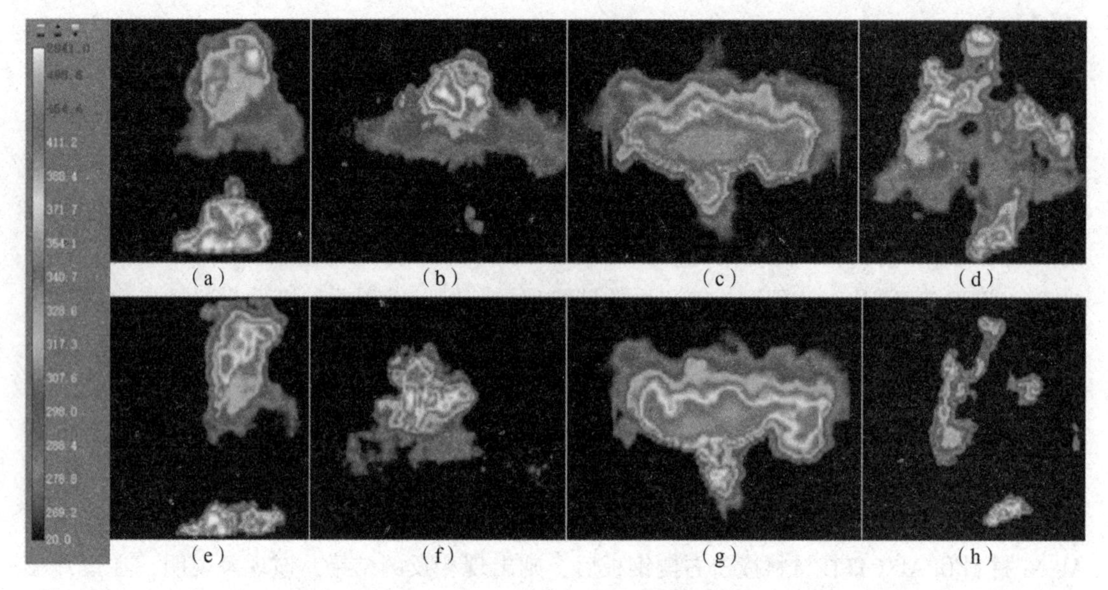

图 1.7.18　不同材料特定时刻热像图

(a) Al/PTFE 20 ms；(b) $Al_2O_3$/PTFE 20 ms；(c) Al/Ni 20 ms；(d) $Al_2O_3$/PTFE/W 20 ms；

(e) Al/PTFE 30 ms；(f) $Al_2O_3$/PTFE 30 ms；(g) Al/Ni 30 ms；(h) $Al_2O_3$/PTFE/W 30 ms

图 1.7.19 为不同材料爆炸驱动下的热像图随时间的变化。由图 1.7.19 可知，5～20 ms 时，Al/PTFE、$Al_2O_3$/PTFE 均形成稳定传播的热像图。

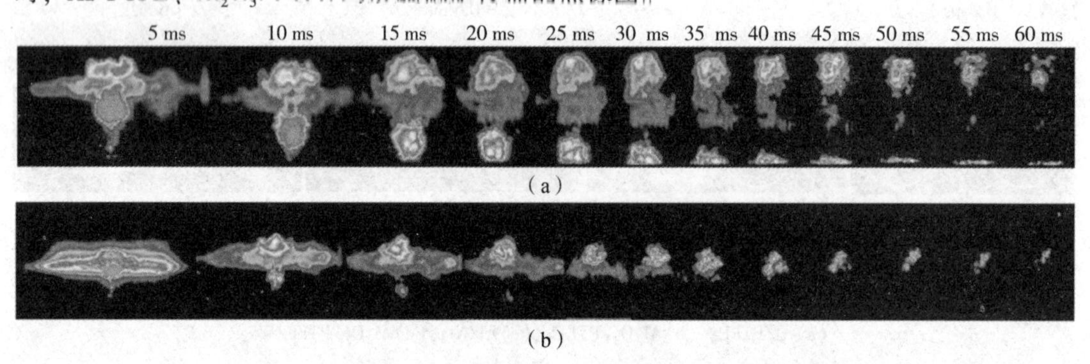

图 1.7.19　不同材料爆炸驱动下的热像图随时间的变化规律

(a) Al/PTFE；(b) $Al_2O_3$/PTFE

20 ms 后，Al/PTFE 热像图温度区域缓慢减小，而 $Al_2O_3$/PTFE 惰性材料迅速衰减，直至消失。这是因为 Al/PTFE 参与化学反应，并释放能量，增强炸药爆炸产生的辐射面积、高温区域，延长持续时间。

通过热像图测量了辐射面积，用于分析爆炸作用过程温度场分布及其随时间的变化规律。爆炸驱动下不同材料辐射面积及高温区辐射面积随时间变化曲线分别如图 1.7.20 和图 1.7.21 所示。

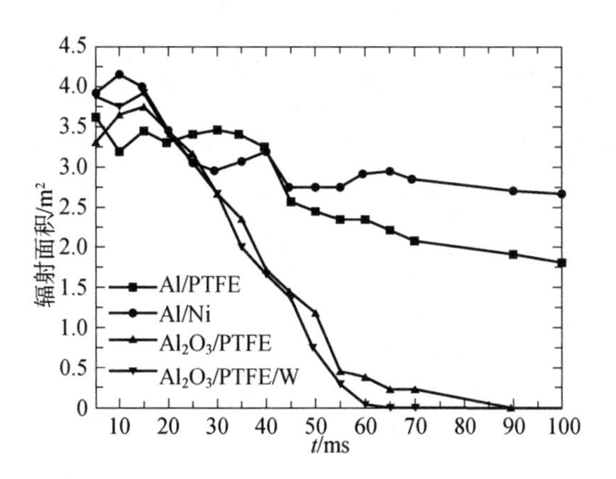


**图 1.7.20　辐射面积随时间变化曲线**

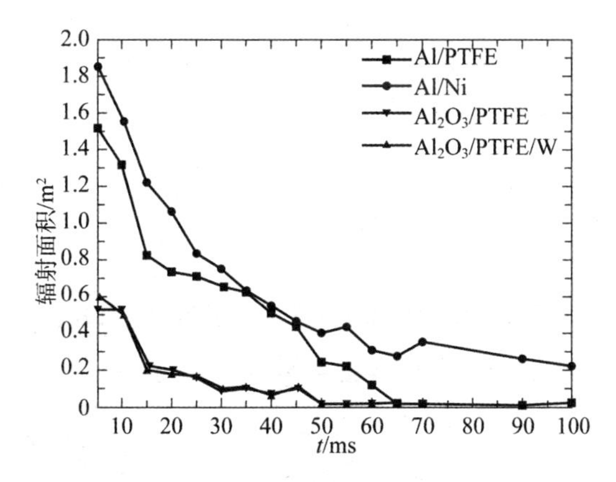


**图 1.7.21　高温区辐射面积随时间变化曲线**

由图 1.7.20 可知，四种材料辐射面积随时间变化总体趋势一致，随着时间的增加，辐射面积下降。其中，惰性材料比活性材料辐射面积下降速度更快，惰性材料（$Al_2O_3$/PTFE、$Al_2O_3$/PTFE/W）辐射面积相差不大，二者吻合较好。5～20 ms 时，四种材料辐射面积差距较小。超过 20 ms 后，随着时间的增加，活性材料与惰性材料间的辐射面积差距逐渐增大。对于 Al/PTFE 材料，其辐射面积在 5～40 ms 内接近水平状态，没有明显的变化，40 ms 后辐射面积逐渐减少；55 ms 时，Al/PTFE 辐射面积是 $Al_2O_3$/PTFE 的 5.3 倍，Al/Ni 辐射面积是 $Al_2O_3$/PTFE/W 的 8.6 倍。Al/Ni 材料在 45 ms 前辐射面积缓慢下降，45～70 ms 时趋于水平，没有明显的变化。惰性材料的辐射面积始终处于下降状态。这是因为活性材料在爆炸驱动下，一部分材料持续反应并释放能量，形成稳定传播的辐射区域。结合图 1.7.18 可知，随着时间的增加，活性材料爆炸驱动下辐射面积呈现更强的连续性，亮度更高，结构更加饱满。对比图 1.7.21 中四种材料的高温区面积可以发现，活性材料（Al/PTFE 和 Al/Ni）的高温区面积显著高于相应的惰性材料（$Al_2O_3$/PTFE 和 $Al_2O_3$/PTFE/W）。这是因为炸药爆炸瞬间，在爆轰压力的作用下，活性材料发生化学反应释放的能量对温度的升高产生了较大的贡献。

## 1.7.4 活性材料壳体爆炸驱动下空气冲击波强化效应分析

1. 爆炸冲击波测试结果

由压力传感器测得的1.8 m处活性材料与相应惰性材料压力-时间曲线如图1.7.22所示，测得的空气冲击波超压峰值见表1.7.7。由于Al/Ni材料产生的碎片飞散到传感器上时使其损坏，因此未测到爆炸驱动下该材料空气冲击波超压峰值。

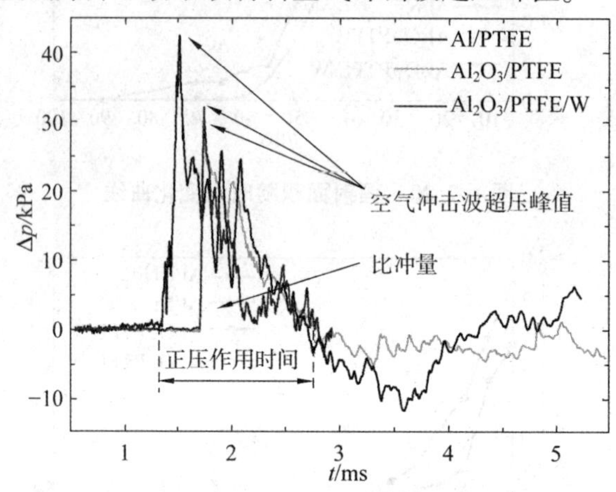


图1.7.22 不同材料超压随时间的变化曲线

表1.7.7 压电传感器测试爆炸参数

| 材料 | 序号 | $m_s$/g | $m_e$/g | 试验值/kPa |
|---|---|---|---|---|
| $Al_2O_3$/PTFE | 1 | 87.45 | 44.0 | 30.2 |
| $Al_2O_3$/PTFE/W | 2 | 154.72 | 44.0 | 32.8 |
| Al/PTFE | 3 | 87.78 | 44.0 | 43.3 |

从图1.7.22可知，Al/PTFE、$Al_2O_3$/PTFE压力随时间变化趋势相同。但是，Al/PTFE材料空气冲击波超压峰值(43.3 kPa)高于$Al_2O_3$/PTFE超压峰值(30.2 kPa)。Al/PTFE材料空气冲击波正压作用时间(1.3 ms)、比冲量(9.7 N·s/m$^2$)分别高于$Al_2O_3$/PTFE正压作用时间(1.1 ms)、比冲量(4.8 N·s/m$^2$)。这是因为活性材料在爆炸驱动下破裂并反应，破碎的材料持续反应并释放能量，对形成的空气冲击波产生了强化作用。通过波的到达时间及峰值压力可以量化活性材料爆炸驱动下瞬间能量释放。另外，$Al_2O_3$/PTFE、$Al_2O_3$/PTFE/W两种惰性材料空气冲击波超压峰值相差不多。

2. 空气冲击波传播规律

爆炸驱动下，高密度高压爆炸产物高速膨胀，周围介质受到冲击压缩而形成突变的界面，形成冲击波阵面。

图1.7.23、图1.7.24分别为$Al_2O_3$/PTFE、Al/PTFE材料爆炸驱动下空气冲击波传播规律。由图1.7.23、图1.7.24可知，空气冲击波与爆轰产物分离，随着时间的增加，空气冲击波逐渐向外传播。

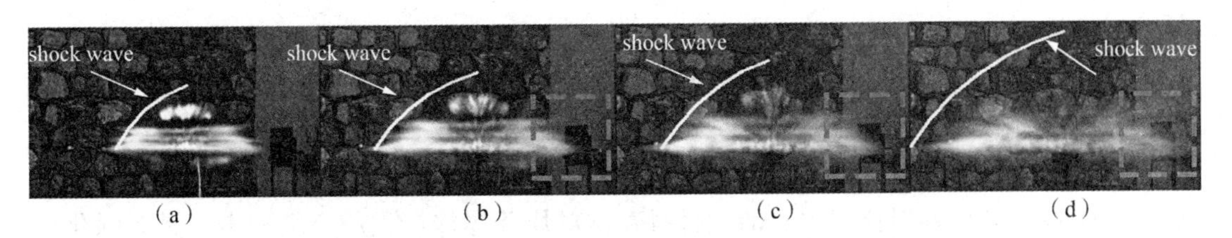


**图 1.7.23 $Al_2O_3$/PTFE 材料爆炸驱动下空气冲击波传播规律**

(a)0.6 ms; (b)1 ms; (c)1.4 ms; (d)2.4 ms

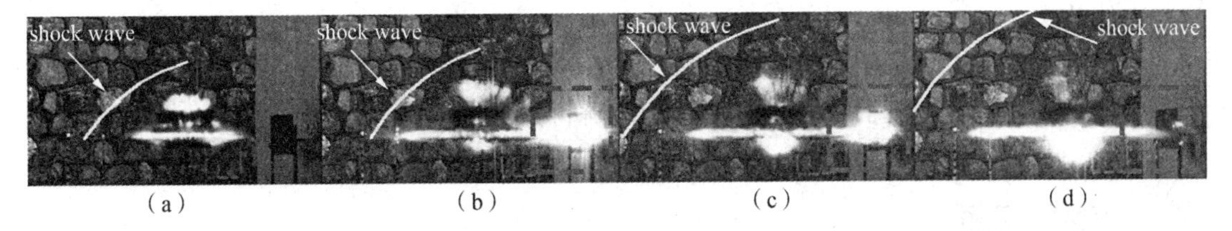


**图 1.7.24 Al/PTFE 材料爆炸驱动下空气冲击波传播规律**

(a)0.6 ms; (b)1 ms; (c)1.4 ms; (d)2.4 ms

根据图 1.7.23、图 1.7.24 及不同时刻高速摄影图片，可以测量到距爆心不同距离处的波速。图 1.7.25 为爆炸驱动下空气冲击波波速随时间变化曲线。由图 1.7.25 可知，两种材料空气冲击波波速随时间变化总体趋势一致，随着时间的增加，波速下降。$Al_2O_3$/PTFE 不同时刻波速均低于 Al/PTFE，0.8～1.4 ms 时两种材料波速接近匀速下降，两种材料波速差距较小；1.4 ms 后，随着时间的增加，$Al_2O_3$/PTFE 比 Al/PTFE 波速下降速度更快，Al/PTFE 与 $Al_2O_3$/PTFE 间的波速差距逐渐增大。这是因为 Al/PTFE 在爆炸驱动下，一部分材料发生化学反应并释放能量，对形成的空气冲击波产生了强化作用。

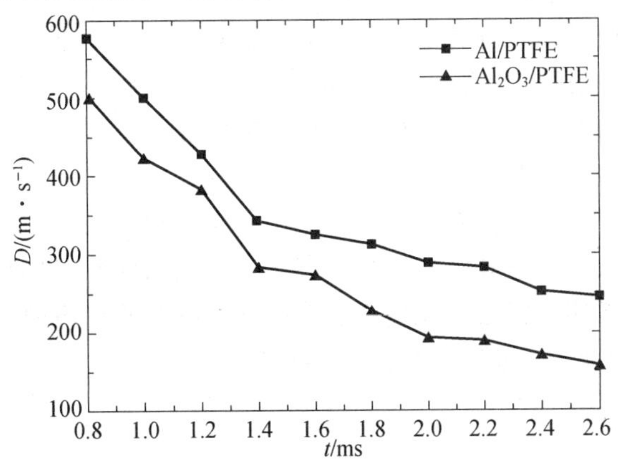


**图 1.7.25 波速随时间变化曲线**

## 1.7.5 结论

本节基于混合物粉末压制烧结工艺和压制工艺方法制备了 Al/PTFE、Al/Ni 典型(氧平衡反应类型)活性材料壳体，通过火球成形和演变情况、温度场分布、辐射面积、活性材料反应释放量等研究典型活性材料能量释放特性。本节得到的主要结论如下：

(1)爆炸驱动下，Al/PTFE 迅速发生化学反应，释放能量，延长火光持续时间，增强火球直径和温度场区域辐射面积。而 Al/Ni 反应延迟时间相对于 Al/PTFE 材料更长，在初始时刻与惰性材料的爆炸火光差异不大，但在爆轰产物的推动过程中逐渐释放能量，产生了比 Al/PTFE 更大的火球。此外，两种材料在爆轰作用下产生的碎片撞击钢板后，并有部分活性材料碎片发生了后续反应。

(2) Al/PTFE 典型活性材料装药爆炸空气冲击波超压峰值、正压作用时间、比冲量均高于 $Al_2O_3$/PTFE 惰性对比材料，活性材料壳体对炸药爆炸产生的空气冲击波具有强化作用。其中，试验测得 Al/PTFE 材料空气冲击波峰值超压(43.3 kPa)远高于 $Al_2O_3$/PTFE 峰值超压(30.2 kPa)，同时，Al/PTFE 活性材料装药空气冲击波波速高于 $Al_2O_3$/PTFE 惰性材料壳体装药。

(3)活性材料在爆炸驱动过程中经历了强加载条件下反应、产生碎片并向四周飞散、撞击钢板后反应等阶段。此外，爆炸加载瞬间材料仅发生了部分化学反应。

## 参考文献

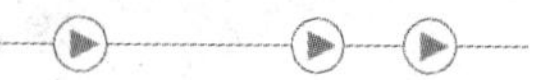

[1]袁书强，张保玉，陈子明，尚福军. 战斗部用钨合金材料现状及发展状况[J]. 中国钨业，2015，30(2)：49-52.
[2]张先锋，黄正祥，熊玮，杜宁，郑应民. 弹药试验技术[M]. 北京：国防工业出版社，2021.
[3]曹柏桢，凌玉崑，蒋浩征，等. 飞航导弹战斗部与引信[M]. 北京：中国宇航出版社，1995.
[4]卢芳云，李翔宇，林玉亮. 战斗部结构与原理[M]. 北京：科学出版社，2009.
[5]王志军，尹建平. 弹药学[M]. 北京：北京理工大学出版社，2005.
[6]QJ 2789—1996，地(舰)空导弹战斗部总体设计规范[S]，1996.
[7]张先锋，李向东，沈培辉，等. 终点效应学[M]. 北京：北京理工大学出版社，2017.
[8]李含健，张强，周栋. 2020 年国外精确制导武器战斗部和引信技术发展分析[J]. 飞航导弹，2021(2)：14-18.
[9]Kesberg G，Sehirm V，Kerk St. PELE—The Future Ammunition Concept[C]. 21st International Symposium on Ballistics，Adelaide，Australia，2004，1134-1144.
[10]杜宁，张先锋，熊玮，杨莹，黄炳瑜，陈海华. 爆炸驱动典型活性材料能量释放特性研究[J]. 爆炸与冲击，2020，40(4)：44-53.

# 第2章 破片战斗部

破片战斗部是现役装备中最主要的战斗部形式之一。其特点是应用爆炸方法产生高速破片群，利用破片对目标的高速撞击、引燃和引爆作用来杀伤目标，其中击穿和引燃作用是主要的。爆轰波从起爆位置沿炸药以稳定的速度传播，由于爆轰波的传播速度很高，为6 000~10 000 m/s，炸药装药全部爆轰完毕约需几十微秒。炸药爆轰产生爆轰产物和高压，为14~28 GPa，爆轰产物作用于战斗部壳体上，使壳体迅速向外膨胀，当变形达到一定程度时，弹丸壳体外表面首先形成裂纹，并逐渐向内扩展。由于爆轰产物继续膨胀做功，壳体变形逐渐增大，不断产生新的裂纹，当这些裂纹彼此相交后，壳体形成了破片。壳体出现裂缝后，爆轰产物通过裂缝泄出，作用于内表面的压力迅速下降。壳体裂缝全部形成后，破片以一定的初速向四周飞散。壳体的结构形式决定了壳体的破裂方式。如果预先在金属外壳上设置削弱结构，使之成为壳体破裂的应力集中源，则可以得到可控制的破片形状和质量。根据破片产生的途径，可分为自然、预控破片(半预制破片)和预制破片战斗部三种结构类型。自然破片是在爆轰产物作用下，壳体膨胀、断裂、破碎而形成的，壳体既是容器又是毁伤元素，壳体材料利用率较高。而且，一般壳体较厚，爆轰产物泄漏之前，驱动加速时间较长，形成的破片初速较高。但破片大小不均匀，形状不规则，在空气中飞行时速度衰减较快。预控破片战斗部一般采用壳体刻槽、装药刻槽、壳体区域弱化和圆环叠加焊点等措施，使壳体局部强度减弱，控制爆炸时的破裂位置，避免产生过大和过小的破片，减少了金属壳体的损失，改善了破片性能，从而提高了战斗部的杀伤效率。预制破片战斗部的破片为全预制结构，预制破片形状可采用球形、立方体、长方体、杆状等，并用黏结剂定型在两层壳体之间，以环氧树脂或其他适当材料填充。壳体材料可以是薄铝板、薄钢板或玻璃钢板等。

## 2.1 破片战斗部主要性能参数优化设计

优化设计是在满足战斗部条件杀伤概率指标要求的前提下，寻求主要性能参数的最佳组合。

## 2.1.1 破片战斗部的设计

惰性材料(如钨合金、钢等)破片战斗部依靠具有一定动能的多个破片直接命中目标要害部位，以便有效地摧毁目标。破片的截面形状广泛采用菱形、平行四边形、正方形或矩形等。破片分为随机破片(自然破片)、预控破片、预制破片(如钨合金球、钢珠等)。战斗部的允许设计质量 $m_w$ 确定后，进行初步结构预定，战斗部的长径一般取 2～3，特殊情况也不得小于 1.8；战斗部装药质量($m_e$)与相应的产生杀伤破片的壳体质量($m_s$)之比一般取 0.6～0.7。这样有利于爆炸能量的分配和有效破片的形成。破片战斗部主要威力参数包括威力半径、有效破片数、破片密度、破片质量、破片静态飞散与方位角、破片初速等。图 2.1.1 是预制破片飞散图。

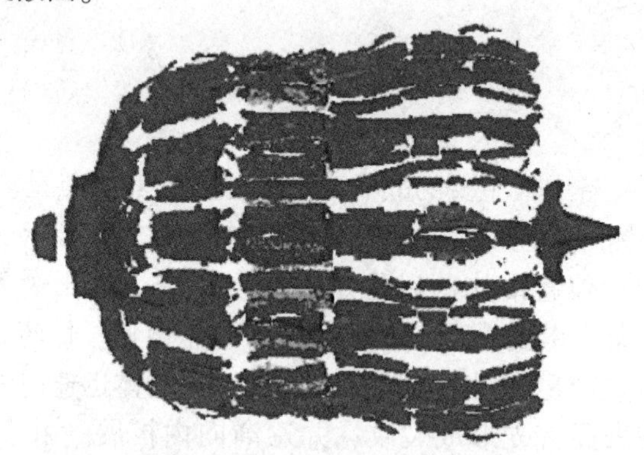

**图 2.1.1　预制破片飞散图**

进行主要参数估算，初步设计只反映其主要参数的基本关系，完成结构设计后，再进行较精确的验算，有时需反复修改，直到试样阶段结束。

1. *破片初速按下式计算*

假设炸药能量均转化成破片以及爆轰产物的动能，壳体爆炸驱动后形成的破片具有相同的初速，同时假设爆轰产物对破片继续做功，最终破片的初速为增加到 $v_0$，中心处爆轰产物速度降到 0，$E_{kg}$ 为某一爆轰产物的虚拟质量 $m_i$ 以初速 $v_0$ 飞散的动能，故有

$$
\begin{aligned}
m_e(Q_e-U_i) &= E_{ks}+E_{kg} \\
E_{kg} &= 0.5m_iv_0^2 \\
E_{ks} &= 0.5m_sv_0^2
\end{aligned}
\tag{2.1.1}
$$

式中，$m_e$、$m_s$、$Q_e$、$U_i$、$E_{ks}$、$E_{kg}$ 分别为炸药装药的质量、壳体的质量、单位质量炸药装药的化学能、爆轰产物的状态内能、形成破片的动能、爆轰产物的动能，对于圆柱形战斗部 $m_i=0.5m_e$。通过上述能量守恒过程，由哥尼(Gurney)公式计算破片初速：

$$v_0=\sqrt{2E}\sqrt{m_e/(m_s+0.5m_e)} \tag{2.1.2}$$

其中，$\sqrt{2E}$ 称为炸药的哥尼速度，常用的哥尼速度见表 2.1.1。

**表 2.1.1　常用炸药哥尼常数值**

| 炸药 | $\sqrt{2E}$/(m·s$^{-1}$) | 炸药 | $\sqrt{2E}$/(m·s$^{-1}$) |
|---|---|---|---|
| C-3 混合炸药 | 2 682 | 含铝混合炸药 | 2 682 |
| B 炸药 | 2 682 | H-6 炸药 | 2 560 |

续表

| 炸药 | $\sqrt{2E}$ /(m·s$^{-1}$) | 炸药 | $\sqrt{2E}$ /(m·s$^{-1}$) |
|---|---|---|---|
| 膨脱立特 | 2 560 | 梯铝炸药 | 2 316 |
| TNT | 2 316 | 巴拉托儿 | 2 073 |

对于预制破片战斗部，由于增加了预制破片层，壳体较薄，壳体破裂的时间较早，其破片速度和自然破片战斗部相比稍低，通常对哥尼公式进行修正用于估算预制破片的初速，其形式如下：

$$v_0 = \sqrt{2E}\eta\sqrt{m_e/(m_s + 0.5m_e)} \tag{2.1.3}$$

其中，$\eta$ 为试验修正系数，其值一般取 0.8 ~ 0.9。

Charran 引入 $F(Z)$ 修正哥尼公式根据炸药理论，$E$ 和爆速 $D$ 的关系：

$$E = D^2/[2(\gamma^2 - 1)] \tag{2.1.4}$$

式中，$\gamma$ 取 3。

已知壳体以及装药相关参数，可得壳体爆炸驱动后不同位置处破片初速：

$$v_0 = \frac{D}{\sqrt{8}}\sqrt{\frac{F(Z)\,m_e/m_s}{1 + 0.5F(Z)\,m_e/m_s}} \tag{2.1.5}$$

式中，$F(Z) = 1-(1-\min\{Z/(2r),\ 1.0,\ (l-Z)/(2r)\})$，其中 $Z$、$r$、$l$ 分别为破片初始轴向位置，起爆点位置处 $Z=0$；炸药装药半径；炸药装药长度。

计算破片初速也可按下式计算：

$$v_0 = \frac{1.236\sqrt{Q}}{\sqrt{\dfrac{m_s}{m_e} + \dfrac{1}{2}}} \tag{2.1.6}$$

式中，$Q$ 为装药的爆热，J/kg。

2. 威力半径处破片密度计算

$$\rho_\gamma = \frac{0.9\lambda N}{2\pi R_w^2 \varphi} \tag{2.1.7}$$

式中，$\rho_\gamma$ 为威力半径处破片密度，m$^{-2}$；$N$ 为理论破片数；$R_w$ 为威力半径，m；$\varphi$ 为破片飞散角，(°)；$\lambda$ 为计算常数，$\lambda = 57.3°$。

3. 威力半径处破片存速计算

$$v_R = v_0 e^{-kR_w} \tag{2.1.8}$$

式中，$v_R$ 为威力半径处破片存速，m/s；$k$ 为破片速度衰减系数，1/m。

$k$ 由以下经验公式计算：

$$k = 0.037\,4^{-1/3} m_f H(Y) \tag{2.1.9}$$

式中，$m_f$ 为单枚破片质量；$H(Y)$ 为高度 $Y$ 处的空气密度与海平面的空气密度之比。

破片速度衰减系数 $k$ 也可按下式计算：

$$k = \frac{C_x \rho_0 S}{2m_f} \tag{2.1.10}$$

式中，$C_x$ 为空气迎风阻力系数；$\rho_0$ 为空气密度；$S$ 为单枚破片最大迎风面积，$m^2$。

阻力系数 $C_x$ 与破片的形状及速度有关。不同形状的破片，在同一马赫数 $Ma$ 的条件下，$C_x$ 值是不同的。对于形状已确定的破片，$C_x$ 是马赫数 $Ma$ 的函数。由风洞试验结果可知：当 $Ma>1.5$ 时，$C_x$ 随 $Ma$ 的增加而缓慢下降。各种形状破片的 $C_x$ 公式为：

球形破片

$$C_x(M) = 0.97$$

立方形破片

$$C_x = 1.72 + \frac{0.3}{Ma^2} \text{或} C_x = 1.2852 + \frac{1.0536}{Ma} - \frac{0.9258}{Ma^2}$$

圆柱形破片

$$C_x = 0.8058 + \frac{1.3226}{Ma} - \frac{1.1202}{Ma^2}$$

菱形破片

$$C_x = 1.45 - 0.0389Ma$$

当 $Ma>3$ 时，$C_x$ 一般取常数，其值见表 2.1.2。

**表 2.1.2　$Ma>3$ 时各种类型破片的速度衰减系数**

| 破片形状 | 球形 | 立方形 | 柱形 | 菱形 | 长条形 | 不规则形 |
|---|---|---|---|---|---|---|
| $C_x$ | 0.97 | 1.56 | 1.16 | 1.29 | 1.3 | 1.5 |

4. 强度计算

杀爆战斗部是利用爆炸产生的破片、爆炸产物及爆炸冲击波毁伤目标的，战斗部的毁伤威力主要取决于合理的战斗部总体结构设计、高威力炸药、壳体（弹体）材料的选择三个方面。例如设计预制破片结构提高战斗部威力效能，预制破片可采用活性材料制备（活性破片），使战斗部的毁伤效能获得大幅度提高。由于战斗部结构已经发生了改变，所以要对改装后的壳体进行发射强度计算。发射时弹体强度计算，实质上就是在求得弹体内各处应力的条件下，根据有关强度理论对弹体进行校核。弹体强度校核的标准有两类：一类是用应力表示，即按照不同强度理论计算弹体上各断面的相当应力，然后与弹体材料的许用应力相比较；另一类是用变形表示，即按照不同的理论公式或经验公式计算某几个断面上的变形和残余变形，然后与战术技术要求的变形值相比较。由于所用的弹体只有放置预制破片的地方弹壁变薄，所以只计算这个地方的发射强度。

弹丸在膛内做加速运动时，整个弹丸各零件上均作用有轴向惯性力；旋转弹丸还产生径向惯性力与切向惯性力。轴向惯性力 $F_n$ 与切向惯性力 $F_t$ 相比较，后者较小；在极限条件下，其值也不超过前者的 1/10，即 $F_t \approx 0.1F_n$。故在强度计算时，切向惯性力可以略去。至于径向惯性力 $F_r$，虽然与 $F_n$ 变化不同步，但就其最大值而言，仍然小于轴向惯性力，因此计算最大膛压时弹丸的发射强度，也可以略去径向惯性力。$n$—$n$ 割截弹体如图 2.1.2 所示。

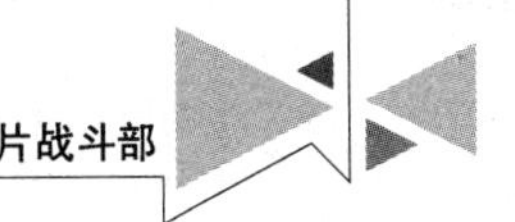

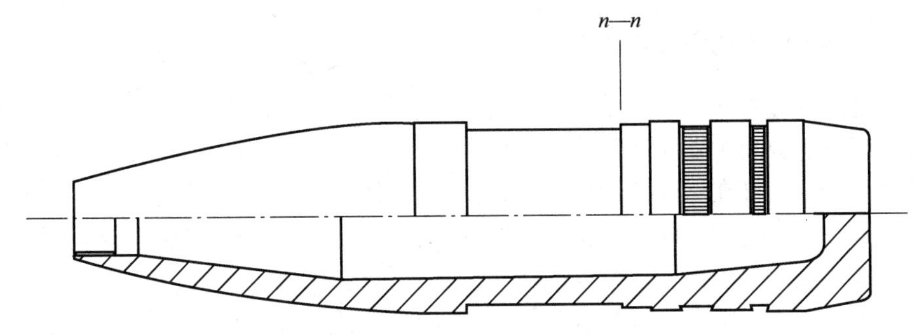


图 2.1.2　n—n 割截弹体图

以断面 $n—n$ 割截弹体，则弹体界面上受的惯性力为：

$$F_n = p\pi r^2 \frac{m_n}{m} \tag{2.1.11}$$

式中，$p$ 为计算压力；$r$ 为弹丸半径；$m_n$ 为断面以上弹体联系质量(即包括与弹体连在一起的其他零件)；$m$ 为弹丸质量。

由此力引起的轴向应力为：

$$\sigma_z = \frac{-F_n}{\pi(r_{bn}^2 - r_{an}^2)} = -p\frac{r^2}{r_{bn}^2 - r_{an}^2}\frac{m_n}{m} \tag{2.1.12}$$

式中，$r_{bn}$ 为 $n—n$ 断面上弹体的外半径；$r_{an}$ 为 $n—n$ 断面上弹体的内半径。

此部分计算弹体强度。已知数据：

弹丸质量　　$m = 15.6$ kg；

弹丸半径　　$r = 0.05$ m；

计算压力　　$P = 330$ MPa；

断面以上弹体联系质量　　$m_n = 7.5$ kg；

断面上弹体的外半径　　$r_{bn} = 0.044\ 5$ m；

断面上弹体的内半径　　$r_{an} = 0.030\ 5$ m；

弹体材料的强度极限　　$\sigma_s = 421$ MPa。

根据式(2.1.11)和式(2.1.12)可计算得：

$$\begin{aligned}\sigma_z &= \frac{-F_n}{\pi(r_{bn}^2 - r_{an}^2)} \\ &= -p\frac{r^2}{r_{bn}^2 - r_{an}^2}\frac{m_n}{m} \\ &= -330 \times \frac{0.05^2}{0.044\ 5^2 - 0.030\ 5^2} \times \frac{7.5}{15.6} \\ &= 377(\text{MPa})\end{aligned}$$

$$\sigma_z = -377\ \text{MPa} < \sigma_s$$

所以强度满足要求。

## 2.1.2 连续杆战斗部的设计

连续杆是防空导弹战斗部的重要形式之一，连续杆战斗部采用一捆金属杆(通常由许多杆条首尾焊接而成)围成圆筒形置于装药周围，每根杆条的纵轴与战斗部的轴线平行，战斗部爆炸后，连续杆在爆炸产物作用下逐步向周围扩张而形成一个轮形的环。轮形的环与目标相遇就好似一把刀一样切割目标，造成一些长的连续切口，从而产生良好的杀伤效果。与常规破片战斗部相比，连续杆战斗部在威力半径范围内毁伤效率较高，但杀伤环断裂后，毁伤效率急剧下降。连续杆战斗部主要威力参数包括杆的初速、杆的连续性、杆的切割率、威力半径、杆束的质量等。连续杆战斗部如图 2.1.3 所示。

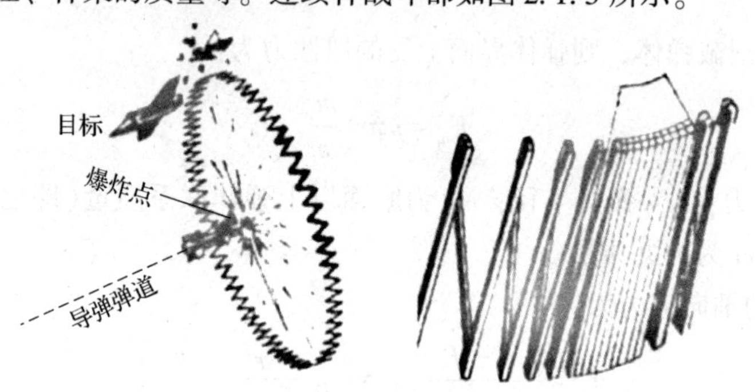


**图 2.1.3 连续杆战斗部**

先设定几个破片初速 $v_0$(一般为 1 300 ~ 1 500 m/s)，对全空域内各特征点计算，选定能满足引战配合要求的速度范围。

再设定装药与壳体的质量比(一般为 0.6 ~ 0.7)和杆束横截面(一般为 4.7 mm×4.7 mm ~ 6.3 mm×6.3 mm)，使破片连续杆组合展开理论半径与导弹导引精度相匹配，并使在战斗部威力半径 $R_w$ 处满足对典型目标达到预期毁伤效应，同时分别计算出理论空域特征点的条件杀伤概率，选出条件杀伤概率最高、战斗部质量最小的参数组合，即是破片静态平均飞散初速 $v_{0i}$ 和杆束组合的最佳匹配条件。

战斗部的允许设计质量 $m_w$ 确定后，进行初步结构预定，战斗部的长细比一般取 2 ~ 3，特殊情况也不得小于 1.8。这样有利于爆炸能量的分配和破片连续杆组合的顺利展开。表 2.1.3 列举了一些典型的连续杆战斗部参数。

**表 2.1.3 典型连续杆战斗部参数**

| 所属导弹 | 总质量/kg | 长度/mm | 直径/mm | 主装药和杆束质量比 | 杆数量/根 | 杆的尺寸/(mm×mm×mm) | 连续杆环的扩张半径/m |
|---|---|---|---|---|---|---|---|
| 波马克 | 136.1 | 439 | 533 | 0.8 | 800 | 4.76×6.35×419 | 30 |
| 黄铜骑士 | 183.7 | 556 | 592 | 0.673 | 534 | 6.35×6.35×508 | 38 |
| 改进猎犬 | 81.7 | 508 | 305 | 0.772 | 274 | 6.35×6.35×465 | 20 |
| 鞑靼人 | 52.3 | 343 | 305 | — | 372 | 4.76×4.76×465 | 17 |
| 麻雀-Ⅲ | 28.6 | 356 | 203 | 0.735 | 242 | 4.76×4.76×262 | 8 |

模拟战斗部结构简图如图 2.1.4 所示，典型连续杆条的结构形式如图 2.1.5 所示。

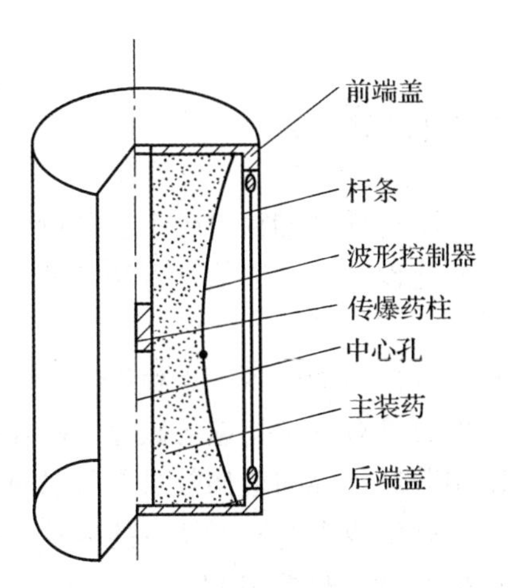


图 2.1.4 模拟战斗部结构简图

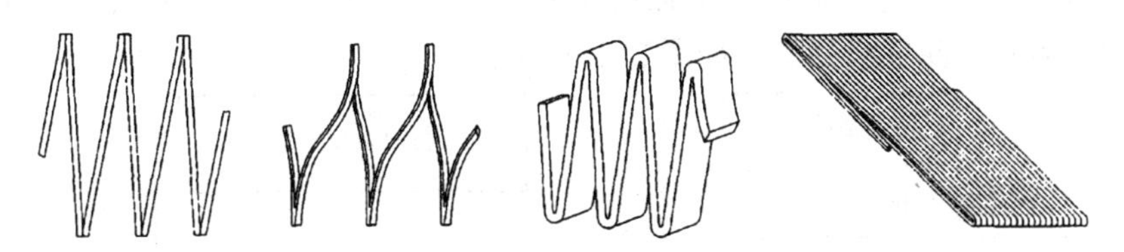

图 2.1.5 典型连续杆条的结构形式

参数初步设计和结构初步预定后，再进行较精确的验算，有时需反复修改，直到试样阶段结束。

1. 破片初速计算

$$v_0 = \frac{1.236\sqrt{\xi Q}}{\sqrt{\frac{m_s}{m_e} + \frac{1}{2}}} \tag{2.1.13}$$

式中，$v_0$ 为破片初速，m/s；$\xi$ 为损失系数一般取 0.5 ~ 0.6；$Q$ 为装药的爆热，J/kg；破片初速也可采用式(2.1.3)计算。

2. 杀伤环在战斗部威力半径 $R_w$ 处的连续性计算

$$K_a = \frac{0.8\sum_{i=1}^{m} l_i}{2\pi R_w} \tag{2.1.14}$$

式中，$K_a$ 为杀伤环在 $R_w$ 处的连续性，一般需 ≥0.8；$l_i$ 为结构预定中每根杆的长度，m；$R_w$ 为战斗部威力半径；

## 2.1.3 破片聚焦战斗部的设计

破片聚焦战斗部的特点是大部分破片集中在一条环形窄带上，破片聚焦战斗部的作用原理与破片战斗部和连续杆战斗部有相似之处，可参见以上两种战斗部的设计。

## 2.2 破片战斗部设计流程

战斗部设计包括威力设计、结构设计和往导弹上安装设计(导弹战斗部)，战斗部设计的常用方法有半经验设计法、模化设计法、数值计算法以及使用分析、数值计算、试验研究三种手段综合设计法。

战斗部爆炸后，壳体逐渐膨胀，当膨胀到一定程度时，产生裂缝，部分爆轰产物开始逸出，膨胀速度减慢并逐渐碎裂成具有一定初速的破片。破片的初速直接影响着破片的作用距离和碰击目标的速度，影响着对目标的毁伤效果，所以破片初速是杀伤威力的重要参数之一，是计算杀伤面积、评定杀伤威力所不可缺少的因素。预制破片以贯穿作用为主来衡量其杀伤破坏作用；根据目标特性，确定其打击动能 $E$，$E$ 是打击动能(J)。设计该弹主要目的是依靠预制的钨球破片来增强打击有生力量的能力。对于杀伤人员时，一般取 $E \geqslant 98$J。典型破片战斗部设计流程如图 2.2.1 所示。

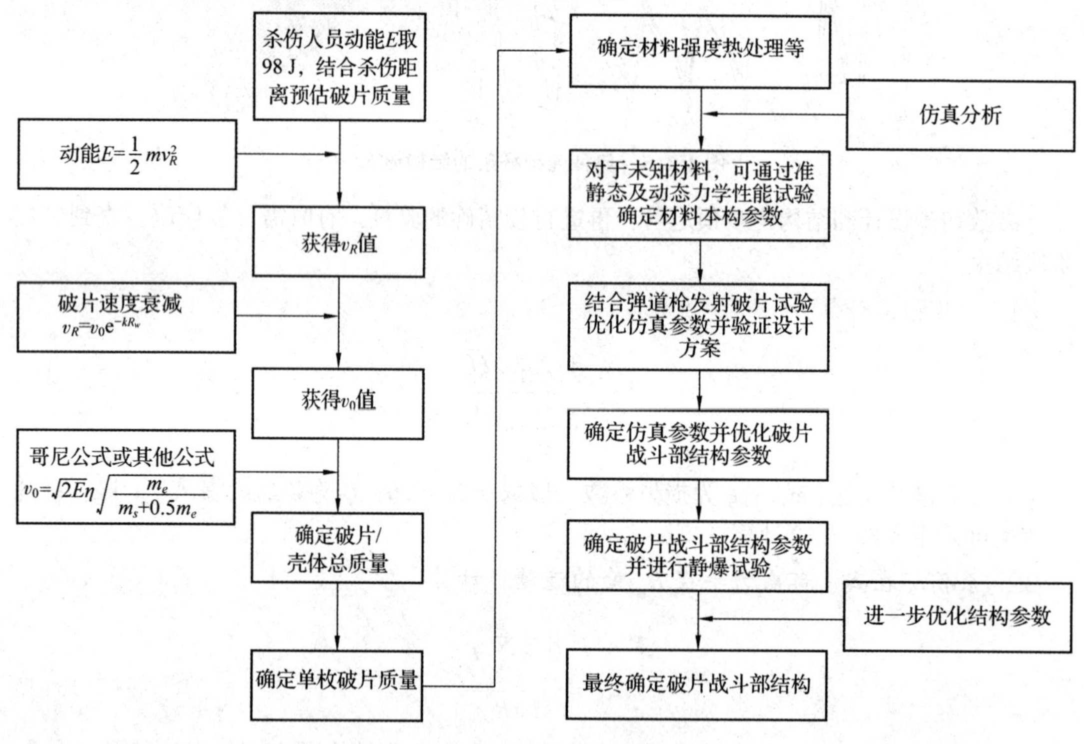


图 2.2.1 典型破片战斗部设计流程

## 2.3 弹道枪试验

### 2.3.1 不同硬度钢质破片侵彻 Q235A 钢板试验研究

破片力学性能及其高速侵彻行为近年来受到工程界的广泛关注，影响破片侵彻过程的因素很多，其中弹靶材料性能对侵彻及防护能力有着重要的影响，不同的弹靶材料关系存在着不同穿甲现象。对于金属材料，改变其力学性能的方法通常有合金化、热处理等。材料经过热处理后，组分与密度基本不变，但静动态力学性能发生较大改变。破片的热处理硬度是衡量破片材料性能的重要参数之一，不同硬度的破片的侵彻性能不同。Demir 等和 Dikshit 等研究了破片对不同硬度钢板的侵彻情况以及钢板的破坏模式，发现钢板的抗弹性能随硬度的增加而增强。吴广等开展了 3 种不同硬度 30CrMnSiNi2A 弹丸低速冲击船用钢板试验研究，弹材硬度在 HRC41 ~ 47 范围内，着靶速度在 272 ~ 268 m/s 范围内，发现弹丸的侵彻能力随着材料硬度的提高而提高。陈小伟等开展了不同质量 A3 钢钝头弹侵彻 45 钢板的试验研究，观察到破片出现泰勒侵彻、向日葵型花瓣帽形失效及钢板冲塞穿甲三种破坏模式。徐豫新等对钨球正侵彻低碳钢板的极限穿透厚度进行研究，得到正侵彻下的弹道极限速度和极限贯穿厚度范围。同时开展了超强度平头圆柱形弹体对低碳合金钢板的高速撞击试验，得到 3 种钢板的失效机制与其力学性能密切相关。上述研究表明：钢板的破坏机制与破片硬度、结构等具有相关性。目前，研究人员已经通过试验、仿真获得不同材料、结构破片侵彻不同材料钢板的失效模式，并建立了相应的分析模型。但对于不同硬度钢质破片高速侵彻有限厚钢板侵彻性能研究报道较少。此外，相关的试验研究多为不同形状预制破片的弹道枪侵彻试验，较少涉及不同硬度钢质破片侵彻能力研究工作。

破片侵彻金属钢板过程中，在钢板的外观形式上会出现若干种变形和断裂形式，如冲塞、延性扩孔、蝶形凹陷、背部层裂，本节选取典型 D60 炮弹钢材料，对热处理后不同硬度 D60 钢进行准静态及动态压缩试验，确定材料力学性能参数。通过侵彻弹道试验方法获得不同着速破片对有限厚 Q235A 钢板的侵彻过程参数，包括破片撞击速度与剩余速度、开坑直径等，分析了材料力学性能与破坏模式的相关性。结合量纲分析方法建立弹道极限速度经验关系，为相关破片侵彻性能研究提供参考。

### 2.3.2　侵彻试验方案

侵彻试验布局如图 2.3.1 所示，它包括弹道枪、破片测速系统、靶板、高速摄影、残余破片回收装置等。将 D60 钢加工成尺寸为 $\phi$10 mm×10 mm（长径比 $L/D=1$）的圆柱形破片，并进行热处理。破片与前述静动态试验材料同批次、同炉热处理工艺，以保证不同批次材料硬度一致。采用 $\phi$14.5 mm 滑膛弹道枪作为发射装置，通过调整发射药量来控制破片着靶速度。不同硬度破片用尼龙弹托固定，待弹托飞离枪口后，弹托与破片分离，破片撞击速度及贯穿钢板后剩余速度分别由靶前和靶后的两组铝箔靶和测时仪所得，同时在弹道侧面布设高速摄影观察破片撞击过程。拍摄参数：$f=10\ 000$ fps；分辨率：1 280×256 ppi。

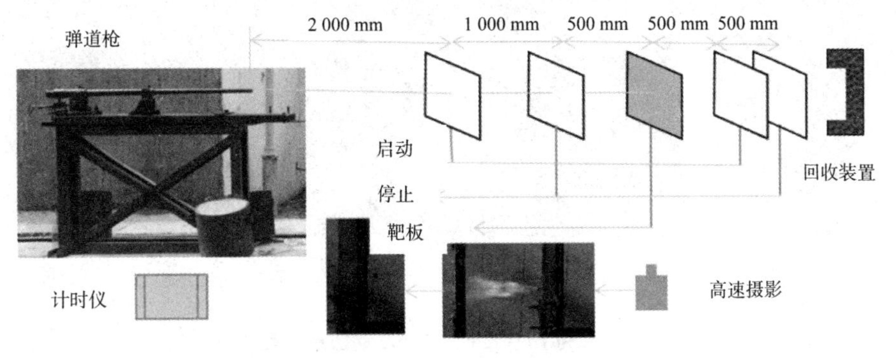


图 2.3.1　破片侵彻试验布局图

采用极限比吸收能表征钢板的抗破片侵彻性能，钢板的极限比吸收能可通过下式计算：

$$I_{\mathrm{SEA}} = 0.5mv_{50}^2/(\rho d) \tag{2.3.1}$$

式中，$I_{\mathrm{SEA}}$ 为钢板的极限比吸收能；$m$ 为破片质量；$\rho$ 为钢板的密度；$d$ 为钢板厚度，弹道极限速度是衡量钢板在一定撞击条件下抗弹性能的重要指标，它指破片侵入钢板的最高速度和完全穿透钢板的最低速度的平均值，破片侵彻钢板的弹道极限速度可用 $v_{50}$ 来表征。

## 2.3.3 不同硬度 D60 钢破片的侵彻性能分析

观察并回收残余破片和测量靶板上开坑尺寸情况，分析不同硬度破片的侵彻性能。不同硬度破片侵彻钢板的典型破坏形貌如图 2.3.2 ~ 图 2.3.4 所示。

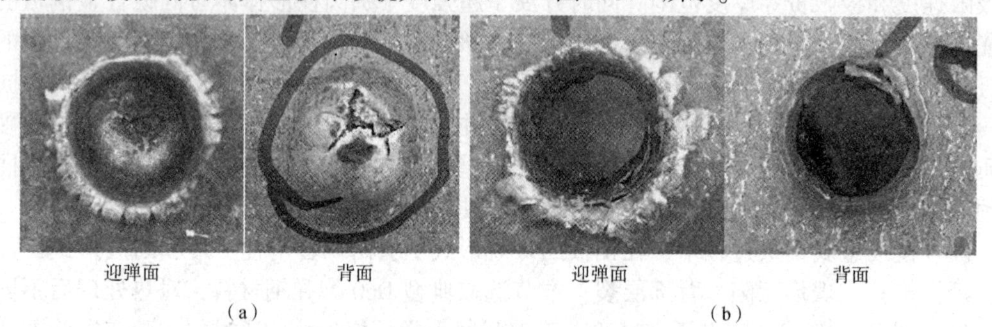


**图 2.3.2 HRC20 破片侵彻 Q235A 钢板后典型破坏形貌**

(a) $v$=988.3 m/s；(b) $v$=1 286.6 m/s

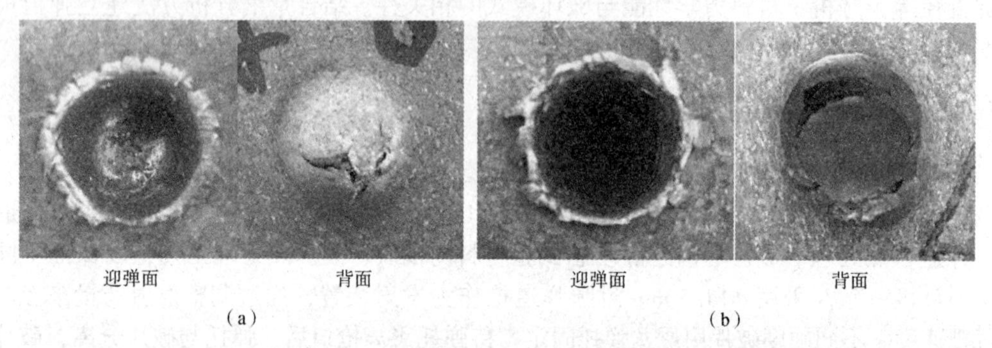


**图 2.3.3 HRC32 破片侵彻 Q235A 钢板后典型破坏形貌**

(a) $v$=963.1 m/s；(b) $v$=1 296 m/s

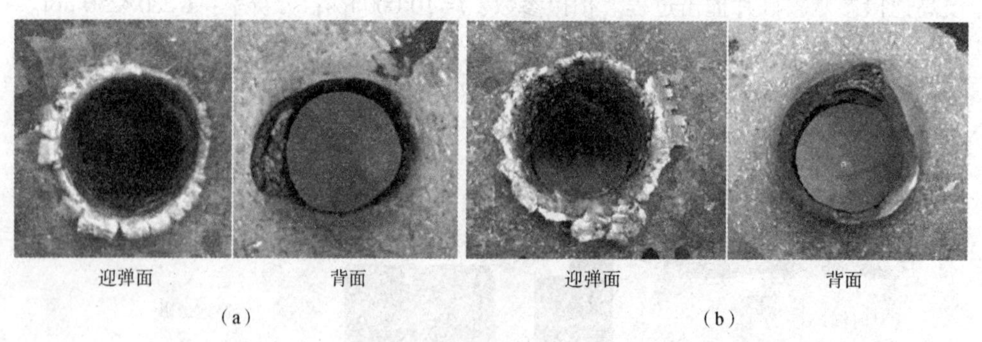


**图 2.3.4 HRC36 破片侵彻 Q235A 钢板后典型破坏形貌**

(a) $v$=987.1 m/s；(b) $v$=1 285 m/s

由于 Q235A 钢板具有强度低、韧性高的特点，从钢板入口处(迎弹面)可以发现明显的扩孔和翻边现象，侵彻孔道准直，如图 2.3.2 ~ 图 2.3.4 所示。图中破片没有穿透靶板，钢板入口及背面有较大的凸起变形，表明在破片侵彻过程中钢板发生较明显的塑性变形，消耗破片的能量。同时，对回收到的破片(图 2.3.5)进行观察发现，其表面有明显的蓝脆及氧化现象。说明侵彻过程中破片变形应变率较大，塑性变形转换为材料的温升；破片侵彻后期，材料在较高的应变率下发生了严重的塑性变形，塑性功产生较高的温度。从图 2.3.2(a)、图 2.3.3(a)、图 2.3.4(a)还可看出，HRC20、HRC32 破片速度约为 963.1 m/s，未能穿透靶板，在钢板上形成了一定长度的侵彻孔道，HRC36 的破片在速度为 987.1 m/s 时，已完全贯穿钢板。

图 2.3.5 为不同硬度破片侵彻后回收残体照片及尺寸示意图，对应于图 2.3.6 破片剩余长度。可以看出，剩余破片的长度随着硬度的增加而减少，破片的质量损失程度随着破片硬度的增加而降低。在相同厚度靶板破坏形式条件下，高硬度破片侵彻钢板过程中，由于其强度高，破片质量损失更小。

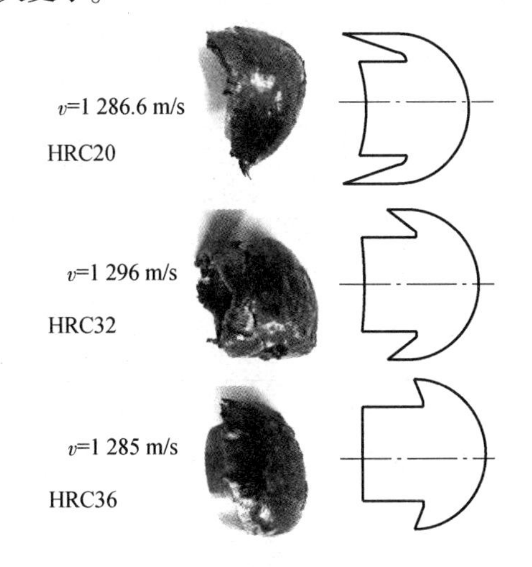


**图 2.3.5　不同硬度破片破坏示意图**

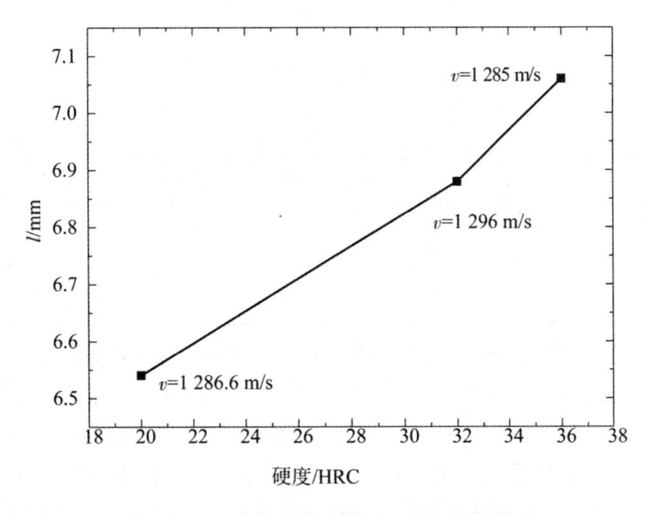


**图 2.3.6　破片剩余长度与破片硬度关系**

## 2.3.4 破片剩余速度

3 种不同硬度破片侵彻 Q235A 钢板的靶前后速度试验结果见表 2.3.1，其中 $v_0$、$v_r$ 为破片侵彻钢板撞击速度和剩余速度，同时给出了不同硬度破片侵彻下钢板的极限比吸收能的计算结果。

**表 2.3.1 典型连续杆战斗部参数**

| 硬度 | 破片直径 $d$/mm | 破片质量 $m$/g | 发射速度 $v_0$/(m·s$^{-1}$) | 侵彻情况 | 剩余速度 $v_r$/(m·s$^{-1}$) | $v_{50}$ (m·s$^{-1}$) | $I_{SEA}$/ (J·m$^2$·kg$^{-1}$) |
|---|---|---|---|---|---|---|---|
| HRC20 | 9.92 | 6.11 | 988.3 | 未穿透 | 0 | 1 089 | 46.57 |
| | | 6.10 | 1 089.2 | 穿透 | 24.6 | | |
| | | 6.11 | 1 230.0 | 穿透 | 168 | | |
| | | 6.10 | 1 270.7 | 穿透 | 221 | | |
| | | 6.10 | 1 286.6 | 穿透 | 223.5 | | |
| | | 6.10 | 1 319.0 | 穿透 | 280 | | |
| | | 6.10 | 1 414.6 | 穿透 | 379 | | |
| HRC32 | 9.92 | 6.10 | 892.5 | 未穿透 | 0 | 1 086 | 42.72 |
| | | 6.10 | 963.1 | 未穿透 | 0 | | |
| | | 6.10 | 1 086.2 | 穿透 | 66 | | |
| | | 6.10 | 1 252.0 | 穿透 | 261 | | |
| | | 6.10 | 1 296.0 | 穿透 | 295 | | |
| | | 6.11 | 1 335.0 | 穿透 | 353 | | |
| | | 6.11 | 1 368.0 | 穿透 | 382 | | |
| | | 6.11 | 1 376.0 | 穿透 | 389 | | |
| HRC36 | 9.92 | 6.10 | 892.5 | 未穿透 | 0 | 987 | 38.25 |
| | | 6.09 | 987.1 | 穿透 | 19.6 | | |
| | | 6.09 | 1 048.8 | 穿透 | 77.6 | | |
| | | 6.11 | 1 240.5 | 穿透 | 309.6 | | |
| | | 6.09 | 1 285.0 | 穿透 | 399.5 | | |
| | | 6.09 | 1 346.1 | 穿透 | 424 | | |
| | | 6.10 | 1 376.6 | 穿透 | 440.9 | | |

由表 2.3.1 可知，HRC20 破片侵彻钢板的弹道极限速度和极限比吸收能最高，HRC32 次之，HRC36 最低。此外，钢板对 3 种不同硬度破片侵彻的吸能效应不同，HRC36 破片侵彻钢板时，弹道极限速度相对减小 10.3%，极限比吸收能相对降低 21.8%。硬度为 HRC36 的破片的弹道极限速度比 HRC20、HRC32 的低，并且 HRC36 破片贯穿钢板后剩余速度较高，相对 HRC20 破片大幅度提高。以上分析表明，随着硬度的增加，破片的侵彻

性能明显增加。

图 2. 3. 7 给出了不同硬度破片侵彻 Q235A 钢板撞击速度与剩余速度关系曲线。由图可以看出，当破片速度低于弹道极限速度时，不能贯穿钢板，对应于图中水平段(剩余速度为零)。随着破片材料硬度的增加，贯穿钢板后剩余速度均大幅度提高。不同硬度破片着靶速度与开坑直径关系如图 2. 3. 8 所示，随着着靶速度的增大钢板开坑直径增加。随着硬度的增加，开坑直径减小，HRC36 破片开坑直径相对 HRC20 减小 5. 5% 。

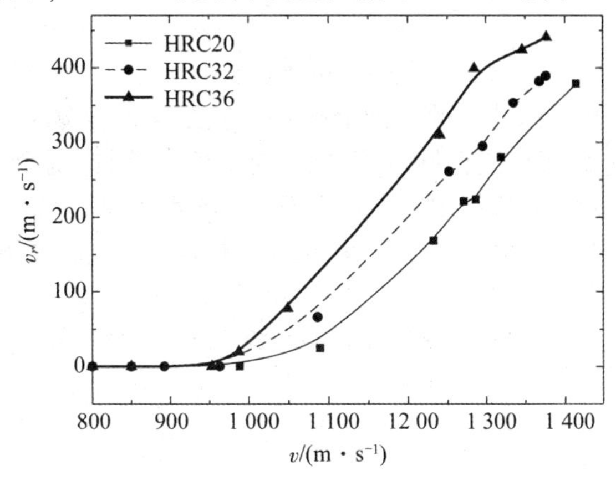


**图 2. 3. 7　破片着靶速度与剩余速度的关系**

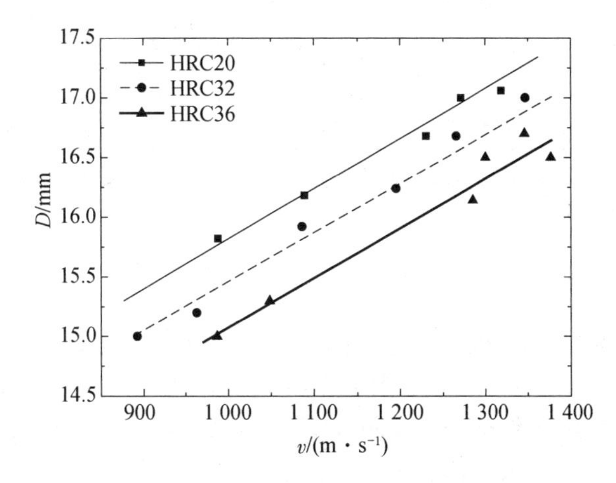


**图 2. 3. 8　破片着靶速度与开坑直径关系**

## 2. 3. 5　不同硬度破片对钢板极限穿透速度量纲为 1 的模型

在不同硬度破片对钢板侵彻力学问题中，利用量纲分析法可以得到极限穿透速度的经验公式，其预测值与试验结果吻合较好，根据量纲分析定理可得：

$$\frac{v_{50}}{\sqrt{\sigma_p/\rho_p}}=f\left(\frac{h_t}{d_p},\ \frac{\sigma_t}{\sigma_p}\right) \tag{2.3.2}$$

基于量纲分析发现，破片侵彻 Q235A 钢板的弹道极限速度应遵从几何相似律，即不同硬度破片侵彻钢板的量纲为 1 的弹道极限速度与钢板厚度、破片初始直径及拉伸屈服强度的函数。得到破片对钢板侵彻弹道极限速度的物理方程式为：

$$v_{50}=k(h_t/d_p)^{\alpha}\cdot(\sigma_t/\sigma_p)^{\beta} \tag{2.3.3}$$

式中，$k$、$\alpha$、$\beta$ 为待定常数；$h_t$ 为钢板厚度；$d_p$ 为破片直径；$\sigma_t$ 为钢板拉伸屈服强度；$\sigma_p$ 为破片拉伸屈服强度。

从而得到破片垂直侵彻 Q235A 钢板的弹道极限速度工程经验关系式为：

$$v_{50}=1\,117(h_t/d_p)^{-0.1}(\sigma_t/\sigma_p)^{0.099\,49} \tag{2.3.4}$$

硬度、屈服强度之间关系可以用指数形式表示：

$$\sigma_p=\exp(0.055\,4\text{HRC}+4.728\,6) \tag{2.3.5}$$

则式(2.3.5)可写为：

$$v_{50}=1\,117(h_t/d_p)^{-0.1}[\sigma_t/\exp(0.055\,4\text{HRC}+4.728\,6)]^{0.099\,49} \tag{2.3.6}$$

由于式(2.3.6)是在量纲分析的基础上根据试验结果拟合分析得到的，同时受试验条件的约束限制，因此它适用于不同硬度柱形破片对钢板的侵彻。徐豫新等开展了 35CrMnSiA 柱形破片侵彻不同材料钢板弹道极限速度试验研究，破片的屈服强度为 1 387 MPa，钢板的屈服强度分别为 1 211 MPa、665 MPa、274 MPa。本节所确定的弹道极限速度经验计算式和文献试验值对比结果见表 2.3.2。

**表 2.3.2　弹道极限速度试验值与计算值对比**

| 破片材料 | $d_0$/mm | 靶板材料 | $h_b$/mm | 弹道极限速度 $v_{50}$/(m·s$^{-1}$) | | 误差 ε/% |
|---|---|---|---|---|---|---|
| | | | | 试验结果 | 计算结果 | |
| 35CrMnSiA | 11.2 | AS | 15.0 | 1 070 | 1 083.27 | 1.2 |
| | 12.8 | | | 1 084 | 1 085.55 | 0.1 |
| | 12.8 | SS | 14.5 | 1 018 | 1 050 | 0.2 |
| | 11.2 | Q235A | 15.9 | 917 | 929.82 | 1.3 |

从表 2.3.2 中的数据可以看出，弹道极限速度计算值与实际试验值的相对误差在 2%以内，满足工程应用要求。

### 2.3.6　弹道枪试验结论

针对 3 种不同硬度的 D60 破片高速侵彻 Q235A 钢板的弹道试验，获得以下结论。

(1)破片对韧性钢板的破坏形式主要表现为延性扩孔，在开坑底部有破片材料，说明破片质量损失发生在侵彻过程中。HRC36 的破片贯穿钢板后剩余速度相对 HRC20 大幅度提高。随着硬度的增加，开坑直径减小。

(2)在相同厚度靶板破坏形式条件下，破片的侵彻能力随着破片硬度的增加而增加，剩余破片的长度随着硬度的增加而减少，破片的质量损失程度随着硬度的增加而降低。钢板在破片的侵彻下发生剪切冲塞失效，钢板发生剪切冲塞破坏，以吸收破片的侵彻动能。

(3)结合量纲分析法和相似理论得到不同硬度破片侵彻 Q235A 钢板的弹道极限速度经验关系式，其结果与试验值吻合较好，为破片侵彻钢板作用分析和相关设计提供参考价值。

## 2.4　不同硬度刻槽壳体爆炸驱动形成破片特性试验

战斗部爆炸后形成破片破坏目标，实现对杀伤目标的作用。为获得一定形状、质量和尺寸要求的破片，通常采取一些技术措施来控制破片的形成，如预制破片和预控破片技术。Mott、Taylor、Gurney 给出了爆炸驱动壳体膨胀断裂形成破片的质量分布、速度分布的计算式。Grady 等建立了应变率与形成破片尺寸间的关系。王树山等研究圆柱装药爆轰驱动问题，建立了爆炸驱动壳体作用过程动力学模型。相关研究结果表明：金属材料的力学性能影响壳体动态破裂机制，其中热处理方式直接影响金属壳体材料力学性能。吴成等对不同热处理条件下 20 号钢刻槽壳体爆炸驱动形成破片作用过程进行研究，结果表明，随着淬火钢的强度提高，越容易形成绝热剪切带，有利于控制破片的均匀性和形状。李伟兵等研究了不同热处理条件下 50SiMnVB 壳体爆炸驱动形成自然破片的质量变化规律，结果表明，回收到的自然破片数量与不同热处理温度成反比。Balagansky 对经过不同退火工艺的壳体在不同起爆方式下的断裂行为进行研究，给出了起爆位置影响破碎结果作用规律，结果表明，热处理使得中、小破片尺寸破片数量增加，大破片数量减少。综上所述，国内外学者的相关研究主要集中于壳体的破裂行为及自然破片质量分布规律，较少涉及不同硬度刻槽壳体爆炸驱动形成破片特性的研究。

本节针对典型装药结构的刻槽战斗部，采用端面中心点起爆方式、运用沙箱回收破片方法以及测速试验，研究不同硬度 D60 刻槽壳体爆炸驱动下形成的破片特性。观察不同硬度壳体形成破片侵彻 Q235A 钢板后典型破坏形貌。利用 AutoDYN 仿真软件结合准静态及动态力学性能试验，得到不同硬度材料 Johnson-Cook 模型的参数，模拟不同硬度刻槽壳体爆炸驱动下破片形成的过程、速度规律以及破片的质量分布。

## 2.4.1 战斗部结构

图 2.4.1 为本书选择的战斗部装配图，装药是 8701，装药长度为 $l$、直径为 $d_c$，$l/d=1.15$，起爆方式为端面中心起爆。壳体材料为 D60 钢，对壳体材料进行刻槽加工后再进行热处理，刻槽间距分别为 $a$、$b$，壳体的外壁直径 $d_0$，槽深为 $c$，角度为 $e$。选取 3 种不同热处理壳体，测定壳体洛氏硬度见表 2.4.1。

2A12 铝作为雷管座、底端盖材料。图 2.4.1(b)为沿弹轴方向的剖面图，预计形成 360 枚 0.1 g 以上的破片。

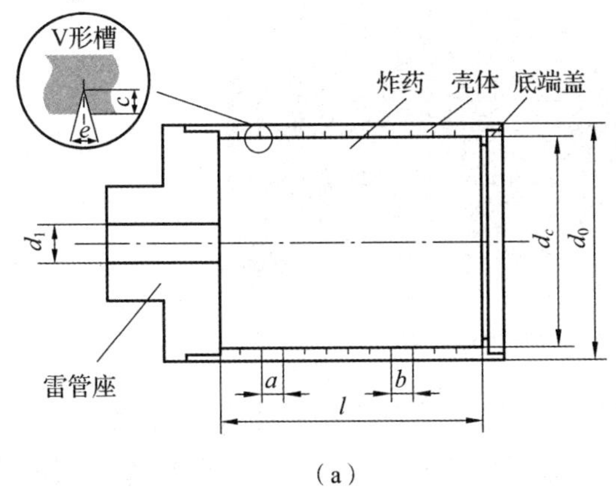


(a)

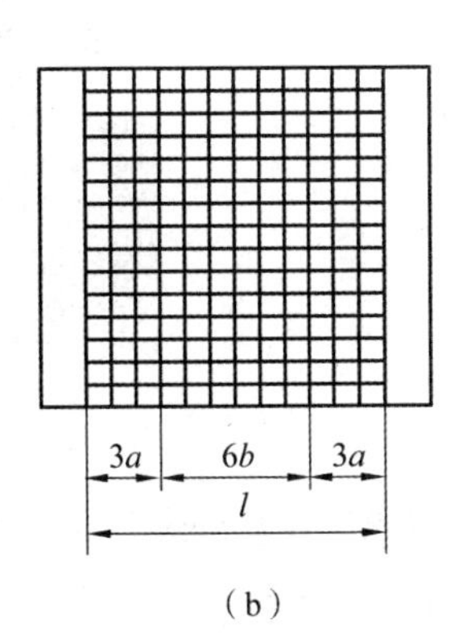


(b)

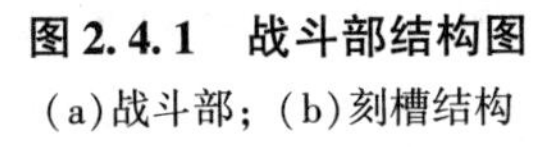

**图 2.4.1 战斗部结构图**

(a)战斗部；(b)刻槽结构

表 2.4.1　测定的壳体硬度

| 刻槽壳体材料 | 测定硬度 | | | 平均硬度 |
|---|---|---|---|---|
| D60 | 19.5 | 21 | 20 | 20 |
| | 31 | 33 | 31 | 32 |
| | 37 | 36 | 35 | 3 |

## 2.4.2　试验方案

通过战斗部静爆试验，获得3种不同硬度D60刻槽壳体爆炸驱动形成破片质量分布及速度变化规律。运用破片回收箱获得不同硬度刻槽壳体形成破片的质量分布，使用3组铝箔测速靶测量破片速度。典型目标为6 mm厚Q235A钢板。

试验装置由破片回收箱、测速靶纸、测时仪、战斗部、起爆器、靶板组成，如图2.4.2所示，其中$h$是战斗部轴向与破片回收箱内沙子上表面之间的距离，$m$是破片回收箱长度，$\theta$是回收破片的角度，$\psi$是回收破片的比例，试验现场布置图如图2.4.3所示。

$$\theta=2\arctan[m/(2h)] \tag{2.4.1}$$

$$\psi=\theta/(2\pi) \tag{2.4.2}$$

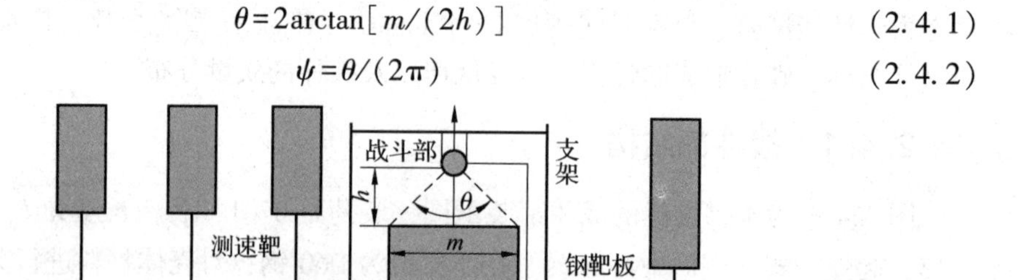


图 2.4.2　试验布置图

图 2.4.3　试验现场布置

刻槽壳体在炸药爆轰驱动下膨胀断裂，绕在壳体上的2根绝缘线导通，给测时仪器输入启动信号，测时仪器开始记录时间，破片穿过各路测速靶纸时，测时仪器分别记录破片飞行时间$t_1$、$t_2$、$t_3$，可求出各个测速靶之间的平均速度，得到的具体测速结果见表2.4.2。

$$\ln v_0=\frac{\sum x_i^2\sum \ln v_i-\sum x_i\sum(x_i\ln v_i)}{n\sum x_i^2-(\sum x_i)^2} \tag{2.4.3}$$

表 2.4.2　试验测速结果

| 刻槽壳体材料 | 炸药种类 | HRC | $t_1/\mu s$ | $t_2/\mu s$ | $t_3/\mu s$ | $v_0/(m\cdot s^{-1})$ |
|---|---|---|---|---|---|---|
| D60 | 8701 | 20 | 559 | 1 203 | 2 089 | 1 866 |
| | | 32 | — | 1 226 | 2 092 | 1 832 |
| | | 36 | 576 | 1 225 | — | 1 834 |

分析 3 种不同硬度刻槽壳体爆炸驱动形成破片的速度，由试验结果及计算破片速度结果可知，不同硬度 D60 刻槽壳体爆炸驱动形成破片的速度为 1 832 ~ 1 866 m/s，速度差距不明显。

## 2.4.3　不同硬度刻槽壳体形成破片侵彻钢板性能

观察钢板开坑情况，分析不同硬度破片的侵彻性能，不同硬度刻槽壳体形成破片侵彻钢板的典型破坏形貌如图 2.4.4 所示。

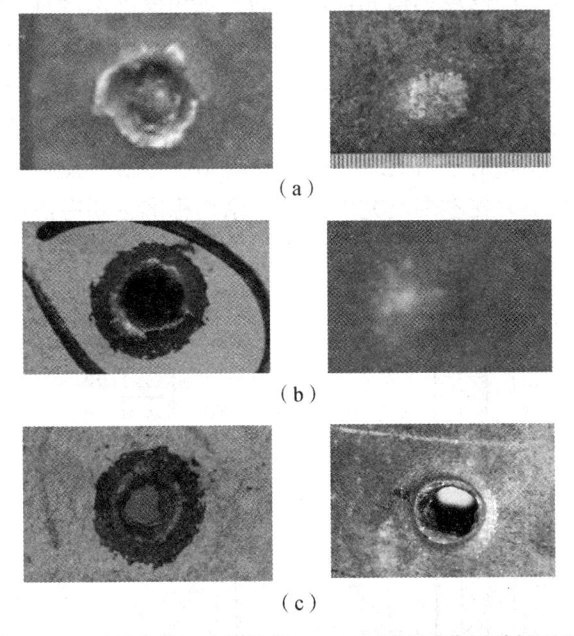

图 2.4.4　不同硬度破片侵彻 Q235A 钢板后典型破坏形貌

(a) HRC20 壳体形成破片侵彻 Q235A 钢板后破坏形貌；
(b) HRC32 壳体形成破片侵彻 Q235A 钢板后破坏形貌；
(c) HRC36 壳体形成破片侵彻 Q235A 钢板后破坏形貌

从图中可以看出，HRC20 刻槽壳体形成的破片撞击钢板后形成的开坑较浅；HRC32 刻槽壳体形成的破片撞击钢板后形成一定长度的侵彻孔道，均未穿透钢板；HRC36 刻槽壳体形成的破片中，有 2 枚破片已完全贯穿钢板，弹坑直径约为 9 mm，出口直径为 7 mm。

## 2.4.4　沙箱回收破片

分别回收到 3 种不同硬度刻槽壳体爆炸后一定角度内的破片，利用精度为 0.01 g 的电子称称量回收破片，将不同质量范围内破片进行分组，经称量、计数可知，已完全回收一定角度内的破片。图 2.4.5 所示为其中 0.2 ~ 0.3 g 范围内的回收部分破片实物照片，HRC36 破片形状较另外两种硬度破片规则。

图 2.4.5　回收部分破片实物照片

(a) HRC20；(b) HRC32；(c) HRC36

通过统计得到 3 种不同硬度刻槽壳体形成的一定角度内的破片质量和数量分布，如图 2.4.6 所示。$N$ 为回收到的破片数量，$M$ 为区间范围内破片质量。不同硬度刻槽壳体爆炸驱动形成的破片质量分布主要在 0.3 g 以下，不同硬度破片质量分布见表 2.4.3。回收到的 3 种不同硬度刻槽壳体形成的破片总数差距较小。随着壳体材料硬度的增加，0.1 g 以下的破片数量逐渐增加，相对于 HRC20 硬度壳体，0.1 g 以下破片数量增加了 36%；0.1 g 以上破片的平均尺寸减小。在本书研究中，基于杀伤标准主要考虑破片的动能准则，主要分析 0.1 g 以上的破片。

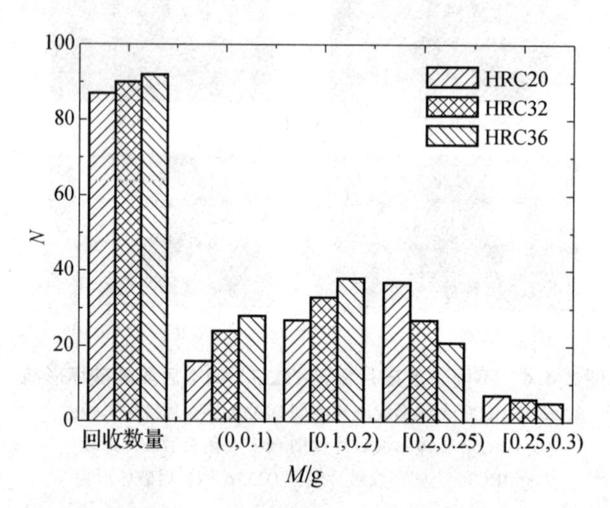


图 2.4.6　3 种不同硬度下破片质量分布

表 2.4.3　不同硬度破片质量分布

| HRC | N | | | |
|---|---|---|---|---|
| | (0, 0.1)/g | [0.1, 0.2)/g | [0.2, 0.25)/g | [0.25, 0.3)/g |
| 20 | 22 | 27 | 21 | 7 |
| 32 | 24 | 34 | 20 | 6 |
| 36 | 30 | 43 | 16 | 5 |

### 2.4.5　不同硬度刻槽壳体形成破片过程仿真及试验分析

沙箱回收破片试验只回收了一定角度范围内的破片，并且只能得到3种不同硬度刻槽壳体爆轰加载下部分破片质量分布的最终结果，并不能直观地了解刻槽壳体形成破片全过程。蒋建伟等利用AutoDYN里的Stochastic应力破坏模型对破片形成全过程进行仿真计算，给出了包括破片初速等相关参数较准确。本节采用AutoDYN-3D软件Stochastic模型模拟刻槽壳体在炸药爆轰作用下破裂运动加速过程，通过Stochastic模型中"Output fragment analysis"可以统计破片的质量分布。考虑所受载荷、边界条件及结构的对称特性，因此建立战斗部结构的1/2模型，建立的仿真模型与试验战斗部结构保持一致。图2.4.7为仿真模型图，由于刻槽壳体中V形槽角度很小，因此建模时建立矩形槽近似代替V形槽，运用Lagrange/Euler结合的方法计算刻槽壳体爆炸驱动形成破片全过程，炸药和空气的网格用Euler划分，壳体、雷管座、底端盖的网格用Lagrange划分，优选网格大小为0.5 mm。

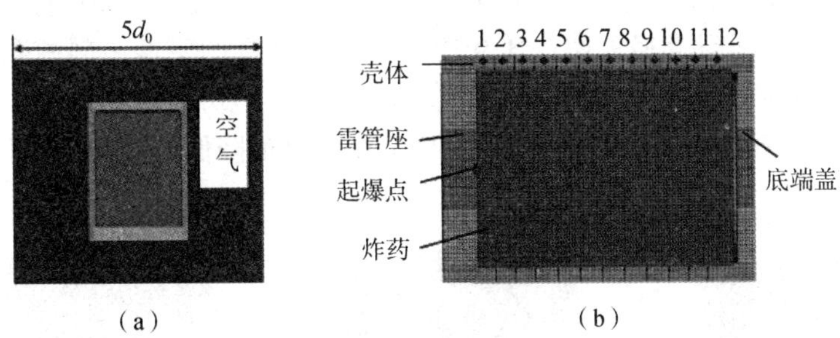


**图2.4.7　仿真模型**

(a)模型示意图；(b)网格划分

雷管座及底端盖均选用2A12铝，壳体材料为3种不同硬度的D60钢，运用Johnson-Cook模型描述其在爆炸驱动下动态力学行为，Johnson-Cook本构方程为

$$\sigma = [\sigma_0 + B(\varepsilon_p)^{n_1}]\left[1 + C\ln\left(\frac{\dot{\varepsilon}}{\dot{\varepsilon}_0}\right)\right]\left[1 - \left(\frac{T - T_r}{T_m - T_r}\right)^{m_1}\right] \tag{2.4.4}$$

式中，$\sigma$为von Misses等效应力(MPa)；$\varepsilon_p$为等效塑性应变；$\dot{\varepsilon}_0$为参考应变率；$\dot{\varepsilon}$为有效塑性应变率；$T_r$为参考温度；$T_m$为熔点；$\sigma_0$为准静态下的屈服应力；$B$为输入常量；$C$为应变率相关系数；$n_1$为加工硬化指数；$m_1$为温度相关系数。

通过准静态及动态力学性能试验，经过拟合获得$\sigma_0$、$B$、$n$、$C$材料参数。经过拟合得到的主要参数见表2.4.4。材料模型见表2.4.5。

**表2.4.4　刻槽壳体主要材料参数**

| 刻槽壳体材料 | HRC | $\sigma_0$/MPa | $B$/MPa | $n$ | $C$ |
|---|---|---|---|---|---|
| D60 | 20 | 343 | 917 | 0.307 | 0.109 |
| | 32 | 664 | 1 107 | 0.468 | 0.045 |
| | 36 | 831 | 1 280 | 0.672 | 0.027 |

表 2.4.5　数值模拟中的材料模型

| 名称 | 材料 | $\rho/(\mathrm{g\cdot cm^{-3}})$ | 状态方程 | 强度模型 | 破坏准则 |
|---|---|---|---|---|---|
| 壳体 | 45 号钢 | 7.83 | Liner | Johnson-Cook | Principal Strain |
| 壳体 | 45 号钢 | 7.83 | Liner | Johnson-Cook | Principal Strain |
| 壳体 | 45 号钢 | 7.83 | Liner | Johnson-Cook | Principal Strain |
| 炸药 | R852 | 1.773 | JWL | — | — |
| 空气 | — | 0.001 225 | Ideal Gas | — | — |

HRC36 刻槽壳体形成破片过程如图 2.4.8 所示。由图可知，当起爆至 5 μs 时，接近起爆点端面处的刻槽壳体发生径向膨胀，起爆后 8 μs 时，径向膨胀逐渐传播至整个壳体；至起爆 9.5 μs 时，周向断裂发生在壳体的薄弱环节上，14 μs 时刻槽壳体在起爆端开始沿轴向破裂，同时向周向延伸；16 μs 时，壳体周向已完全破裂，轴向破裂在底部出现，基本形成预控破片；17 μs 时，刻槽壳体形成以轴向裂纹为主，大小均匀的预控破片。3 种不同硬度刻槽壳体膨胀断裂直径如图 2.4.9 所示。随着硬度的降低，刻槽壳体断裂直径增加，HRC20 比 HRC36 刻槽壳体断裂直径增大了 10.9%，膨胀断裂时间由 9.5 μs 延长到 10.5 μs。说明爆轰产物作用于刻槽壳体上的时间随硬度的降低而增加，膨胀程度较大，破片初速增大。

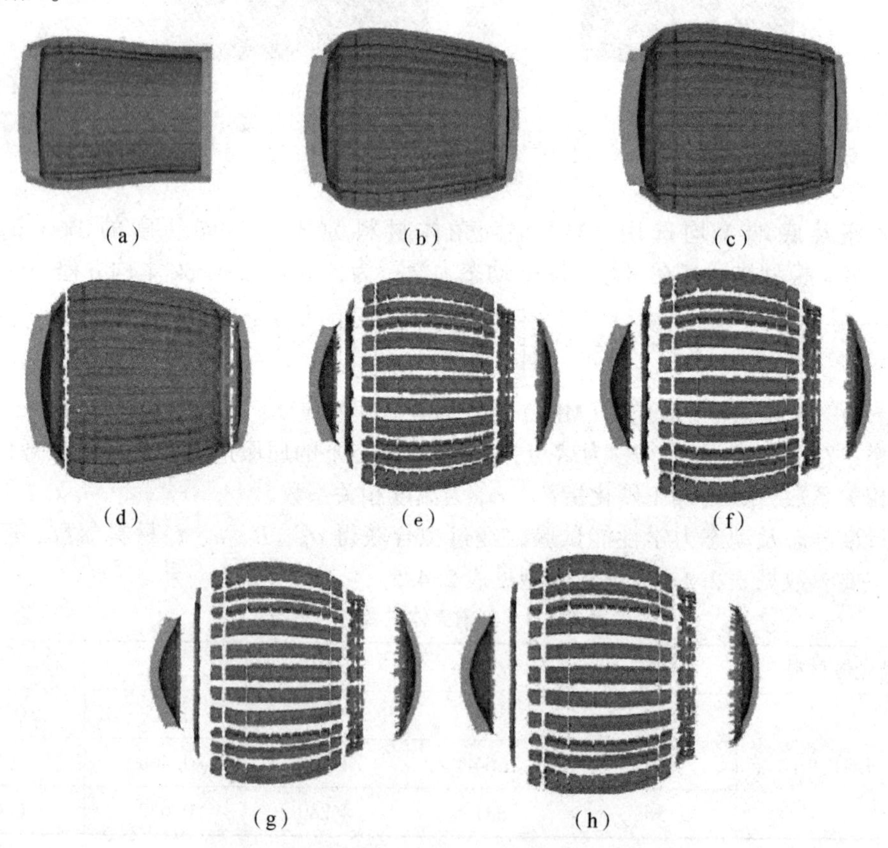


图 2.4.8　HRC36 刻槽壳体形成破片过程

(a)5 μs；(b)8 μs；(c)9 μs；(d)9.5 μs；(e)14 μs；(f)5 μs；(g)16 μs；(h)17 μs

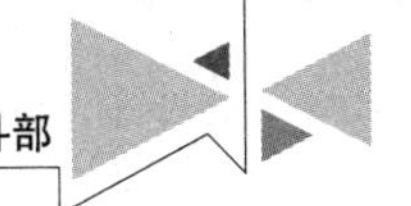

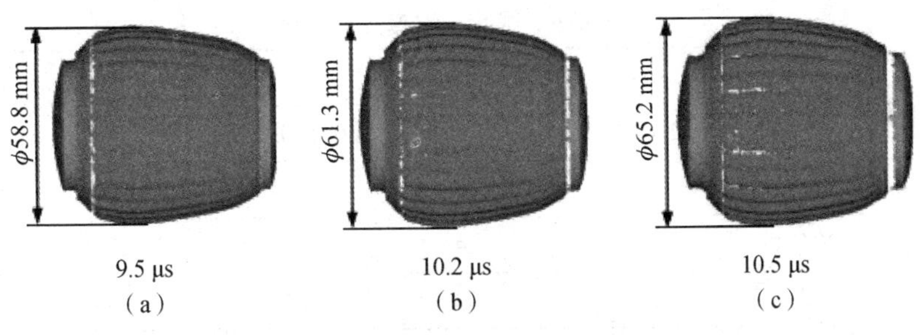


**图 2.4.9　3 种不同硬度刻槽壳体膨胀断裂直径**

(a) HRC36；(b) HRC32；(c) HRC20

## 2.4.6　不同硬度刻槽壳体形成破片质量变化规律

通过试验设计破片回收角度 $\theta$，反推出爆炸载荷下不同硬度刻槽壳体形成破片总数，得到硬度为 HRC20、HRC32、HRC36 的 D60 钢形成 0.1 g 以上破片的总数分别为 427、408、384，仿真得到 3 种不同硬度 D60 钢形成 0.1 g 以上破片总数分别为 428、419、411。试验、仿真破片质量分布见表 2.4.6，其中 $N_1$ 为区间范围内试验回收到的破片数量，$N_2$ 为区间范围内仿真得到的破片数量。

试验、仿真得到 3 种不同硬度破片质量分布结果，如图 2.4.10 所示。从图中可以看出，试验、仿真得到不同硬度刻槽壳体爆炸驱动形成破片质量分布规律相同。试验中小于 0.1 g 的破片数量与仿真中小于 0.1 g 的破片数量差距明显，大于 0.1 g 时两者破片数量差距不明显。0.1 g 以上试验、仿真所得不同硬度破片与预计形成 0.1 g 以上破片数量相差不超过 18%。由于仿真分析中破片存在一定的质量损失，并且在破片回收时较小破片被忽略，因此，试验、仿真中 0 ~ 0.1 g 破片数量相差较多。0.1 ~ 0.2 g 区间内，随着硬度的降低，破片数量逐渐减少；0.2 ~ 0.3 g 区间内，破片数量逐渐增加。随着硬度的降低，爆炸驱动下刻槽壳体破碎程度依次减少，破片的数量随之降低。

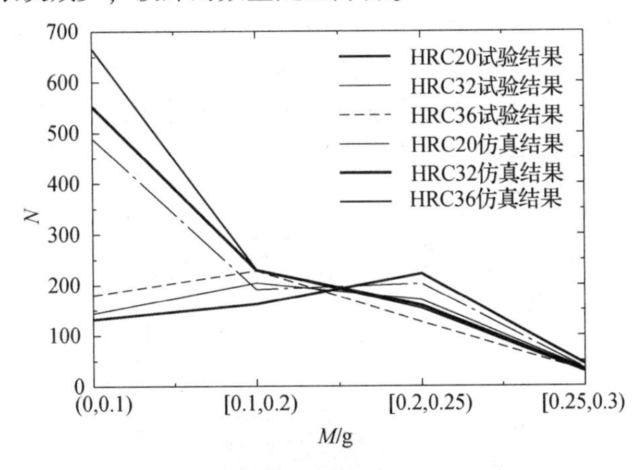


**图 2.4.10　试验、仿真所得 3 种不同硬度破片质量分布结果**

表 2.4.6　试验、仿真结果对比

| 硬度/HRC | $N_1$ | | | $N_2$ | | |
|---|---|---|---|---|---|---|
| | [0.1,0.2)/g | [0.2,0.25)/g | [0.25,0.3)/g | [0.1,0.2)/g | [0.2,0.25)/g | [0.25,0.3)/g |
| 20 | 162 | 222 | 43 | 191 | 202 | 35 |
| 32 | 204 | 170 | 34 | 229 | 159 | 31 |
| 36 | 228 | 126 | 30 | 230 | 153 | 28 |

## 2.4.7　刻槽壳体形成破片速度变化规律

通过仿真、理论计算获得了不同时刻破片速度分布，如图 2.4.11 所示，距起爆点(初始相对位置)为 50% ~60% 处破片速度较大。$v$ 为破片速度，$\eta$ 为初始相对位置。

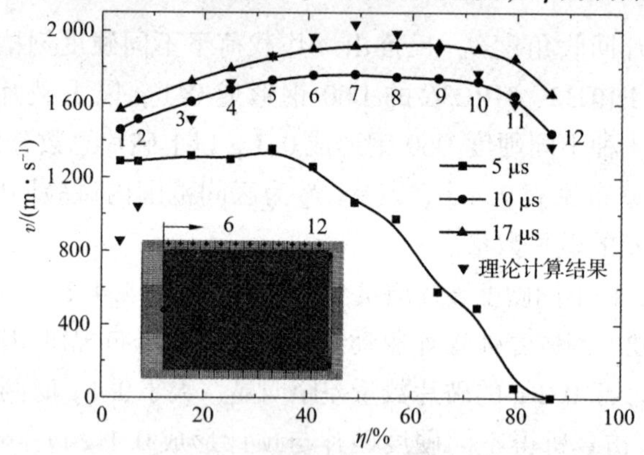


图 2.4.11　HRC36 刻槽壳体不同时刻形成破片速度分布

通过仿真获得了 3 种不同硬度 D60 钢刻槽壳体破片速度分布，如图 2.4.12 所示。由起爆端到壳体底端，破片初速先增大后减小，由图可知，距起爆点(初始相对位置)约 60% 处破片初速达到最大值。随着硬度的降低，D60 刻槽壳体爆炸驱动形成破片初速由 1 880 m/s 增加至 1 920 m/s，相差不多。随着爆轰波的传播，爆轰产物也运动，因此非起爆端的破片初速要比靠近起爆端的破片初速高。图 2.4.13 显示了 3 种不同硬度 D60 钢刻槽壳体距起爆点 60% 处速度随时间变化曲线，由图可知，3 种不同硬度刻槽壳体距起爆点 60% 处形成破片速度随着时间的变化规律一致。

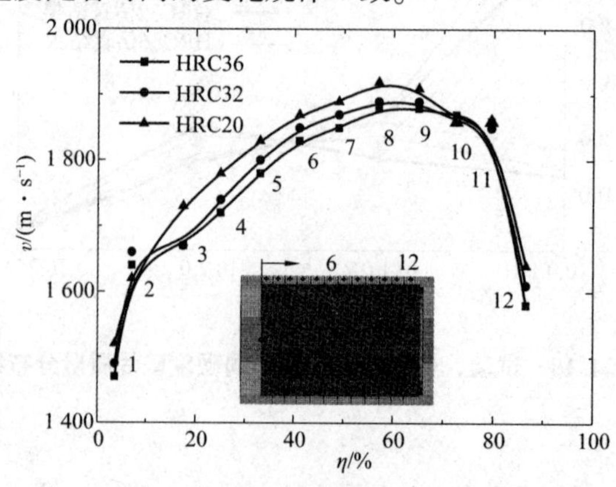


图 2.4.12　不同位置破片速度分布

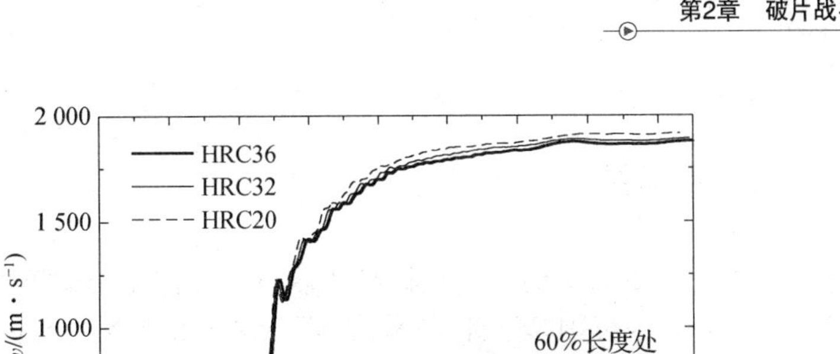


图 2.4.13 膨胀速度随时间变化规律

图 2.4.14 为试验与仿真初速结果对比。由图可知，随着刻槽壳体硬度的降低，不同硬度刻槽壳体在爆炸驱动下形成破片的速度变化不大。通过对比可知，试验结合理论计算的初速与仿真得到的破片初速结果一致。总体而言，试验与仿真结果相差不多，误差小于 15%。

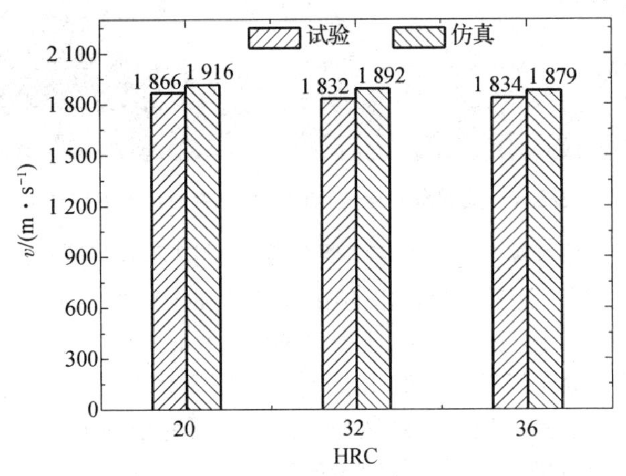


图 2.4.14 试验与仿真初速结果对比

## 2.4.8 静爆试验结论

(1) 随着破片质量的降低，破片数量增加；随着硬度的降低，大于 0.1 g 的破片数量逐渐增加，相对增加了 11%。在 0.1 ~ 0.2 g 区间内，破片数量逐渐减少；在 0.2 ~ 0.3 g 区间内，破片数量逐渐增加。

(2) 不同硬度刻槽壳体形成的破片速度及破片形状差异不大，但所形成破片的侵彻能力随壳体硬度增加而提高，且形状更规则。HRC36 破片形状较另外两种硬度破片规则，并且可以完全穿透 Q235A 钢板。

(3) 硬度的增加对 D60 钢刻槽壳体爆炸驱动形成破片的初速影响在 5% 以内，并且不同硬度 D60 刻槽壳体形成破片的初速分布规律差距较小，距离起爆点约 60% 处速度达到最大。

## 2.5 活性破片

活性材料在弹药战斗部中的应用是提高武器弹药毁伤能力的重要途径之一，20 世纪后期第一次海湾战争中，美国军方针对“爱国者”导弹对伊拉克“飞毛腿”导弹“击而不毁”的情况提出在保证高精度制导前提下发展新型毁伤元的必要性。活性材料毁伤元显著不同于传统毁伤元，活性材料毁伤元不仅可以进一步提高毁伤效能，而且在冲击载荷作用下产生化学能与动能的联合作用，可以实现对打击目标更高效的结构毁伤。此后，国内外学者相继开展了活性材料毁伤元的设计及其应用研究工作。21 世纪初期，美国海军将活性材料毁伤元技术应用在武器平台上，作为传统破片替代品，研发得到的活性破片可以将空对空导弹对典型目标的杀伤能力提高 500%，如图 2. 5. 1 所示。

图 2. 5. 1　美国含能毁伤元对典型空中目标的毁伤试验

在活性破片方面，国内学者王海福等、肖艳文等采用弹道碰撞试验的方法分别研究了活性破片引爆屏蔽装药机理、活性破片撞击油箱(航空煤油)引燃效应，如图 2. 5. 2 所示，试验结果表明，10 g 活性破片以 1 287 m/s 以上速度能穿透 6 mm 厚 Q235 钢板或 10 mm 厚 2A12 铝合金面板，并且可靠引爆面板后面注装 B 炸药，而同质量钨合金对比破片以 1 527 m/s 速度撞击屏蔽装药并不能将其引爆，屏蔽装药仅破裂。研究结果证实活性破片撞击引爆屏蔽装药能力、引燃油箱能力均显著强于传统金属破片。

图 2. 5. 2　活性破片撞击油箱试验结果

### 2. 5. 1　活性材料冲击压缩响应特性理论分析

1. 冲击波波阵面上的守恒方程

冲击波是一种强间断应力波，可以将其“间断”定义为压力、温度(或内能)和密度的间断，其特点是有一个“陡峭”的波阵面。冲击波在传播过程中波阵面将材料分为波前与波后两个部分，需满足动量、质量和能量守恒方程：

$$p - p_0 = \rho_0 U_s U_p \tag{2.5.1}$$

$$\rho_0 U_s = \rho(U_s - U_p) \tag{2.5.2}$$

$$pU_p = \frac{1}{2}\rho_0 U_s U_p^2 + \rho_0 U_s(E - E_0) \tag{2.5.3}$$

式中，$p_0$、$\rho_0$ 和 $E_0$ 分别为未扰动区即波阵面前方的初始压力、初始密度和初始内能；波阵面后方的压力、密度和内能分别为 $p$、$\rho$ 和 $E$；$U_p$ 和 $U_s$ 分别为粒子速度和冲击波速度。

联立式(2.5.1)～式(2.5.3)并利用比容 $V=1/\rho$ 代替式中的密度，可以得到能量守恒方程的更普遍形式，称为 Rankin-Hugoniot 能量方程：

$$E - E_0 = \frac{1}{2}(p + p_0)(V_0 - V) \tag{2.5.4}$$

式中，$V_0$、$V$ 为未扰动区初始比容、波阵面后方比容。

2. 密实态混合物材料物态方程计算

物态方程式描述均匀物质系统平衡态宏观性质的状态参量之间的关系式。一般情况下，物态方程是指压力、温度(或内能)和比容(或密度)之间的函数关系。在固体力学中，可以用三项式的形式表示固体材料的物态方程：

$$p(T, V) = p_C(V) + p_N(T, V) + p_E(T, V) \tag{2.5.5}$$

$$E(T, V) = E_C(V) + E_N(T, V) + E_E(T, V) \tag{2.5.6}$$

式中，$p_C(V)$、$E_C(V)$ 为冷压和冷能，它们是保持温度为绝对零度时，在外压作用下，其晶体内部产生的压力及能量；$p_N(T, V)$、$E_N(T, V)$ 分别为点阵热运动对压力和能量的贡献，即点阵热运动的贡献；$p_E(T, V)$、$E_E(T, V)$ 分别为电子热运动对压力和压强的贡献，即电子热运动的贡献。由热力学恒等式可得：

$$\left(\frac{\partial E}{\partial V}\right)_T = T\left(\frac{\partial p}{\partial T}\right)_V - p \tag{2.5.7}$$

当温度不高时，可以不考虑三项式(2.5.5)、式(2.5.6)中电子热运动的贡献，结合式(2.5.7)可以得到 Grüneisen 物态方程：

$$p - p_C = \frac{\Gamma(V)}{V}(E - E_C) \tag{2.5.8}$$

式中，$\Gamma(V)$ 为 Grüneisen 系数，通常认为它只是比容($V$)的函数，可归纳为如下形式：

$$\Gamma(V) = \left(\frac{A_A}{2} - \frac{2}{3}\right) - \frac{V_C}{2}\frac{\mathrm{d}^2(p_C V^A)/\mathrm{d}V_C^2}{\mathrm{d}(p_C V^A)/\mathrm{d}V_C} \tag{2.5.9}$$

式中，$A_A$ 为模型参量，这里取 $A_A=2/3$，运用 Dugdale-MacDonald 公式描述 Grüneisen 系数时，可以表示为：

$$\Gamma(V) = -\frac{V_C}{2}\frac{\mathrm{d}^2(p_C V^{2/3})/\mathrm{d}V_C^2}{\mathrm{d}(p_C V^{2/3})/\mathrm{d}V_C} - \frac{1}{3} \tag{2.5.10}$$

联立式(2.5.4)、式(2.5.8)可得到密实材料物态方程表达式：

$$p(V) = \frac{\dfrac{V}{\Gamma(V)}p_C(V) - E_C(V)}{\dfrac{V}{\Gamma(V)} - \dfrac{1}{2}(V_0 - V)} \tag{2.5.11}$$

在冲击载荷作用下，对于混合物材料，需要分别计算各组分物理参数，因此，为准确描述活性材料物理特性，本节在计算活性材料的物态方程时，假设混合物物理参数可由各组分物理参数叠加得到，混合物各组分的压力瞬间达到平衡状态。由叠加原理计算混合物物理参数得：

$$V(p) = \sum_{i=1}^{N} m_{mi} V_i(p) \tag{2.5.12}$$

$$E_C(V, T) = \sum_{i=1}^{N} m_i E_{Ci}(V, T) \tag{2.5.13}$$

$$\sum_{i=1}^{N} m_{mi} = 1 \tag{2.5.14}$$

式中，$m_{mi}$ 为第 $i$ 组分的质量分数；$V_i$ 为第 $i$ 组分的比容；$E_{Ci}$ 为第 $i$ 组分冷能。最后通过式(2.5.10)可以获得密实态混合物材料物态方程。

3. 密实态混合物材料状态方程计算

在密实介质中，由于动态条件下的压力、比容和温度等较难直接准确测量，而冲击波波速和波阵面后方质点速度相对容易测到，通常使用介质中冲击波波速 $U_s$ 和粒子速度 $U_p$ 之间的内在函数关系，即 $U_s$-$U_p$ 型 Hugoniot 曲线描述介质的冲击响应：

$$U_s = f(U_p) \tag{2.5.15}$$

相关试验结果表明，在不考虑相变发生的情况下，大多数材料的 $U_s$ 和 $U_p$ 可以转化为线性方程：

$$U_s = C_0 + SU_p \tag{2.5.16}$$

式中，$C_0$ 表示压力为零时材料中的声速；$S$ 为材料参数。

根据热力学定律：

$$\mathrm{d}E = T\mathrm{d}S - p\mathrm{d}V \tag{2.5.17}$$

对于等熵绝热过程 $S=0$，冷能和冷压关系可以表示为：

$$p_C(V) = -\frac{\mathrm{d}[E_C(V)]}{\mathrm{d}V_C} \tag{2.5.18}$$

对于离子晶体及金属的冷能和冷压，可以用玻恩-迈耶(Born-Meyer)势来描述：

$$E_C(\delta) = \frac{3Q}{\rho_{0\mathrm{K}}}\left\{\frac{1}{q}\exp[q(1-\delta^{-1/3})] - \delta^{1/3} - \frac{1}{q} + 1\right\} \tag{2.5.19}$$

$$p_C(\delta) = Q\delta^{2/3}\{\exp[q(1-\delta^{-1/3})] - \delta^{2/3}\} \tag{2.5.20}$$

式中，$Q$ 和 $q$ 均为材料参数；$\delta=\rho/\rho_{0\mathrm{K}}=V_{0\mathrm{K}}/V$ 为压缩度，$V_{0\mathrm{K}}$ 和 $\rho_{0\mathrm{K}}$ 分别为零温零压时的比容和密度。

将式(2.5.20)代入式(2.5.10)中，可得到离子晶体及金属材料简化后 Grüneisen 系数：

$$\Gamma(\delta) = \frac{1}{6}\,\frac{q^2\delta^{-\frac{1}{3}}\exp[q(1-\delta^{-\frac{1}{3}})] - 6\delta}{q\exp[q(1-\delta^{-\frac{1}{3}})] - 2\delta} \tag{2.5.21}$$

对于分子晶体的冷能和冷压，可以用莫尔斯(Morse)来描述：

$$E'_C(\delta) = Q'\{\exp[q'(1-\delta^{-1/3})] - 1\}^2 \tag{2.5.22}$$

$$p'_C(\delta) = \frac{2}{3}Q'q'\rho_{0\mathrm{K}}\delta^{2/3}\{\exp[2q'(1-\delta^{-1/3})] - \exp[q'(1-\delta^{-1/3})]\} \tag{2.5.23}$$

式中，$Q'$和 $q'$均为材料参数。

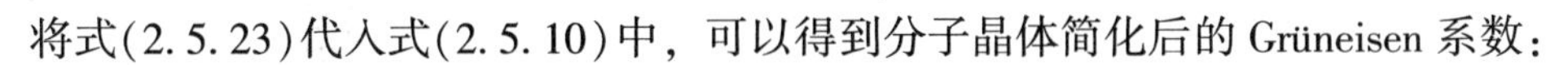

将式(2.5.23)代入式(2.5.10)中，可以得到分子晶体简化后的 Grüneisen 系数：

$$\Gamma'(\delta)=\frac{q'\delta^{-\frac{1}{3}}}{6}\left\{2+\frac{\exp[q'(1-\delta^{-\frac{1}{3}})]}{2\exp[2q'(1-\delta^{-\frac{1}{3}})]-\exp[q'(1-\delta^{-\frac{1}{3}})]}\right\} \tag{2.5.24}$$

根据胡金彪给出的解析方法，可以分别求出离子晶体及金属材料、分子晶体材料的参数 $Q$、$Q'$和 $q$、$q'$。

$$\lambda_{0\mathrm{K}}=\frac{q^2+6q-18}{12(q-2)} \tag{2.5.25}$$

$$C_{0\mathrm{K}}^2=\frac{Q(q-2)}{3\rho_{0\mathrm{K}}} \tag{2.5.26}$$

$$\lambda_{0\mathrm{K}}=\frac{q'}{4}+\frac{1}{2} \tag{2.5.27}$$

$$C_{0\mathrm{K}}^2=\frac{2Q'q'^2}{9} \tag{2.5.28}$$

式中，$C_{0\mathrm{K}}$、$\lambda_{0\mathrm{K}}$ 分别为零温体积声速、材料常数。由于冲击压缩试验测量获得的体积声速 $C_0$ 和材料常数 $\lambda_S$ 是在室温下进行的，因此，需要修正 $C_{0\mathrm{K}}$、$\lambda_{0\mathrm{K}}$。

$$C_{0\mathrm{K}}=C^0\left[1+\left(2\lambda_S-\frac{\Gamma_0^2}{4}-1\right)\alpha_V T_0\right] \tag{2.5.29}$$

$$\lambda_{0\mathrm{K}}=\lambda_S\left[1+\left(\frac{\lambda_S}{2}-\frac{1}{8}\frac{\Gamma_0^2}{\lambda_S}-1\right)\alpha_V T_0\right] \tag{2.5.30}$$

式中，$\alpha_V$ 为体积膨胀系数，对于各向同性物体，膨胀系数是线膨胀系数的 3 倍；$\Gamma_0$ 为零温 Grüneisen 系数；$T_0$ 为室温。

## 2.5.2　活性材料冲击反应速率模型

### 1. 活性材料冲击温升理论模型

根据物态方程表达式、系统焓的微分表达式以及热力学关系，则冲击温度和比焓之间的关系可以表示为：

$$\mathrm{d}H-V\mathrm{d}p=C_p\mathrm{d}T-C_pT\frac{R}{p}\mathrm{d}p \tag{2.5.31}$$

$$\mathrm{d}H-V\mathrm{d}p=\frac{1}{2}\left(V_0-V+p\frac{\mathrm{d}V}{\mathrm{d}p}\right)\mathrm{d}p \tag{2.5.32}$$

式中，$C_p$ 为定压比容；$T$ 为温度。

联立式(2.5.31)、式(2.5.32)，则冲击温度的一阶常微分方程可表示为：

$$\frac{\mathrm{d}T}{\mathrm{d}p}-\frac{RT}{(3R+1)p}=\frac{1}{2C_p}\left(V_0-V+p\frac{\mathrm{d}V}{\mathrm{d}p}\right) \tag{2.5.33}$$

通过式(2.5.33)及相应的材料参数可得到材料的冲击温升，同时，冲击温升数值完全由材料冲击绝热线来决定。

### 2. 活性材料冲击反应速率计算

在冲击诱发化学反应方面，Arrhenius 模型可以准确地描述活性材料反应动力学行为。Arrhenius 模型结合 Avrami-Erofeev 的 $n$ 维核/增长控制反应模型得到活性材料反应速率为：

$$\frac{dy}{dt} = A_Z e^{-\frac{E_a}{R_u T}} n(1-y)[-\ln(1-y)]^{(n-1)/n} \tag{2.5.34}$$

式中，$A_Z$ 为表观指数前因子；$t$ 为反应持续时间；$E_a$ 为表观活化能；$T$ 为绝对温度；$R_u$ 为摩尔气体常数；$n$ 为与反应机制有关的反应级数。

Ortega 假设反应速率是时间的函数：

$$\frac{dy}{dt} = Ct \tag{2.5.35}$$

式中，$C$ 为常数。

联立式(2.5.34)、式(2.5.35)可得：

$$\sqrt{y} = n(1-y)[-\ln(1-y)]^{(1-1/n)} \frac{A_Z}{\sqrt{2C}} e^{-\frac{E_a}{R_u T}} \tag{2.5.36}$$

根据上式可以得到温度 $T$ 对于反应度 $y$ 的一阶微分表达式：

$$dT = \frac{R_u T^2}{E_a}\left[\frac{1}{2y} - \frac{n\ln(1-y)+n-1}{n(1-y)[-\ln(1-y)]}\right]dy \tag{2.5.37}$$

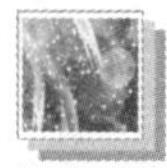

## 思考题

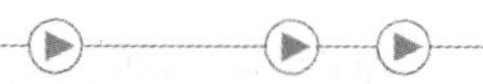

1. 简述破片形成原理。
2. 简要分析破片战斗部设计原理。
3. 列举破片战斗部结构类型。
4. 简要分析弹道枪试验目的。
5. 简述破片速度测量方法。

## 参考文献

[1] QJ 2789—1996，地(舰)空导弹战斗部总体设计规范[S]，2003.

[2] Alan Catovic，Elvedin Kljuno. A novel method for determination of lethal radius for high-explosive artillery projectiles[J]. Defence Technology，2021，17(4)：1217-1233.

[3] Mnr A，Wm B，Gck B. Modeling the impact deformation of rods of a pressed PTFE/Al composite mixture-ScienceDirect[J]. International Journal of Impact Engineering，2008，35(12)：1735-1744.

[4] Wang S，Kline J，Miles B，et al. Reactive fragment materials made from an aluminum-silicon eutectic powder[J]. Journal of Applied Physics，2020，128(6)：065903.

[5] 隋树元，王树山. 终点效应学[M]. 北京：国防工业出版社，2000.

[6] 魏惠之. 弹丸设计理论[M]. 北京：国防工业出版社，1985.

[7] 赵国志，张运法，沈培辉，等. 常规战斗部系统工程设计[M]. 南京：南京理工大学出版社，2007.

[8] 王儒策，赵国志. 弹丸终点效应[M]. 北京：北京理工大学出版社，1993.

[9] 卢芳云，李翔宇，林玉亮. 战斗部结构与原理[M]. 北京：科学出版社，2009.

[10]王少龙，高洪泉，汪德武，余文力. 连续杆式战斗部毁伤因素的影响分析[J]. 战术导弹技术，2007(2)：29-31.

[11]侯日立，涂明武，孙峰山. 连续杆战斗部仿真模型研究[J]. 计算机仿真，2006(11)：31-33.

[12]毛东方. 连续杆战斗部毁伤元的驱动及对目标毁伤过程的数值模拟研究[D]. 南京：南京理工大学，2007.

[13]杜宁，张先锋，熊玮，等. 不同硬度钢质破片侵彻 Q235A 钢板试验研究[J]. 高压物理学报，2019，33(5)：147-155.

[14]杜宁，丁力，卢建东，等. 不同硬度刻槽壳体爆炸驱动形成破片特性研究[J]. 弹道学报，2019，31(2)：80-86.

[15]Hugus G D，Sheridan E W，Brooks G W. Structural metallic binders for reactive fragmentation weapons[P]. U. S. Patent 8250985，2012-08-28.

[16]王海福，郑元枫，余庆波，刘宗伟，俞为民. 活性破片引燃航空煤油试验研究[J]. 兵工学报，2012，33(9)：1148-1152.

[17] Hunt，Emily M，Keith B Plantier，Michelle L Pantoya. Nano-scale reactants in the self-propagating high-temperature synthesis of nickel aluminide[J]. Acta Materialia，2004，52(11)：3183-3191.

[18]肖艳文，徐峰悦，郑元枫，等. 活性材料弹丸碰撞油箱引燃效应试验研究[J]. 北京理工大学学报，2017，37(6)：557-561.

[19]Zhang X F，Qiao L，Shi A S，et al. A cold energy mixture theory for the equation of state in solid and porous metal mixtures[J]. Journal of Applied Physics，2011，110(1)：013506.

[20]Zhang X F，Shi A S，Zhang J，et al. Thermochemical modeling of temperature controlled shock-induced chemical reactions in multifunctional energetic structural materials under shock compression[J]. Journal of Applied Physics，2012，111(12)：123501.

[21]Zhang X F，Shi A S，Qiao L，et al. Experimental study on impact-initiated characters of multifunctional energetic structural materials[J]. Journal of Applied Physics，2013，113(8)：083508.

[22] Xiong W，Zhang X F，Wu Y，et al. Influence of additives on microstructures，mechanical properties and shock-induced reaction characteristics of Al/Ni composites[J]. Journal of Alloys and Compounds，2015(648)：540-549.

# 第3章 爆破战斗部

现代局部战争分析显示，战斗部爆炸形成破片和空气冲击波超压杀伤已成为战场主要威胁，导致的单兵伤亡约占总伤亡人数70%，其中空气冲击波伤害约占60%。因此，如何提高战斗部综合毁伤能力依旧是武器研究的重点。爆破战斗部是最常用的常规战斗部类型之一。爆破战斗部打击的目标类型很广，可包括空中、地面、地下、水上和水下的各种目标，最常用于摧毁地面目标。本章主要介绍活性材料爆破战斗部壳体。

## 3.1 爆破战斗部结构

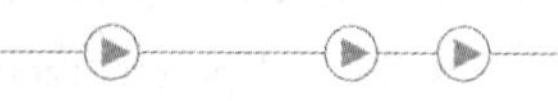

### 3.1.1 爆破战斗部结构类型

爆破战斗部按对目标作用状态的不同，可分为内爆式和外爆式两种。

1. 内爆式爆破战斗部

内爆式战斗部是指进入目标内部后才爆炸的爆破战斗部，如打击建筑物的侵彻爆破弹、破坏地下指挥所的钻地弹和打击舰船目标的半侵彻弹(穿爆弹)等的战斗部。内爆式战斗部对目标产生由内向外的爆破性破坏，可能同时设计多种介质中的爆炸毁伤效应。

内爆式战斗部可以装在导弹中部，也可以放置导弹头部。作为导弹头部时，战斗部应有较厚的外壳，特别是头部，以保证在进入目标内部的过程中结构不被破坏；弹体应有较好的气动外形，以降低导弹飞行和穿入目标时的阻力。战斗部常采用触发延时引信，以保证其进入目标一定深度后再爆炸，从而提高对目标的破坏力。这种战斗部的典型结构如图3.1.1所示。

装在导弹中部的战斗部可设计成圆柱形，以充分利用导弹的空间，其直径比舱体内径略小即可(允许电缆等通过)；强度不仅应满足导弹飞行时的过载条件，而且应能承受导弹命中时的冲击载荷。图3.1.2给出了此类战斗部的典型结构。

为了提高内爆式战斗部对目标的破坏作用，应尽量使战斗部的位置靠前。考虑到利用爆破作用的方向性，一般把起爆点设在战斗部后部，以加强战斗部前端方向(即指向目标内部)的爆破作用。

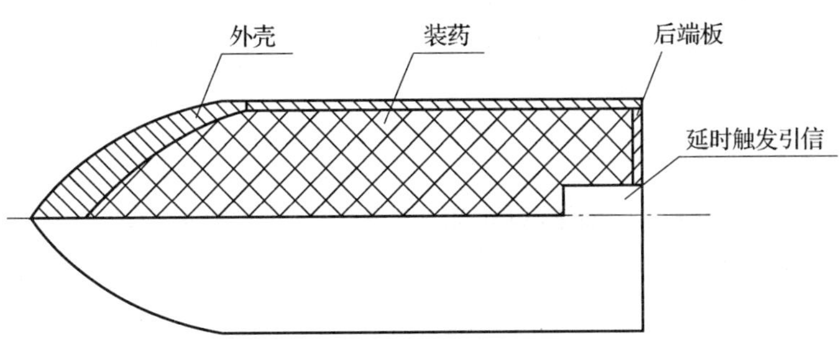

**图 3.1.1　战斗部的典型结构**

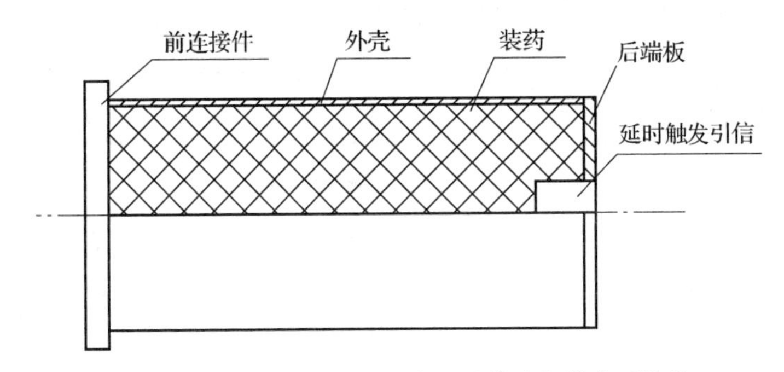

**图 3.1.2　装于导弹中部的内爆式战斗部的典型结构**

2. 外爆式爆破战斗部

外爆式爆破战斗部是指在目标附近爆炸的爆破式战斗部，它对目标产生由外向内的挤压性破坏。与内爆式相比，它对导弹的精度要求可以降低，但其脱靶距离应不大于战斗部冲击波的破坏半径。

外爆式战斗部的外形和结构与内爆式战斗部的相似，有两处差别较大：其一是战斗部的强度仅需要满足导弹飞行过程的受载条件，其壳体可以较薄，主要功能是作为装药的容器；其二是必须采用非触发引信，如近炸引信。

3. 内爆式与外爆式战斗部威力性能的比较

内爆式战斗部由于是进入目标内部爆炸，因而炸药能量的利用比较充分，不仅依靠冲击波，还依靠迅速膨胀的爆炸气体产物来破坏目标。外爆式的情况则不同，当脱靶距离超过约 10 倍装药半径时，爆轰产物已不起作用，仅靠冲击波破坏目标。而且由于目标只可能出现在爆炸点的某一侧(指单个目标)，呈球形传播的冲击波作用场只有部分能量能对目标起破坏作用，因而炸药能量的利用率较低。在其他条件相同的前提下，要对目标造成相同程度的破坏，则外爆装药量是内爆装药量的 3 ~4 倍。

内爆式战斗部由于壳体较厚，它实际上还具有一定的破片杀伤作用，而外爆式战斗部爆炸时，其薄外壳虽然也能形成若干破片，但由于爆点离目标有一定距离，这些破片的杀伤作用相对冲击波杀伤作用来说是次要的，一般不予考虑。

与内爆式结构相比，外爆式壳体质量小，因而可以增加装药量。一般地，外爆式的壳体质量为战斗部总质量的 15% ~20% ，而内爆式则为 25% ~30% 。但即使如此，内爆式的总体效果仍远优于外爆式。

战斗部大多是在运动过程中爆炸的，试验结果表明，与静态装药爆炸相比，运动装药的破坏能力在装药的运动方向上增强，在相反方向则降低。对内爆式战斗部而言，当目标内部体积小时，运动方向上的这种增益尤其明显。

## 3.1.2 爆破战斗部装药

图 3.1.3 所示是一种典型的爆破战斗部结构图，战斗部主要由前后端盖、主装药、壳体和起爆序列组成。由于金属壳体、端盖和起爆序列质量的影响，战斗部的实际装药体积与装药质量都有所减少。

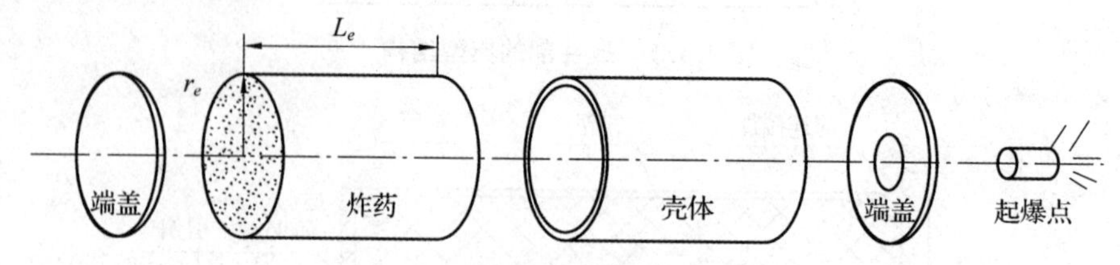


**图 3.1.3　典型的爆破战斗部结构**

爆破战斗部一般装填的是高能炸药，如含铝炸药，应换成 TNT 装药当量。

$$\omega=m_e Q_{vi}/Q_{v\mathrm{TNT}} \tag{3.1.1}$$

式中，$\omega$ 为某炸药的 TNT 当量(kg)；$m_e$ 为某炸药的装药质量(kg)；$Q_{vi}$ 为某炸药的爆热(J/kg)；$Q_{v\mathrm{TNT}}$ 为 TNT 爆热(J/kg)。

## 3.1.3 空气冲击波的几个重要参数

冲击波是波阵面以突跃面的形式在弹性介质中传播的压缩波，波阵面上介质状态参数的变化是突跃式的。典型的空气冲击波传播过程如图 3.1.4 所示。

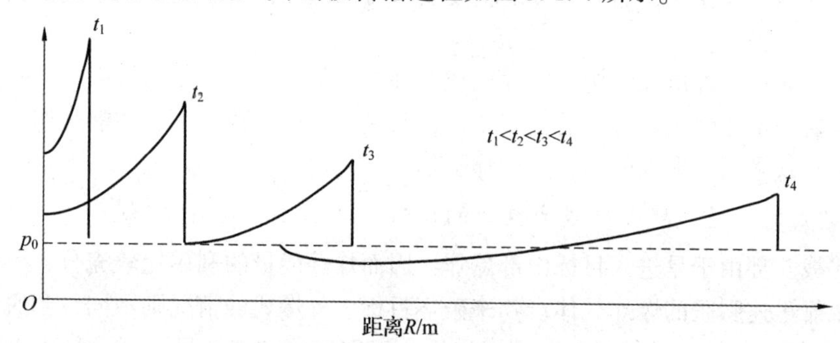


**图 3.1.4　空气冲击波传播过程**

图中 $t_1$、$t_2$、$t_3$、…分别表示爆炸后的不同时间。空气冲击波波阵面以超声速 $D$ 向前运动，而尾部以声速 $C_0$ 运动。由于 $D>C_0$，所以随着空气冲击波的传播，其正压区不断拉宽。由图 3.1.4 可知，当空气冲击波在空气中传播时，波阵面上的压力、速度等参数下降。空气冲击波的能量主要集中在正压区，就破坏作用而言，正压区的影响比负压区大得多，一般可以不考虑负压区的作用。因此，冲击波对目标的破坏作用可以用三个参数来度量，分别为波阵面压力即冲击波的峰值压力(或超压)$\Delta p$、正压区作用时间(或冲击波正压持续时间)$t_+$、比冲量 $i$(或冲量密度)，即正压区压力函数对时间的积分值。

1. 空气冲击波超压峰值

冲击波峰值压力是表征空气冲击波的主要参数之一，它能够反映空气中爆炸的特征。

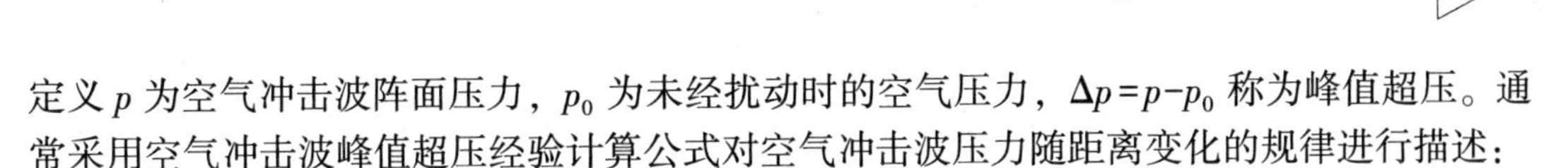


定义 $p$ 为空气冲击波阵面压力，$p_0$ 为未经扰动时的空气压力，$\Delta p=p-p_0$ 称为峰值超压。通常采用空气冲击波峰值超压经验计算公式对空气冲击波压力随距离变化的规律进行描述：

$$\Delta p=\frac{0.082}{\bar{R}}+\frac{0.265}{\bar{R}^2}+\frac{0.686}{\bar{R}^3} \tag{3.1.2}$$

式中，$1\ \mathrm{m/kg^{1/3}}\leqslant \bar{R}=R/\omega^{1/3}\leqslant 15\ \mathrm{m/kg^{1/3}}$ 称为相对距离，$R$ 为冲击波传播距离，要求 $H/\omega^{1/3}\geqslant 0.35$（$H$ 是炸药中心距离地面的高度）。

对于带壳装药爆炸，$m_i$ 代替 $m_e$，则有

$$m_i=m_e\left[\frac{\beta}{2-\beta}+\frac{2(1-\beta)}{2-\beta}\left(\frac{r_0}{r_{p0}}\right)^{2\gamma-2}\right] \tag{3.1.3}$$

式中，$\beta=M/(m+M)$；$r_0$ 为初始壳体半径；$\gamma$ 为空气的比热比，取 1.4；$r_{p0}$ 为壳体膨胀破裂半径，对于韧性材料：钢壳可近似取 $1.5r_0$，铜壳取 $2.24r_0$，脆性材料或预制破片此值应小些。材料的膨胀半径主要与屈服强度有关。

还可以运用弗里德兰德（Friedlander）方程计算空气冲击波超压峰值。修正后的 Friedlander 方程与其他空气冲击波超压峰值经验计算公式不同，其冲击波超压和时间的关系式

$$p(t)=p_0+p_{\max}\left(1-\frac{t}{t_+}\right)\exp\left(\frac{-bt}{t_+}\right) \tag{3.1.4}$$

式中，$p_0$ 为未经扰动时的空气压力；$p_{\max}$ 是峰值压力；$t$ 是时间；$b$ 是描述衰减的变量。

2. 正压区作用时间

空气冲击波正压作用时间 $t_+$ 也是衡量爆炸对目标破坏程度的重要参数之一，与确定空气冲击波超压峰值（$\Delta p$）相同，通常根据爆炸相似律通过试验方法建立经验公式。根据爆炸相似律，由于

$$\frac{t_+}{\sqrt[3]{\omega}}=f\left(\frac{R}{\sqrt[3]{\omega}}\right) \tag{3.1.5}$$

对于空中爆炸时，正压作用时间可表示为：

$$\frac{H}{\sqrt[3]{\omega}}\geqslant 0.35,\ t_+=1.35\times 10^{-3}\sqrt[6]{\omega R} \tag{3.1.6}$$

由经验可知，一般炸药装药爆炸的正压作用时间在几个毫秒至几十个毫秒之间。

3. 空气冲击波的比冲量

空气冲击波的比冲量 $i$ 也是冲击波对目标破坏作用的重要参数之一，比冲量的大小直接决定了冲击波破坏作用的程度。通常，比冲量是由空气冲击波波阵面超压对时间的积分，即超压-时间关系曲线所包含的面积为空气冲击波的比冲量，根据萨道夫斯基的公式：

当 $\bar{R}<0.5$ 时，有

$$i=\int_0^{t_+}\Delta p(t)\,\mathrm{d}t=A\frac{\sqrt[3]{\omega^2}}{R} \tag{3.1.7}$$

当 $\bar{R}<0.25$ 时，有

$$\frac{H}{\sqrt[3]{\omega}}\geqslant 0.35,\ t_+=1.35\times 10^{-3}\sqrt[6]{\omega R},\ i=\int_0^{t_+}\Delta p(t)\,\mathrm{d}t=15\frac{\omega}{R^2} \tag{3.1.8}$$

式中，$i$ 的单位为 $\mathrm{N\cdot s/m^2}$；$A$ 为常数，$A=333\sim353$。

### 3.1.4 空气冲击波初始参数

引爆空气中炸药装药后，炸药爆轰产生爆轰产物和高压，爆轰产物以极高的速度和压力向外膨胀，强烈地压缩着邻近的空气介质，使其压力、密度、温度产生突跃，形成初始冲击波。当爆轰产物与初始冲击波分离时，爆轰产物的压力等于初始冲击波阵面压力，爆轰产物的飞散速度等于初始冲击波阵面后空气的运动速度。初始冲击波参数示意图如图3.1.5所示，其中 $p_0$ 为未经扰动时的空气压力。

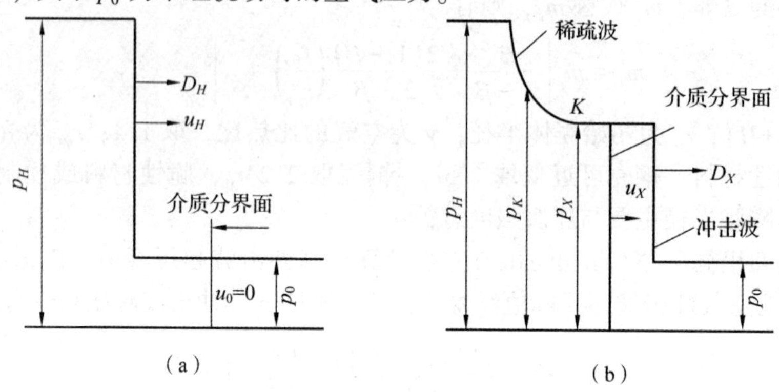


**图3.1.5 初始冲击波参数**

(a)爆轰波到达分界面前；(b)爆轰产物与介质作用后

爆炸产物由 $p_H$ 膨胀到 $p_X$，产物的速度由 $u_H$ 增大到 $u_X$，于是

$$u_X = u_H + \int_{p_X}^{p_H} \frac{v_j}{c}\mathrm{d}p = u_H + \int_{p_K}^{p_H} \frac{v_j}{c}\mathrm{d}p + \int_{p_X}^{p_K} \frac{v_j}{c}\mathrm{d}p \tag{3.1.9}$$

式中，$u_H$ 为爆轰波阵面后爆轰产物的速度；$u_X$ 为初始冲击波的波阵面质点运动速度；$v_j$ 为爆轰产物的体积；$c$ 为爆轰产物中的声速；$p_X$ 为初始冲击波的波阵面压力；$p_H$ 为爆轰C-J压力；$p_K$ 为爆轰产物由压力 $p_H$ 膨胀到某个临界压力。

假设炸药爆轰产物膨胀过程分成两个阶段，第二阶段压力为 $p_k$，考虑活性材料释放的化学能：

$$p_K = \frac{p_H}{2}\left\{\frac{K-1}{\gamma-K}\left[\frac{(\gamma-1)(Q_{vi}+y_z Q_m)}{0.5P_H v_0}-1\right]^{\frac{\gamma}{\gamma-1}}\right\} \tag{3.1.10}$$

式中，爆炸产物 $K$ 取1.4；$\gamma=3$；$v_0$ 为装药初始体积。

基于爆轰理论及式(3.1.9)，可得

$$u_X = \frac{D}{\gamma+1}\left\{1+\frac{2\gamma}{\gamma-1}\left[1-\left(\frac{p_K}{p_H}\right)^{\frac{\gamma-1}{2\gamma}}\right]\right\} + \frac{2C_K}{K-1}\left[1-\left(\frac{p_X}{p_K}\right)^{\frac{K-1}{2K}}\right] \tag{3.1.11}$$

根据上述公式可确定初始冲击波的波阵面质点运动速度 $u_X$ 与波阵面压力 $p_X$ 之间的关系，由于爆炸初始冲击波为强冲击波，所以满足强冲击波关系式

$$u_X = \left[\frac{2p_X}{\rho_a(K_a+1)}\right]^{1/2} \tag{3.1.12}$$

式中，$K_a$ 为未扰动空气的等熵指数，取1.2；$\rho_a$ 为未扰动空气的密度，取1.225 $\mathrm{kg\cdot m^{-3}}$。

综上所述，可求出活性材料装药空气中爆炸时冲击波的初始参数 $p_X$ 和 $u_X$。

## 3.2 活性材料爆破战斗部结构设计

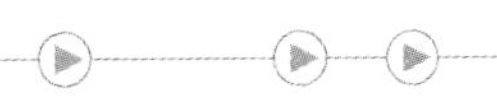

活性材料是一种同时具备结构特性和化学反应释能特性的新型材料，它们正逐渐广泛应用于国防和军事领域。如将传统惰性材料壳体替换成具备结构强度和化学反应释能特性的活性材料，在保证弹药战斗部结构强度的同时，活性材料壳体参与爆炸反应，可大幅度提高战斗部的爆炸威力，对提高威力场毁伤能力具有重要意义。活性材料壳体装药发生爆轰时，爆轰产物与活性材料开始膨胀，膨胀过程中能量持续释放，释放的一部分能量对形成的空气冲击波产生一定的强化作用，提高了空气冲击波超压，即压力场增强。

为了使活性材料参与爆炸反应，需要结合活性材料释放能量的大小、加工工艺以及爆炸环境选择活性材料。根据活性材料燃烧热的大小及使用环境，选择合金熔炼铸造工艺制备了含铝、镁、锆为主要元素的活性材料壳体。活性材料以反应过程是否需要氧，可分为厌氧反应类型、氧平衡反应类型、富氧反应类型三种。Al/PTFE、Al/Ni 典型活性材料为氧平衡反应类型，冲击诱发组分间发生化学反应。活性材料壳体爆炸驱动试验结果表明：与惰性材料相比，氧平衡反应类型的 Al/PTFE、Al/Ni 典型活性材料爆炸驱动反应释能行为存在显著差异。然而，针对富氧反应类型(组分与环境间发生化学反应)，采用合金熔炼铸造工艺制备的活性材料强度已经可以达到数百兆帕，高强度意味着该类材料可用作结构材料，使一些弹药“惰性”部件或结构件能量化，可以将战斗部中传统 2A12 铝合金材料(2A12 铝合金为可热处理的强化铝合金，具有良好的塑性成型能力和机械加工性能，是航天、航空、军工领域常用材料)壳体替换成活性材料壳体，爆炸驱动下可能发生化学反应，增强战斗部能量输出。

在爆炸载荷下，传统的铝制壳体几乎没有消耗存储在材料中的能量。此外，铝制壳体能够产生大的破片(大约毫米级别)，这些破片很难点燃、毁伤远距离目标，从而不会对初始爆炸产生额外的强化作用。国外已研发了 Al/Mg 基活性材料壳体，然而壳体未参与爆炸反应，未能提高冲击波超压峰值等威力性能。随着惰性壳体厚度增加，炸药释放出的能量消耗于壳体的变形、破碎和破片的飞散增加，消耗于爆炸产物的膨胀和形成空气冲击波的能量减小。因此，增加惰性壳体厚度，空气冲击波超压峰值要减小。与惰性壳体相比，由活性材料壳体产生的破片不仅可以产生动能损伤，还可以将这种动能与破片冲击时快速化学反应产生的二次能量释放耦合，对空气冲击波产生额外的强化作用。活性材料厚度越大，意味着壳体蕴含的化学能越高，但同时需要消耗更多炸药爆轰的能量用于破片成型和活性反应激活。

## 3.3 活性材料壳体制备

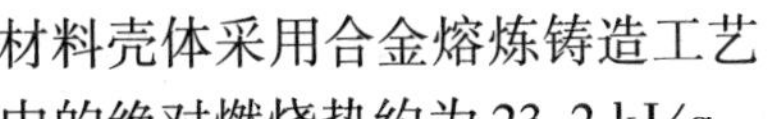

参考相关学者对典型活性材料的制备工艺，本节活性材料壳体采用合金熔炼铸造工艺加工而成。用氧弹量热仪测量的活性材料壳体在纯氧气氛中的绝对燃烧热约为 23.2 kJ/g。

### 3.3.1 试验原料

试验选用的主要原材料为铝、镁、锆等，纯度均大于99%。配料前将原料表面进行打磨，以去除氧化皮，除油、洗净、干燥备用。

## 3.3.2 合金制备

将纯铝置于ZG-10型(上海晨华科技股份有限公司)真空感应熔炼炉中的CaO材质的坩埚内，将锆、镁和金属钙装于加料器中。熔炼之前对熔炼炉进行抽真空操作，以减小空气中氧气对试验结果的干扰，真空度控制为0.01 Pa，再通入氩气至炉内气压不小于0.5 atm；通电感应加热至750 ℃熔化纯铝，待铝液清澄后，依次加入锆、镁，搅拌溶体；待合金溶液澄清，搅拌合金液并抽真空至炉内压力不高于0.09 atm；继续通氩气，使炉内气压不小于0.5 atm，搅拌合金液并加入1%的金属钙脱氧；待金属钙熔尽，搅拌合金液并抽真空至炉内压力小于等于0.09 atm；断电降温至680 ℃，保温静置15 min；通氩气，保持炉内压力不小于0.8 atm，通电升温至780 ℃，待合金液澄清，再浇铸获得所需铸件。最后采取机械加工工艺获得三种不同厚度壳体，质量分别为158.6 g、253.1 g、347.3 g。通过合金熔炼铸造工艺加工制备的活性材料壳体如图3.3.1所示。

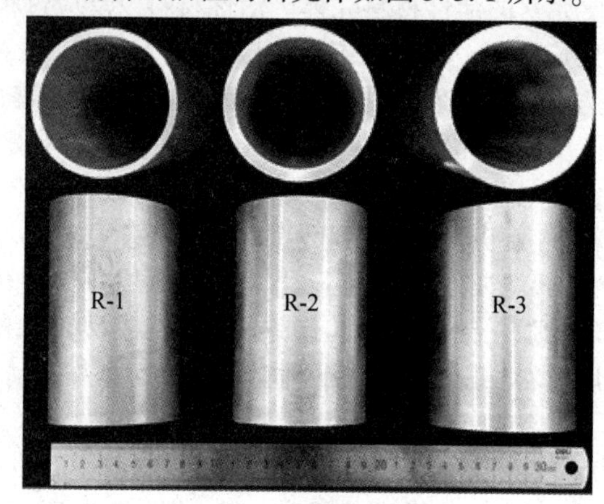


图3.3.1 活性材料壳体

## 3.3.3 材料性能参数

采取机械加工工艺制备了传统2A12铝合金材料壳体，用于开展对比研究，保证铝合金壳体的质量、内径等参数与活性材料基本一致。壳体材料参数见表3.3.1。其中，$d$为壳体单边壁厚；$D$为壳体外径；$D_0$为壳体内径；$h$为壳体高度；$m_s$为不同材料壳体的质量；$\eta$为壳体与装药质量比。活性材料爆炸驱动装置结构示意图如图3.3.2所示。

表3.3.1 材料性能参数

| 序号 | 材料 | $d$/mm | $D$/mm | $D_0$/mm | $h$/mm | $m_s$/g | $\rho$/(g·cm$^{-3}$) | $\eta$ |
|---|---|---|---|---|---|---|---|---|
| T-1 | 2A12铝合金 | 2.68 | 66.42 | 61.06 | 110.06 | 163.9 | 2.77 | 0.30 |
| R-1 | 活性材料 | 4.02 | 69.02 | 60.98 | 109.98 | 158.6 | 1.71 | |
| T-2 | 2A12铝合金 | 4.06 | 69.14 | 61.02 | 110.04 | 256.3 | 2.77 | 0.48 |
| R-2 | 活性材料 | 5.97 | 72.92 | 60.98 | 110.04 | 253.1 | 1.71 | |
| T-3 | 2A12铝合金 | 5.46 | 71.94 | 61.02 | 110.06 | 349.5 | 2.77 | 0.66 |
| R-3 | 活性材料 | 7.96 | 76.92 | 61.00 | 110.16 | 347.3 | 1.71 | |

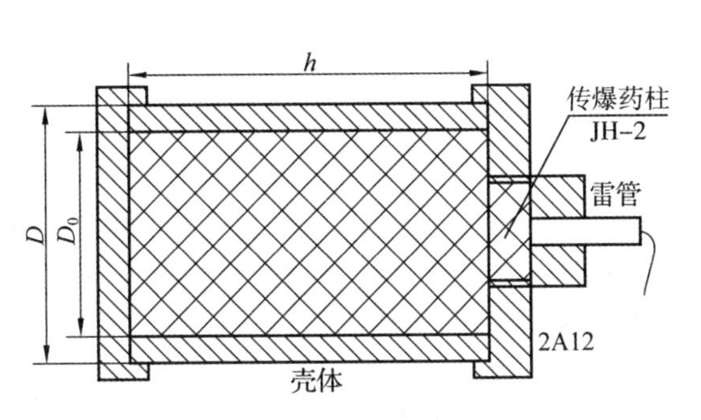


图 3.3.2　试验装置示意图

## 3.4　试验方案的设计

试验装置照片如图 3.4.1 所示。包括直径 60 mm 的 JH-2 装药、雷管、传爆药柱、炸药装药、壳体、端盖。其中雷管、传爆药柱、炸药装药、底座等参数均不改变，壳体厚度是唯一变量，因此，可以认为所观察到的变化均是由壳体(成分或厚度)的变化引起的。装药高度为 110 mm，由上端中心起爆。比较研究了不同材料、不同壳体与装药质量比($\eta$= 0.30、0.48、0.66)的传统 2A12 铝合金材料壳体和活性材料壳体爆炸驱动下能量释放特性。

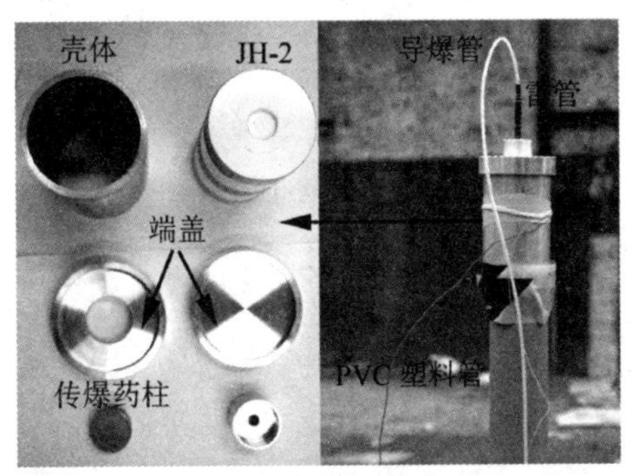


图 3.4.1　活性材料爆炸驱动装置照片

本章所用的活性材料是一种低密度金属氧化反应材料，其在一般情况下保持惰性且不相互反应。对于活性材料，可以选择铝热剂、金属基复合材料(铝/镍)、聚合物基复合材料(铝/聚四氟乙烯)及易燃性金属(铝、锆)等。但这些材料通过压制烧结工艺，强度较低，不足以替换战斗部中传统惰性材料壳体。利用铝、镁、锆等制备的活性材料壳体可以提高总能量输出，本节对含铝、镁、锆为主要元素活性材料壳体进行研究。

## 3.5　试验测试方案

试验布局如图 3.5.1 和图 3.5.2 所示，将该装药结构置于 PVC 塑料管支架上，距离地面 1.5 m。运用 Kistler 公司的 6233AA 系列的压电式压力传感器测量爆炸驱动下不同位置处自由场空气冲击波超压峰值。采用 4 个压力传感器沿一条测线方式放置，冲击波超压传感器的超压测试预定距离(离爆心)分别为 2.5 m、3.5 m、4.5 m、6 m，共 4 个测点。采用

高速摄影、远红外热像仪测试火球爆炸参数、温度场分布特点。活性材料爆炸驱动装置与高速摄影、远红外热像仪的水平距离均为25 m。其中，爆炸驱动过程由高速摄影以5 000 帧/s的速度和1 280(H)×240(V)分辨率进行拍摄，捕捉不同材料爆炸驱动过程中火光结构的瞬态演变过程。利用上海热像机电科技有限公司生产的IRS669型红外热像仪对爆炸火球的温度特性进行监测，选择640(H)×480(V)分辨率和40～2 000 ℃温度范围。根据以往的试验经验和文献给出的爆炸产物的发射率范围，红外热像仪发射率设置为0.42。为了测量火球直径，以钢板为参考基准，钢板长宽均为600 mm。此外，为了分析活性材料壳体破片尺寸和分布规律，分析试验回收的粗糙和细小破片。试验回收装置由1个100 mm厚珍珠棉EPE泡沫和1个10 mm厚丁橡胶板组成，它们组装在一起形成110 mm厚的面板，面板长宽均为500 mm，安装在木制盒子中。泡沫板背面是丁腈橡胶板，以确保不会有大块破片从泡沫板背面逸出。将泡沫板从固定装置取下后，用镊子从泡沫中收集破片。

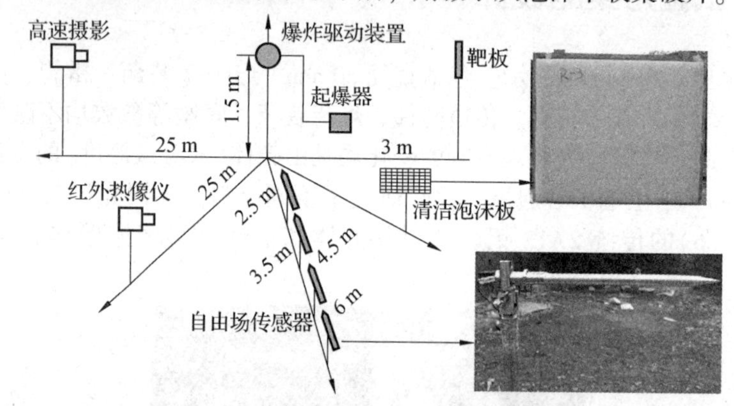


**图 3.5.1　试验布局示意图**

**图 3.5.2　试验布局照片**

## 3.6　试验结果分析与讨论

炸药爆炸后产生的毁伤方式主要有冲击波毁伤和热毁伤等。其中，热毁伤主要通过爆炸火球参数进行表征，爆炸火球参数主要包括火球直径、持续时间、火球温度。此外，空气冲击波超压峰值能够反映空气中爆炸的特征。基于此，对3种不同厚度壳体材料进行爆炸驱动试验，以便全面分析活性材料爆炸驱动下能量释放特性。

### 3.6.1　爆炸作用过程高速摄影观测结果

通过高速摄影记录的不同材料壳体爆炸驱动下火球膨胀过程和演变情况如图3.6.1所示。

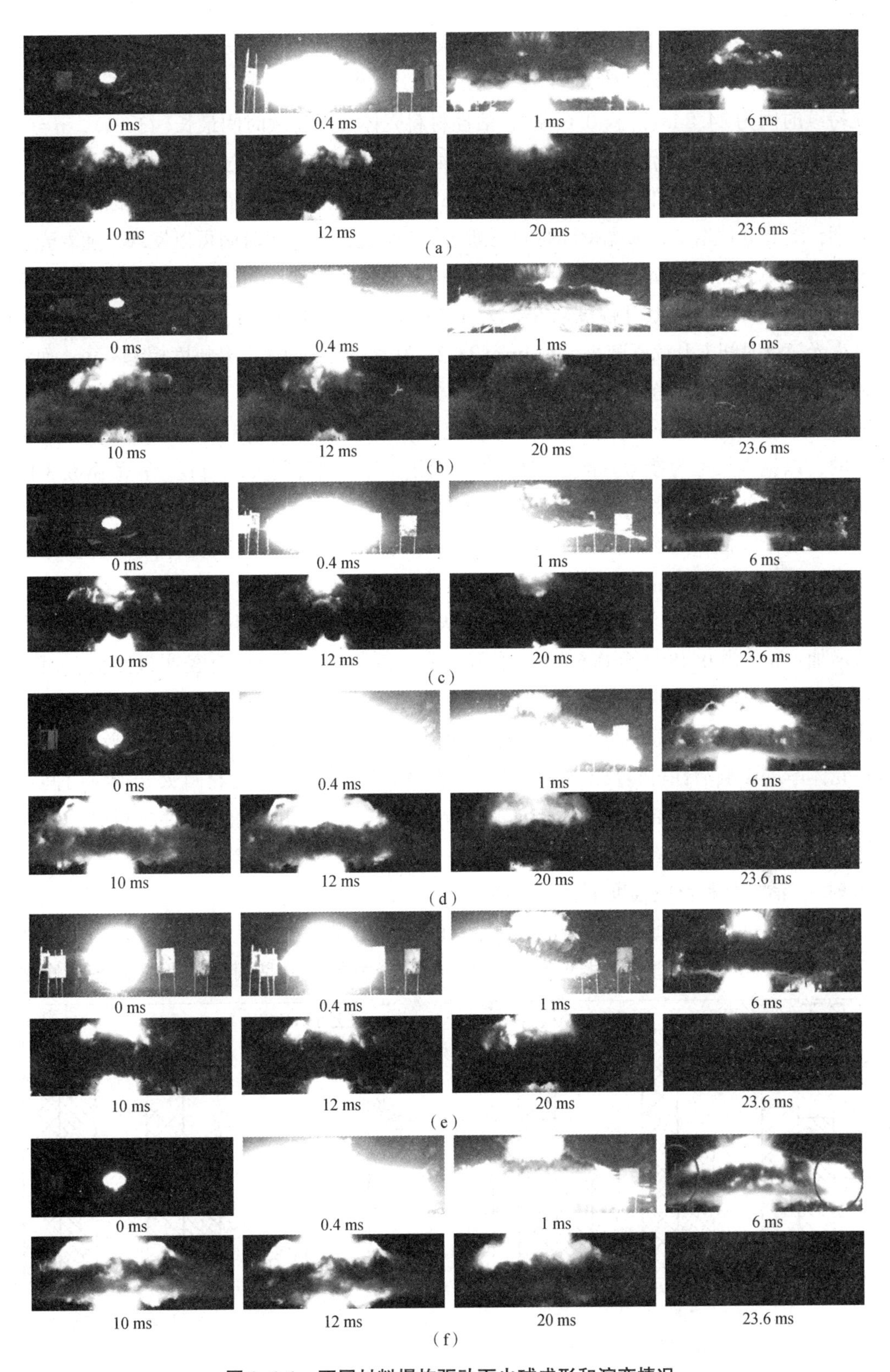


**图 3.6.1　不同材料爆炸驱动下火球成形和演变情况**

(a)T-1 $\eta$=0.30；(b)R-1 $\eta$=0.30；(c)T-2 $\eta$=0.48；(d)R-2 $\eta$=0.48；(e)T-3 $\eta$=0.66；(f)R-3 $\eta$=0.66

试验结果表明，炸药爆炸后产生了明显火光。随着时间的增长，火光先增强再逐渐减弱。将初始出现火光的时间设定为0，可以发现，爆炸驱动后，$\eta=0.3$ 时，活性材料壳体火光持续时间为24.8 ms，$\eta=0.66$ 时，活性材料壳体火光持续时间最长(43 ms)，$\eta=0.66$ 时，火光持续时间约是 $\eta=0.3$ 的1.7倍(43/24.8)，且在爆炸驱动过程伴有灰色烟；而传统2A12铝合金材料壳体，由爆炸产生的火光在6 ms后开始减弱直至消失，并在最后产生大量的黑烟，随着 $\eta$ 值增加，火光持续时间逐渐增加。对比火光持续时间可以发现，随着壳体壁厚的增加，不同材料火光持续时间增加，其中，传统2A12铝合金材料，$\eta$ 值由0.3增至0.48时，火光持续时间上升幅度较小，为8.2 ms(31.8～23.6 ms)，$\eta$ 值由0.48增至0.66时，火光持续时间上升幅度减小至6.4 ms(38.2～31.8 ms)，两次上升幅度相差不多；而活性材料火光持续时间上升趋势则不同，上升幅度先快速增大，为17.8 ms(42.6～24.8 ms)，然后明显减小，仅为0.4 ms(43～42.6 ms)。此外，图中每张高速摄影照片是按照相同比例缩放的，以钢板尺寸为参考基准，按比例可以测量出不同时刻火球直径。$\eta$ 值由0.3增至0.66，在6 ms时，传统2A12铝合金材料壳体火球直径分别为2.30 m、2.00 m、1.42 m，火球直径逐渐降低，后者比前者相对降低15%、40.8%；活性材料壳体火球直径分别为2.45 m、3.57 m、3.87 m，火球直径明显增大，后者比前者相对增大45.7%、8.4%。$\eta$ 值由0.3增至0.48时，传统2A12铝合金材料火球直径下降幅度较小，而活性材料火球直径显著增加；$\eta$ 值由0.48增至0.66时，传统2A12铝合金材料火球直径明显降低，而活性材料火球直径增加幅度明显增加。这种差异由于壳体厚度增大时，传统2A12铝合金材料壳体断裂、向四周飞散等能量消耗增多，导致火球直径、火光持续时间显著减少；而活性材料壳体厚度影响活性材料反应程度，随着壳体壁厚的增加，活性材料火光持续时间、火球直径上升幅度先快速增加，随后增加幅度显著减小。这是由于随着活性材料壳体厚度的增加，反应程度先快速增加($\eta$ 值由0.3增至0.48时)，随后缓慢增加($\eta$ 值由0.48增至0.66时)，活性材料反应程度不会显著增加。

不同材料爆炸火球直径及火光持续时间对比如图3.6.2所示。试验结果表明，活性材料火光持续时间、火球直径均大于传统2A12铝合金材料，这是因为活性材料在爆炸驱动

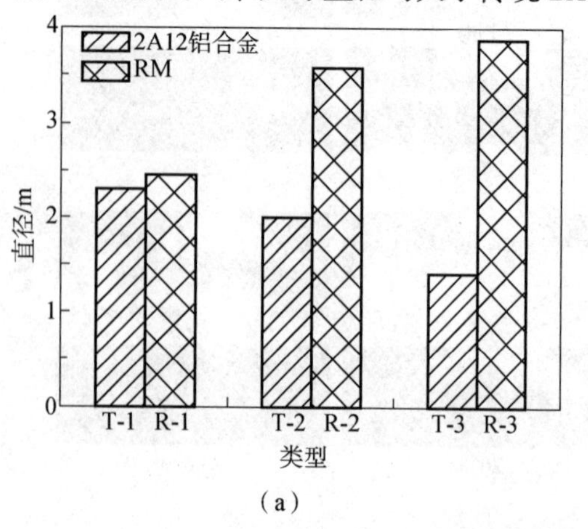

(a)

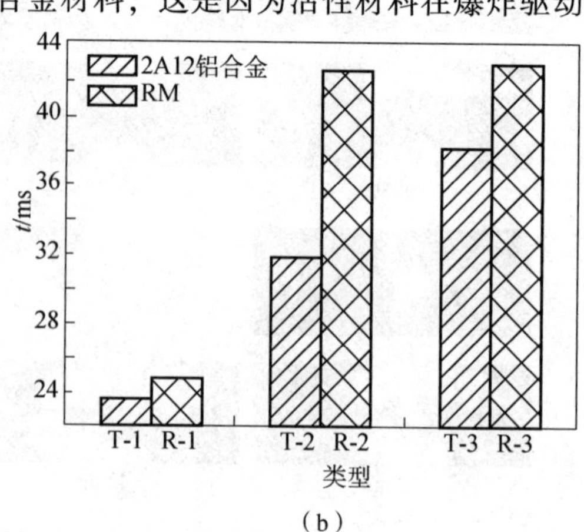

(b)

**图3.6.2　不同材料爆炸火球直径与火光持续时间对比**

(a)爆炸火球直径；(b)火光持续时间

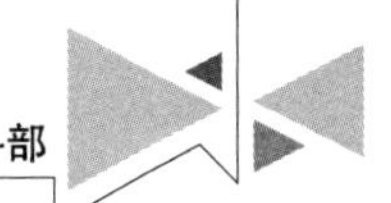

的强加载条件下破碎，破碎的材料与爆轰产物、空气发生反应释放能量。另外，活性材料壳体形成破片产生的动能与破片冲击时快速化学反应释放的能量耦合，延长火光持续时间，增强火光亮度，增大火球直径。

活性材料可能发生如下化学反应过程：

$$3CO_2(g)+2Al(s)\rightarrow Al_2O_3(s)+3CO(g),\ \Delta H_c=13.72\ kJ/g \tag{3.6.1}$$

$$3H_2O(g)+2Al(s)\rightarrow Al_2O_3(s)+3H_2(g),\ \Delta H_c=16.037\ kJ/g \tag{3.6.2}$$

$$3CO(g)+2Al(s)\rightarrow Al_2O_3(s)+3C(s),\ \Delta H_c=23.17\ kJ/g \tag{3.6.3}$$

$$1.5O_2(g)+2Al(s)\rightarrow Al_2O_3(s),\ \Delta H_c=29.44\ kJ/g \tag{3.6.4}$$

$$Zr(s)+O_2(g)\rightarrow ZrO_2(s),\ \Delta H=11.849\ 1\ kJ/g \tag{3.6.5}$$

$$Zn(s)+O_2(g)\rightarrow ZnO(s),\ \Delta H=5.360\ 2\ kJ/g \tag{3.6.6}$$

$$Mg(s)+O_2(g)\rightarrow MgO(s),\ \Delta H=26.115\ 6\ kJ/g \tag{3.6.7}$$

活性材料壳体爆炸驱动下能量释放反应大致可以分为三个过程：①起始阶段的无氧爆炸反应，空气中的氧气不参与反应，主要是JH-2炸药装药分子化合物的反应，持续时间在1 μs以内。②炸药装药爆炸后的无氧燃烧反应，炸药装药爆炸后，爆轰产物$CO_2$、CO、$H_2O$处于高温高压状态，可与部分活性材料壳体发生反应，这一阶段不需要外界空气参与反应，持续时间小于1 ms。从图3.6.1(a)和图3.6.1(b)、图3.6.1(c)和图3.6.1(d)、图3.6.1(e)和图3.6.1(f)中0.4 ms的火球成形可以看出两者的区别。此外，炸药爆炸能量与部分活性材料壳体反应释放的能量耦合，增强空气冲击波。化学反应方程式(3.6.1)~式(3.6.3)表明，活性材料中铝与高温高压下炸药爆轰产物(Al/$CO_2$、Al/$H_2O$、Al/CO)发生了化学反应。③炸药装药爆炸后的有氧燃烧反应，主要是炸药爆炸后爆轰产物(C、CO、H等)、活性材料壳体破片与空气中氧气的快速燃烧反应，持续时间为几十毫秒。化学反应方程式(3.6.1)~式(3.6.7)表明破片与空气中的氧气发生反应。

## 3.6.2 活性材料壳体装药爆炸加载释能特性

图3.6.3为不同材料装药爆炸过程中典型时刻(1.2 ms)的破片飞散图。从图3.6.3(a)和图3.6.3(b)可知，活性材料和传统2A12铝合金材料在1.2 ms时破片已向四周飞散，爆炸中心处可见明显火光，飞散的活性材料出现明显的火光，而飞散的传统2A12铝合金材料未出现火光，飞散的传统2A12铝合金材料右侧有明显火光，这是由细小的传统2A12铝合金材料撞击钢板产生的。由图3.6.3(b)可知，飞散的部分活性材料破片出现明显的火光，说明在飞散过程中部分活性材料持续发生反应。活性材料破片撞击钢板的试验结果如图3.6.1(f)所示，6 ms时活性材料破片已撞击右侧钢板，在爆炸右侧钢板处均可观察到明显的火光，而在左侧相同位置处(无钢板)并未出现火光。结合该现象说明，活性材料在爆炸驱动下未发生完全化学反应，炸药爆炸瞬间，在爆轰产物的作用下，仅有一部分活性材料参与反应并释放能量，在爆炸中心处可见火光明显增强。另外，破片冲出爆轰产物向四周飞散，在飞散过程中活性材料持续发生反应，撞击钢板后，有一部分活性材料发生后续反应。

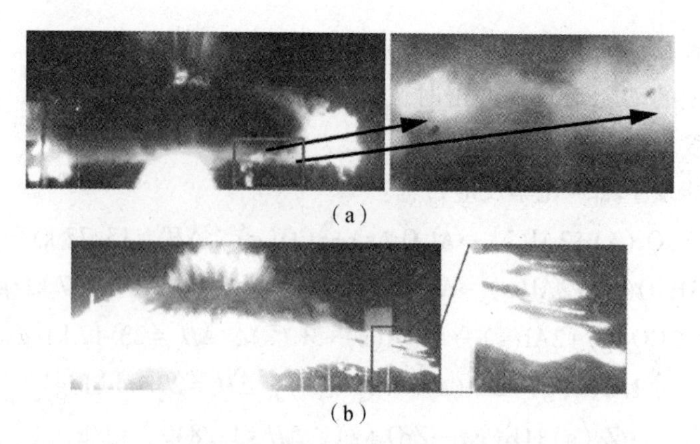

(a)

(b)

**图 3.6.3　不同材料装药爆炸过程中典型时刻的破片飞散图**

(a)T-3 $\eta=0.66$；(b)R-3 $\eta=0.66$

## 3.6.3　爆炸作用过程温度场分布特点

为了进一步比较活性材料壳体和传统 2A12 铝合金材料壳体对爆炸火球温度场分布及辐射性能的影响，对 $\eta=0.66$ 特定时刻(200 ms)相对最高温度红外热像图进行分析。将热像图由内到外分为高温区、过渡区、低温区 3 个区域，其中，红色为高温区，该区域主要集中在爆炸中心；最外层粉色为低温区，两者之间为过渡区。最高温度下，在火球表面绘制四条线，其中两条水平线、两条铅垂线，分析了对应直线上的温度分布。

图 3.6.4(a)和图 3.6.4(b)的比较表明，传统 2A12 铝合金材料火球表面温度在水平方向(线 1、线 2)呈双峰，在垂直方向(线 3、线 4)呈单峰，而活性材料表面温度在水平(线 1、线 2)、垂直方向(线 3、线 4)均呈单峰。这是因为活性材料爆炸驱动下，炸药与活性材料壳体释放的能量耦合，增强火球中心温度，同时延长中心高温区域向四周扩散的时间。结果表明，活性材料在炸药装药引爆后，首先发生开裂和反应，这种能量与活性材料壳体释放的能量耦合，增强中心温度。在纵向、水平方向上，直线直接从低温区边缘穿过高温区，最后从低温区穿出，形成单峰。而传统 2A12 铝合金材料，在纵向上，直线从低温区边缘穿过高温区，形成单峰，在水平方向上，直线从低温区边缘穿过高温区，经过过渡区再次进入高温区，形成双峰。活性材料辐射面积(3.297 $m^2$)是传统 2A12 铝合金材料(2.296 $m^2$)的 1.44 倍，其中，活性材料高温区域面积是传统 2A12 铝合金材料的 3.20 倍(0.258 5/0.062 37)。这是因为活性材料参与化学反应，并释放能量，增强炸药爆炸产生的辐射面积、高温区域。活性材料和传统 2A12 铝合金材料最高温度分别为 959.9 ℃、847.7 ℃，前者比后者相对增大 13.2%。这是因为炸药爆炸瞬间，在爆轰压力的作用下，活性材料发生化学反应释放的能量对温度的升高产生了较大的贡献。

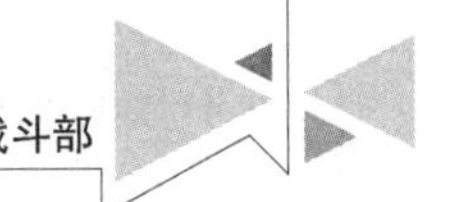

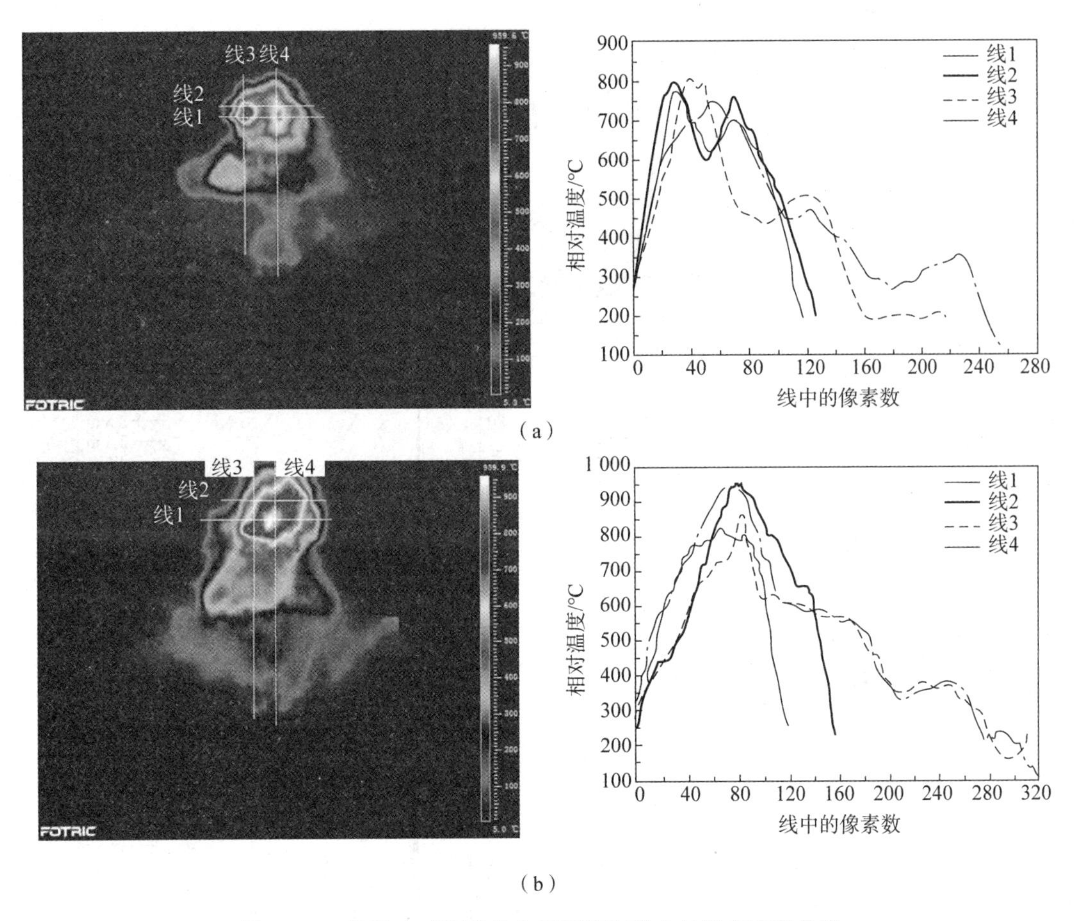


**图 3.6.4　爆炸火球温度分布及对应直线上的温度变化曲线**

(a) 传统 2A12 铝合金装药爆炸火球表面温度及对应直线上的温度变化曲线；
(b) 活性材料装药爆炸火球表面温度及对应直线上的温度变化曲线

## 3.6.4　空气中空气冲击波传播特性分析

1. 空气冲击波超压峰值与二次波

在空中爆炸试验中，装药爆炸产生空气冲击波传到自由场压力传感器前的一段时间内，传感器的环境压力为空气的初始压力 $p_0$。空气冲击波到达传感器处，压力迅速上升到 $p$，随后超压缓慢衰减至空气的初始压力，$\Delta p = p - p_0$ 称为空气冲击波超压。本试验中传感器测得的压力即空气冲击波超压 $\Delta p$，在距离 $R$ 处进行压力测定时，冲击波通过后，就会测得该点空气冲击波超压随时间变化的 $\Delta p(t)$ 曲线。由压力传感器测得的不同距离处 JH-2 裸装药、传统 2A12 铝合金材料与活性材料冲击波超压随时间变化曲线如图 3.6.5 所示。由图 3.6.5 可知，传统 2A12 铝合金对比材料与活性材料压力随时间变化趋势相同。此外，活性材料的冲击波超压随时间的变化曲线衰减速度慢于传统 2A12 铝合金材料，这与活性材料参与炸药装药爆轰产物的耦合反应有关。随着空气冲击波的传播，其压力等参数迅速下降，这是因为空气冲击波的波阵面随传播距离的增加而不断扩大，其波阵面上的单位面积能量也迅速减小。

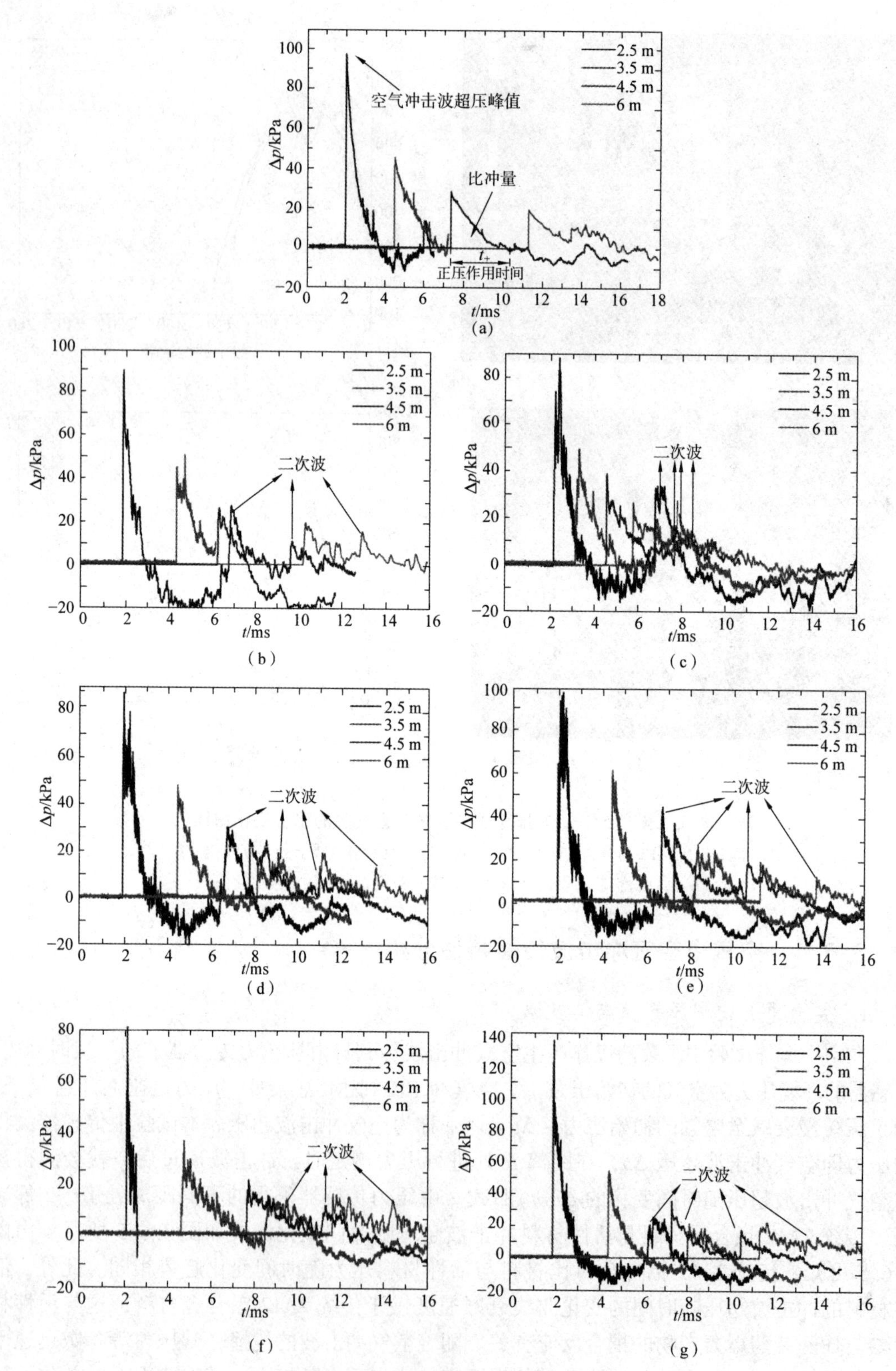


**图 3.6.5　冲击波超压随时间的变化曲线**

(a)JH-2 $\eta=0$；(b)T-1 $\eta=0.30$；(c)R-1 $\eta=0.30$；(d)T-2 $\eta=0.48$；
(e)R-2 $\eta=0.48$；(f)T-3 $\eta=0.66$；(g)R-3 $\eta=0.66$

二次波的产生是由于空气和爆轰产物之间的接触界面所发出朝向中心的稀疏波相继发生内爆而引起的，此种现象初期是通过特征线法计算炸药装药爆轰过程得到的。典型传统 2A12 铝合金材料、活性材料正压作用时间与超压峰值如图 3.6.6 所示。由图 3.6.6 可以看出，试验得到的冲击波超压随时间变化曲线在初始阶段迅速衰减，然后缓慢衰减，随后在正压区或者负压区后面紧跟随着小振幅击波，综合判断出现的小振幅击波为二次波。

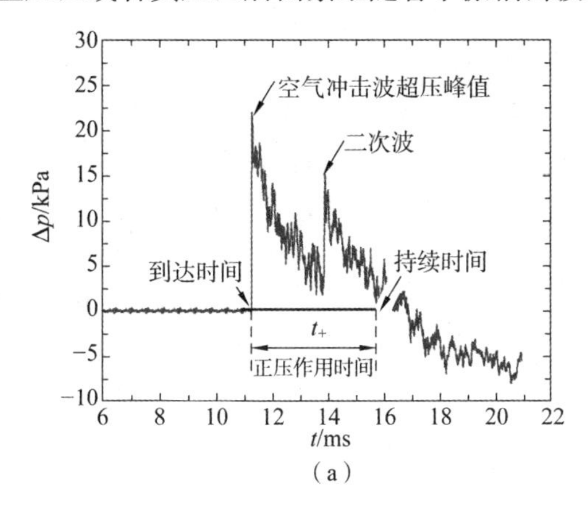


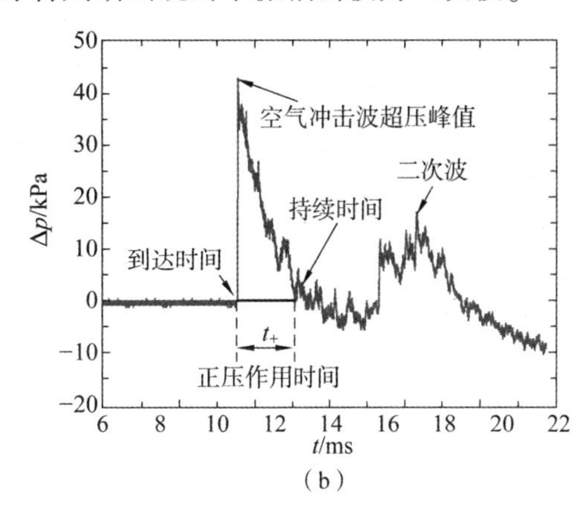


**图 3.6.6　典型材料正压作用时间和超压峰值的空气冲击波超压现象图**

(a)活性材料；(b)2A12 铝合金

图 3.6.5 中的测试结果表明，冲击波超压随时间变化曲线在后期衰减阶段会出现二次波，如果二次波到达时间在负压作用时间之前，对正压作用时间影响较大，将会延长正压作用时间，而对其他正压特性影响较小，如图 3.6.6(a)所示。如果二次波到达时间在负压作用时间之后，将会大幅降低正压作用时间，进而降低正压冲量，如图 3.6.6(b)所示。

2. 空气冲击波超压峰值与正压作用时间分析

描述空气冲击波的有关参数包括空气冲击波峰值(波峰或波谷)压力、传播速度等，波到达时间、峰值压力以及冲击波正压作用时间可以用来量化炸药的瞬时能量释放。正压作用时间 $t_+$ 是空气冲击波的一个特征参数，它是影响对目标破坏作用大小的重要标志参数之一。空气冲击波传到压力传感器时，压力突然地上升到某个峰值，通常称为空气冲击波超压峰值，然后在时间 $t_+$ 内，压力缓慢衰减到环境压力，压力大于初始环境压力的那部分时间历程称为正压作用时间 $t_+$，测得的不同距离处的超压峰值 $\Delta p$、正压作用时间 $t_+$ 见表 3.6.1。其中，图 3.6.7(a)正压作用时间 $t_+$ 为两次冲击波作用时间，图 3.6.7(b)正压作用时间 $t_+$ 为单次冲击波作用时间。

不同距离处超压峰值和正压作用时间分布如图 3.6.7 所示。总体而言，不同厚度活性材料壳体爆炸驱动下不同距离处空气冲击波超压峰值、正压作用时间均大于传统 2A12 铝合金材料壳体。冲击波超压传感器的超压测试距离在 3.5 m 之前，活性材料空气冲击波超压峰值衰减速度快于传统 2A12 铝合金材料，活性材料正压作用时间上升速度慢于传统 2A12 铝合金材料；在 3.5 m 之后，活性材料空气冲击波超压峰值衰减速度慢于传统 2A12

铝合金材料，活性材料正压作用时间上升速度快于传统2A12铝合金材料。

**表3.6.1　冲击波超压和正压作用时间测量结果**

| ID | $\Delta p$/kPa | | | | $t_+$/ms | | | | $\eta$ |
|---|---|---|---|---|---|---|---|---|---|
| | 2.5 m | 3.5 m | 4.5 m | 6 m | 2.5 m | 3.5 m | 4.5 m | 6 m | |
| JH-2 | 97.2 | 47.3 | 28.7 | 19.6 | 1.709 | 2.230 5 | 2.852 5 | 4.567 | 0 |
| T-1 | 88.6 | 44.4 | 26.2 | 19.5 | 1.598 7 | 1.630 5 | 2.323 | 4.564 4 | 0.30 |
| R-1 | 79.9 | 45 | 35.2 | 24.1 | 1.661 9 | 1.914 | 3.144 | 6.156 5 | |
| T-2 | 76.5 | 42.7 | 22.9 | 18.6 | 1.183 7 | 1.451 5 | 1.939 5 | 3.770 1 | 0.48 |
| R-2 | 90.2 | 49.1 | 35.4 | 21 | 1.322 3 | 1.641 5 | 3.159 5 | 5.574 3 | |
| T-3 | 73.5 | 35.5 | 20.4 | 14 | 0.490 2 | 2.471 1 | 2.767 | 3.558 4 | 0.66 |
| R-3 | 122.8 | 50.4 | 34.2 | 19.7 | 1.107 0 | 1.731 | 3.076 5 | 5.288 | |

$\eta$=0.30时，近场(2.5 m处)活性壳体爆炸驱动后，空气冲击波超压峰值低于传统2A12铝合金材料壳体；距离增至远场(6 m处)，活性壳体爆炸驱动后，空气冲击波超压峰值均高于传统2A12铝合金材料壳体。这是因为壳体较薄时，活性材料壳体在炸药爆炸高压驱动作用下迅速破碎并形成破片飞散。在此过程中，需要消耗一部分能量用于激活活性材料的化学反应。但由于作用时间较短，活性材料化学反应效率较低，因此近场区(2.5 m处)压力低于铝合金壳体。随着爆轰产物的继续推动，活性材料逐渐释放化学能，从而对远场的冲击波压力起到明显的强化作用。$\eta$从0.3增至0.66的过程中，同一距离处传统2A12铝合金材料壳体爆炸驱动下空气冲击波超压峰值逐渐降低；随着$\eta$从0.3增至0.66，活性材料近区(2.5 m处)爆炸驱动下空气冲击波超压峰值下降幅度显著较大，为42.9 kPa(122.8~79.9 kPa)，而远区(6 m)爆炸驱动下空气冲击波超压峰值从24.1 kPa下降至19.7 kPa，该过程下降幅度较小(18%)；3.5 m、4.5 m处空气冲击波超压峰值相差不大。试验结果表明，增加活性材料壳体厚度有利于提高近场空气冲击波超压峰值，减小壳体厚度能较小程度地增加远场空气冲击波超压峰值。

另外，随着距离的增加，活性材料与铝合金材料正压作用时间均增加。这是由于空气冲击波在传播过程中，波的前沿以超声速传播，而正压区尾部是以与空气的初始压力相对应的声速传播，因此正压区被不断拉宽，延长正压作用时间。此外，空气冲击波的正压区随传播距离的增加而不断拉宽，受压缩的空气量不断增加，使得单位质量空气的平均能量不断下降。$\eta$从0.3增至0.66时，近场(2.5 m处)活性壳体爆炸驱动后正压作用时间下降幅度较小，传统2A12铝合金材料爆炸驱动后，正压作用时间下降幅度显著增大，为1.108 5 ms(1.598 7~0.490 2 ms)，距离增至远场(6 m处)，正压作用时间增加。远场(6 m处)活性壳体爆炸驱动后，正压作用时间下降幅度比近场(2.5 m处)大，为0.868 5 ms(6.156 5~5.288 ms)；传统2A12铝合金材料爆炸驱动后，正压作用时间下降幅度比近场(2.5 m处)小，为1.006 ms(4.564 4~3.558 4 ms)。试验结果表明，铝合金材料壳体厚度对正压作用时间影响较大，增加铝合金材料壳体厚度，将会缩短正压作用时间。而活性材料壳体厚度对正压作用时间影响较小，与较厚壳体相比，减小活性材料壳体厚度，有利于延长正压作用时间。

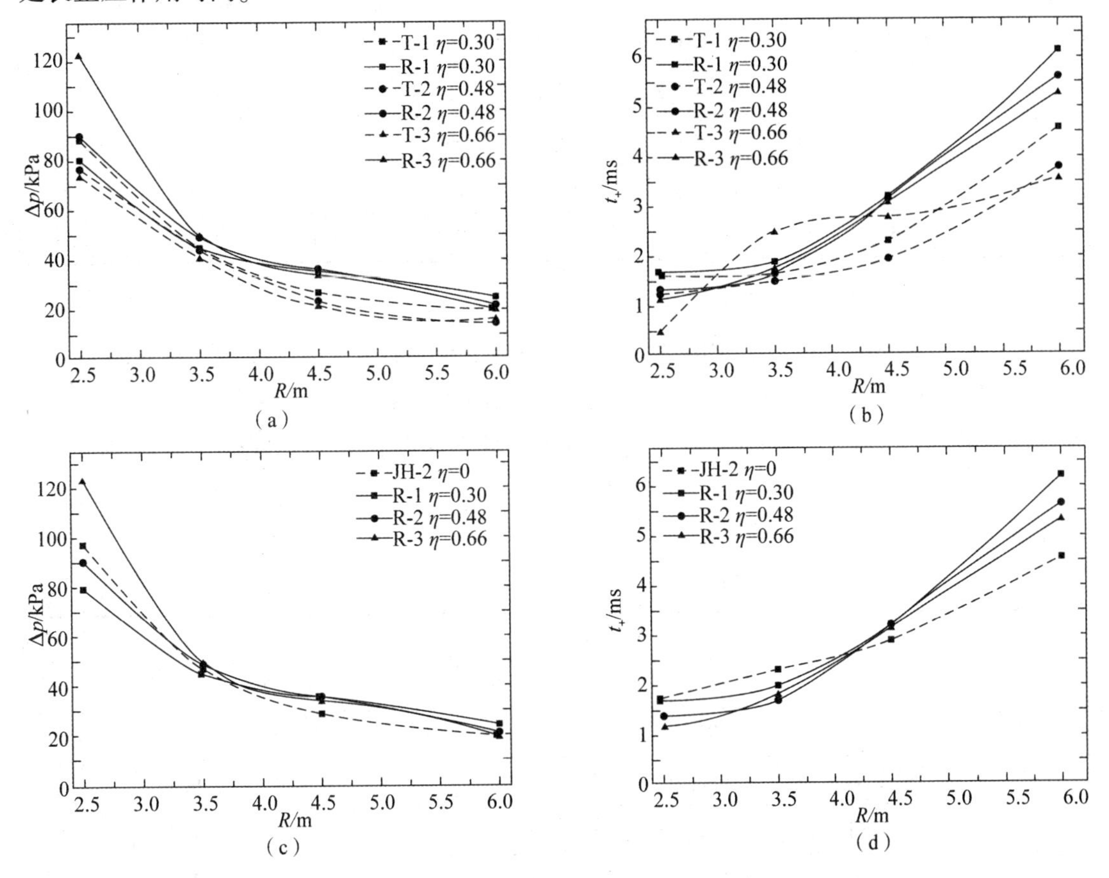


**图 3.6.7　冲击波超压峰值和正压作用时间测量结果图**

(a)活性材料与 2A12 冲击波超压峰值对比；(b)活性材料与 2A12 正压作用时间对比；
(c)活性材料与 JH-2 冲击波超压峰值对比；(d)活性材料与 JH-2 正压作用时间对比

由图 3.6.7 可以看出，$\eta$ 值相同时，活性材料的二次波到达时间小于传统 2A12 铝合金材料，活性材料的二次波超压幅值高于传统 2A12 铝合金材料。$\eta$ 从 0.3 增至 0.66 时，活性材料距离爆心 2.5 m 处，在负压区后面出现二次波，距离增至 4.5 m 处，在正压区后面出现二次波，说明二次波的到达时间与超压幅值及测试距离有关。

由表 3.6.2 可知，$\eta=0.30$ 与 $\eta=0$(裸装药)相比，在 2.5 m 处，空气冲击波超压峰值降低约 17.8%，在 6 m 处，空气冲击波超压峰值增加约 23.0%；$\eta=0.66$ 与 $\eta=0$(裸装药)相比，在 2.5 m 处，空气冲击波超压峰值增加约 26.3%，在 6 m 处，空气冲击波超压峰值相当；$\eta=0.66$ 与 $\eta=0.30$ 相比，在 2.5 m 处，空气冲击波超压峰值增加约 53.7%，在 6 m 处，空气冲击波超压峰值降低约 18.3%。结果表明：活性材料壳体具有强化空气冲击波超压峰值的作用，增加活性材料壳体厚度对提高战斗部近场空气冲击波超压有明显优势。

**表 3.6.2　冲击波超压及其增益**

| 距离/m | $\Delta p$/kPa | | | | 活性材料壳体冲击波超压增益/% | | | |
|---|---|---|---|---|---|---|---|---|
| | JH-2 $\eta$=0 | R-1 $\eta$=0.30 | R-2 $\eta$=0.48 | R-3 $\eta$=0.66 | R-1/JH-2 | R-2/JH-2 | R-3/JH-2 | R-3/R-1 |
| 2.5 | 97.2 | 79.9 | 90.2 | 122.8 | -17.8 | -7.2 | 26.3 | 53.7 |
| 3.5 | 47.3 | 45 | 49.1 | 50.4 | -4.9 | 3.8 | 6.6 | 12.0 |
| 4.5 | 28.7 | 35.2 | 35.4 | 34.2 | 22.6 | 23.3 | 19.2 | -2.8 |
| 6 | 19.6 | 24.1 | 21.0 | 19.7 | 23.0 | 7.1 | 0.5 | -18.3 |

3. 空气冲击波传播速度分析

通过波的到达时间可以量化活性材料爆炸驱动下瞬间能量释放，波的到达时间差见表 3.6.3，空气冲击波的平均速度随距离变化曲线如图 3.6.8 所示。其中，$t_1$、$t_2$、$t_3$、$t_4$ 为空气冲击波到达 2.5 m、3.5 m、4.5 m、6 m 处传感器时间，$\Delta t$ 为相邻两个传感器空气冲击波的到达时间差，相邻两个传感器距离为 $\Delta L$，可求出各个传感器之间空气冲击波的平均速度 $v_{21}$、$v_{32}$、$v_{43}$。

**表 3.6.3　波到达时间差及传播速度**

| ID | 材料 | $\Delta t$/ ms | | | $v$/(m·s$^{-1}$) | | | $\eta$ |
|---|---|---|---|---|---|---|---|---|
| | | $t_2-t_1$ | $t_3-t_2$ | $t_4-t_3$ | $v_{21}$ | $v_{32}$ | $v_{43}$ | |
| JH-2 | JH-2 | 2.491 | 2.882 | 3.93 | 401.4 | 381.7 | 351.4 | 0 |
| T-1 | 2A12 铝合金 | 2.452 | 2.933 | 3.93 | 407.8 | 378.4 | 366.4 | 0.30 |
| R-1 | 活性材料 | 2.552 | 2.801 | 3.92 | 403.6 | 396.3 | 367.4 | |
| T-2 | 2A12 铝合金 | 2.518 | 2.874 | 3.951 | 413.0 | 382.7 | 367.1 | 0.48 |
| R-2 | 活性材料 | 2.457 | 2.827 | 3.915 | 427.4 | 389.1 | 370.4 | |
| T-3 | 2A12 铝合金 | 2.603 | 2.925 | 3.933 | 399.5 | 372.6 | 368.7 | 0.66 |
| R-3 | 活性材料 | 2.446 | 2.805 | 3.927 | 429.3 | 388.6 | 374.3 | |

由表 3.6.3 可知，活性材料空气冲击波的达到时间差小于传统 2A12 铝合金材料，活性材料空气冲击波的速度大于传统 2A12 铝合金材料，由计算可得，空气冲击波在传播过程中，6 m 以内波的前沿均以超声速传播。该现象说明，在爆轰压力的作用下，活性材料参与反应并释放能量，释放的能量与炸药耦合作用，增强空气冲击波速度。

由图 3.6.8(a)可以看出，随着距离增加，不同材料空气冲击波的平均速度逐渐衰减。$\eta$ 为 0.3 时，活性材料壳体空气冲击波的平均速度下降幅度先减小后增大，而铝合金材料壳体空气冲击波的平均速度下降幅度先增加后减小。$\eta$ 从 0.48 增至 0.66 时，不同材料壳体空气冲击波的平均速度下降幅度先增大后减小。$\eta$ 从 0.3 增至 0.66 时，相同距离处活性材料壳体空气冲击波的平均速度增加，而传统 2A12 铝合金材料空气冲击波的平均速度减小。由图 3.6.8(b)可以看出，$\eta$ 为 0 时，JH-2 裸装药空气冲击波的平均速度逐渐减小，

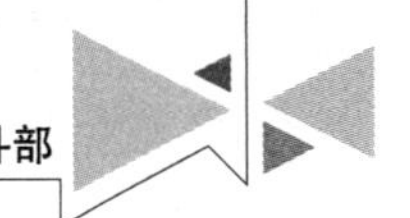

活性材料空气冲击波的平均速度均大于 JH-2 裸装药。试验结果表明，增加活性材料壳体厚度，有利于增加空气冲击波的平均速度。

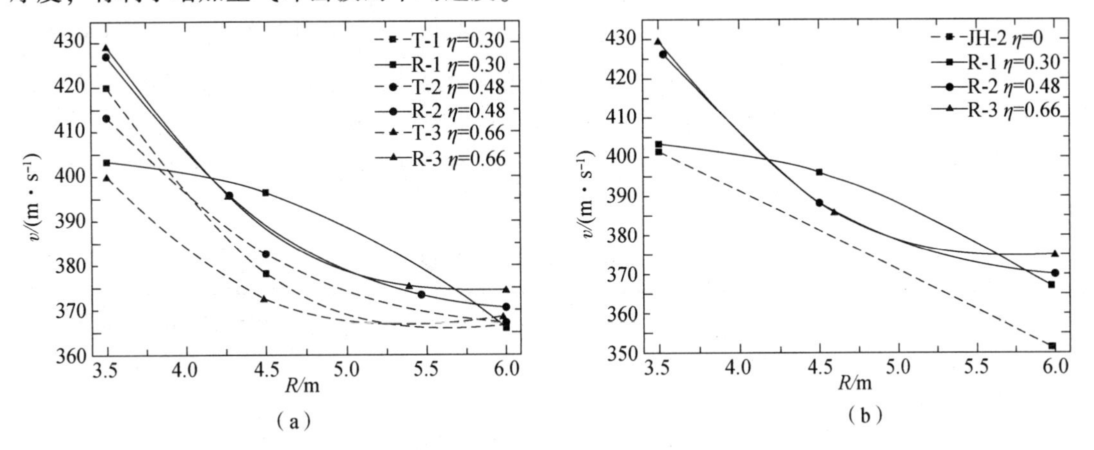


**图 3.6.8 空气冲击波的平均速度随距离变化曲线**

(a) 活性材料与 2A12 对比；(b) 活性材料与 JH-2 对比

4. 空气冲击波比冲量随距离变化

空气中的比冲量也是冲击波对目标破坏作用的重要参数之一，比冲量的大小直接决定了冲击波破坏作用的程度。从能量守恒角度分析，假设炸药能量均转化成壳体变形、破碎、向四周飞散以及爆轰产物膨胀。其中 Lloyd 对 Gurney 公式进行改进，得到向四周飞散初速为

$$v_0 = \sqrt{2E}\left[\left(\frac{m_s}{m_e}+\frac{1}{2}\right)\left(1+\frac{D_0}{h}\right)\right]^{-\frac{1}{2}} = \sqrt{2E}\left[\left(\eta+\frac{1}{2}\right)\left(1+\frac{D_0}{h}\right)\right]^{-\frac{1}{2}} \tag{3.6.8}$$

式中，$m_e$ 为装药质量；$m_s$ 为壳体质量；$\sqrt{2E}$ 为炸药的 Gurney 速度。由上式可得壳体动能与装药格尼能的比例为

$$\frac{E_{ks}}{E_{m_e}} = \frac{\eta}{\left(\eta+\frac{1}{2}\right)\left(1+\frac{D_0}{h}\right)} \tag{3.6.9}$$

由上式可计算出，$\eta$ 为 0.3、0.48、0.66 时，$E_{ks}/(Em_e)$ 约为 24.6%、31.5%、36.6%。$\eta$ 值由 0.3 增至 0.66 时，壳体质量增加了约 1.2 倍，$E_{ks}/(E_{m_e})$ 提升了 48.8%。此外，随着壳体厚度的增加，破片初始速度会有差异，破片初速会减小，可能会延长活性材料能量释放时间，进而提高比冲量。对于惰性带壳装药爆炸形成的空气冲击波的比冲量与无壳同等装药量形成的冲击波比冲量比值，可用以下公式近似计算

$$\frac{i}{i_0} = \sqrt{\frac{\beta}{2-\beta}} = \sqrt{\frac{1}{1+2\eta}} \tag{3.6.10}$$

式中，$\beta$ 为装填系数，$\beta = m_e/(m_e+m_s)$。

假设活性材料壳体为惰性壳体，由上式可计算出，$\eta$ 为 0.3、0.48、0.66 时，$i/i_0$ 约为 79.1%、71.4%、65.7%，随着惰性壳体厚度的增加，$i/i_0$ 逐渐下降。

对冲击波超压曲线进行积分，获得活性材料爆炸驱动下冲击波比冲量试验值见表3.6.4。由表3.6.4可知，2.5 m处$I/I_0$分别为78.0%、92.4%、87.0%，6 m处$i/i_0$分别为121.5%、93.1%、117.8%。$\eta$由0.30增至0.66时，2.5 m处计算值与试验值的差异约为1.1%、21%、21.3%，6 m处计算值与试验值的差异约为42.4%、21.7%、52.1%。总体而言，计算值与试验值相差较大，因此可以判定活性材料壳体在爆炸驱动下对空气冲击波比冲量有明显的贡献。结果表明：活性材料壳体有利于提高远场空气冲击波比冲量，进而提高战斗部威力。

**表3.6.4 冲击波比冲量**

| 距离/m | $i_0$/(Pa·s) | $i$/(Pa·s) | | | $i/i_0$/% | | | 活性材料壳体冲击波比冲量增益/% | | | |
|---|---|---|---|---|---|---|---|---|---|---|---|
| | JH-2 $\eta$=0 | R-1 $\eta$=0.30 | R-2 $\eta$=0.48 | R-3 $\eta$=0.66 | R-1 $\eta$=0.30 | R-2 $\eta$=0.48 | R-3 $\eta$=0.66 | R-1/JH-2 | R-2/JH-2 | R-3/JH-2 | R-3/R-1 |
| 2.5 | 50.23 | 39.17 | 46.43 | 43.68 | 78.0 | 92.4 | 87.0 | -22.0 | -7.6 | -13.0 | 11.5 |
| 3.5 | 41.86 | 31.91 | 55.26 | 27.37 | 76.2 | 132 | 65.4 | -23.8 | 32.0 | -34.6 | -14.2 |
| 4.5 | 28.68 | 33.55 | 35.46 | 26.11 | 117 | 124 | 91.0 | 17.0 | 23.6 | -8.9 | -22.2 |
| 6 | 38.69 | 47.00 | 36.02 | 45.59 | 121.5 | 93.1 | 117.8 | 21.5 | -6.9 | 17.8 | -3.0 |

## 3.7 回收破片断口特征

前述研究表明，活性材料壳体厚度对空气冲击波的超压峰值和正压时间均有显著影响。

为了进一步研究活性材料壳体厚度与反应程度关系，回收了不同材料厚度的破片，用扫描电镜对收集的不同试样类似尺寸破片断面进行观察，并对破片尺寸进行统计，如图3.7.1和图3.7.2所示。其中，图3.7.1(a)～(c)为$\eta$从0.3增至0.66的2A12铝合金破片，图3.7.2(a)～(c)为$\eta$从0.3增至0.66的活性材料破片。利用扫描电子显微镜(SEM)和能量色散X射线能谱(EDX)相结合的方法，观察不同样品中相似尺寸碎片的断口形貌和成分分布，并计算出碎片尺寸。其中，图3.7.1(a)～(c)显示了韧窝状花样，传统2A12铝合金材料破片断面表面总体呈现韧性断裂的断口特征，局部白色小颗粒和棱边成像质量不佳，说明该处存在非金属物质而导致导电率下降，可能是材料氧化物。图3.7.2(a)表面颗粒度为2～15 μm的颗粒状、空泡状物质为金属在高温大气中的瞬间氧化产物，图3.7.2(b)～(c)表面龟裂厚膜状物质为金属在高温大气中的瞬间氧化产物，因为氧化物的导电性较差，在样品受SEM电子束轰击时会产生荷电效应，在表面突出局部产生放电现象，导致SEM局部成像质量不佳。

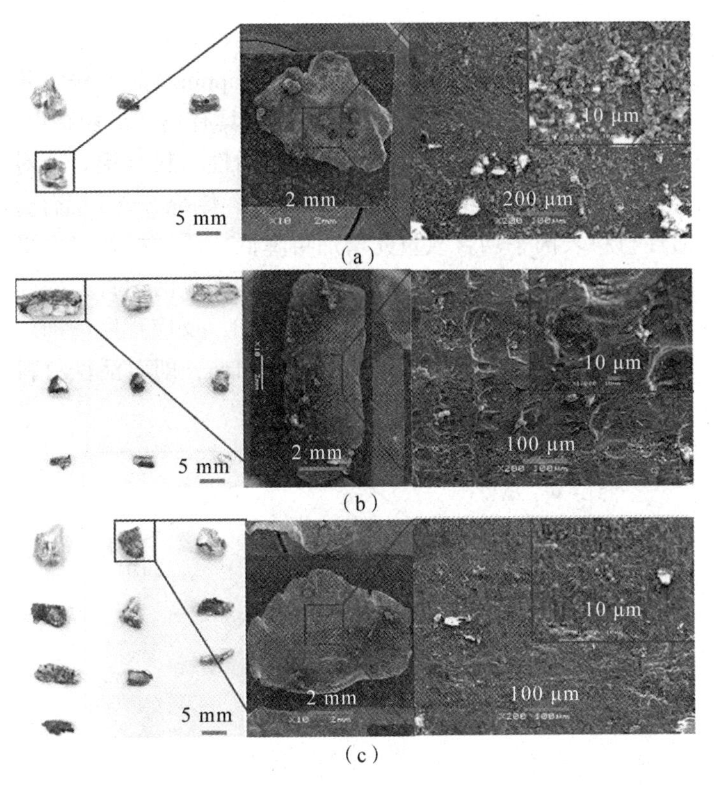


**图 3.7.1　传统 2A12 铝合金材料爆炸驱动下破片断面特征**

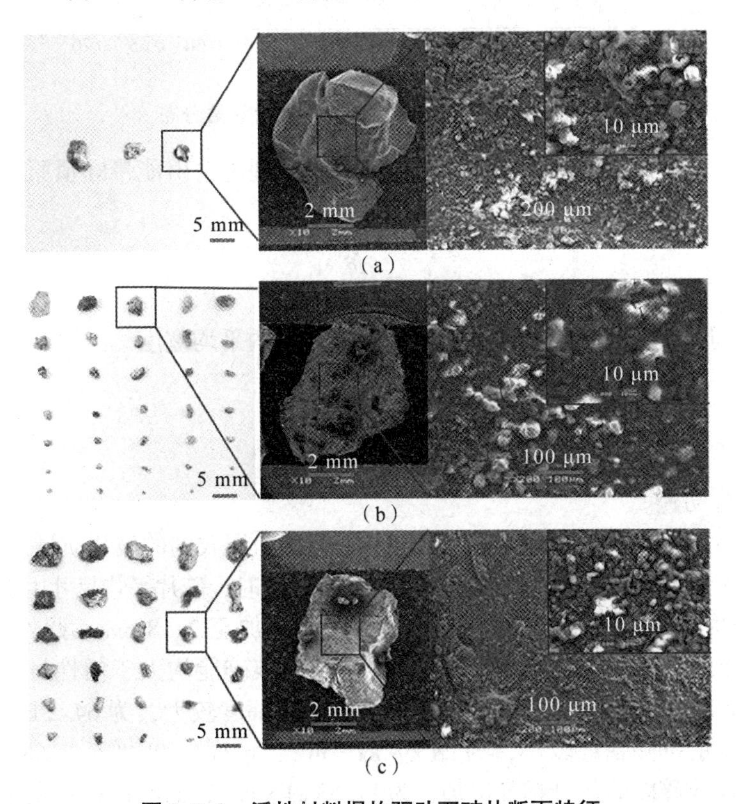


**图 3.7.2　活性材料爆炸驱动下破片断面特征**

根据EDX图谱分析的结果，六种试样爆炸后的典型破片平均含氧量分布如图3.7.3所示。平均含氧量是由X射线能谱(EDX)、面扫描(mapping)的方法实测出来的，分别选取爆炸驱动下活性材料与传统2A12铝合金材料破片中具有典型形貌特点的区域进行分析。在相同的测试条件下，可以进行量化分析，可以比较活性材料与铝合金对比材料外壳爆炸驱动下的反应程度。可以发现，$\eta$ 从0.3增至0.66时，传统2A12铝合金材料表面平均含氧量逐渐减低，活性材料表面平均含氧量先增加再降低，活性材料表面平均含氧量分别是传统2A12铝合金材料的4.75倍、12.49倍、24.8倍。回收活性材料破片断口表面平均氧含量相对于铝合金材料上升幅度随 $\eta$ 的增大而明显增加，反应程度增加。这是因为随着壳体厚度增加，炸药爆炸后，壳体断裂形成破片的时间加长，即对活性材料爆轰加载时间延长，从而提高反应效率。

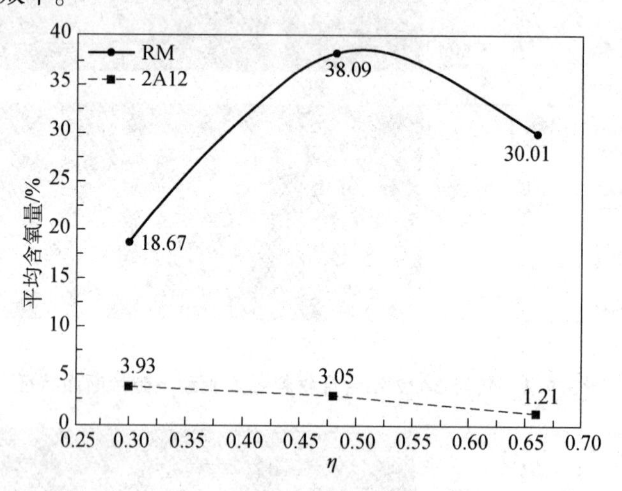


**图3.7.3　不同种类破片平均含氧量分布**

Grady基于Mott卸载波原理建立了壳体动态破碎理论，由能量守恒原理及动量守恒原理，可推导出壳体破碎能 $E_c$ 为

$$E_c = \frac{\rho_s \dot{\varepsilon}^2 s_V{}^3}{24} \tag{3.7.1}$$

式中，$\rho_s$ 是不同材料壳体密度；$s_V$ 为破片沿壳体环向的平均宽度。

平均应变率可由下式估算

$$\dot{\varepsilon} = \frac{4v_0}{D_0 + D} \tag{3.7.2}$$

式中，$v_0$ 为破片初速。

不同材料破片质量分布见表3.7.1，$M_m$、$N_n$ 分别为回收到的破片质量、数量，$m_V$ 为破片平均质量。对于活性材料破片；$\eta$ 值由0.3增至0.48时，破片平均尺寸由3.79 mm减小至1.55 mm；$\eta$ 值由0.48增至0.66时，破片平均尺寸增加至2.18 mm。此外，$\eta$ 值相同时，传统2A12铝合金材料回收的破片质量、尺寸、壳体破碎能均大于活性材料。$\eta$ 从0.3增至0.48时，传统2A12铝合金材料壳体破碎能的下降幅度较大，为64.2 kJ·m$^{-2}$，而活性材料壳体破碎能的下降幅度较小，为24.58 kJ·m$^{-2}$；$\eta$ 从0.48增至0.66时，传统2A12铝合金材料壳体破碎能的上升幅度增加，为11.53 kJ·m$^{-2}$，而活性材料壳体破碎能的上升幅度明显减小，仅为1.67 kJ·m$^{-2}$。这种差异可能与活性材料壳体厚度增大时，活性材料壳体反应释能程度有关。

表 3.7.1　不同材料破片质量分布

| 序号 | 材料 | $M_m$/g | $N_n$ | $m_V$/g | $s_V$/mm | $E_c$/(kJ·m$^{-2}$) | $\eta$ |
|---|---|---|---|---|---|---|---|
| T-1 | 2A12 铝合金 | 0.20 | 4 | 0.05 | 4.71 | 82.84 | 0.30 |
| R-1 | 活性材料 | 0.15 | 3 | 0.05 | 3.79 | 25.95 | |
| T-2 | 2A12 铝合金 | 0.29 | 9 | 0.03 | 3.10 | 18.64 | 0.48 |
| R-2 | 活性材料 | 0.17 | 34 | 0.01 | 1.55 | 1.37 | |
| T-3 | 2A12 铝合金 | 0.61 | 10 | 0.06 | 3.90 | 30.17 | 0.66 |
| R-3 | 活性材料 | 0.53 | 29 | 0.02 | 2.18 | 3.04 | |

试验结果表明，随着活性材料壳体壁厚的增加，破片尺寸先减小后增加，活性材料壳体反应释能程度先增加后减小，反应释能程度不会随着厚度的增加而显著增加。

## 3.8　结论

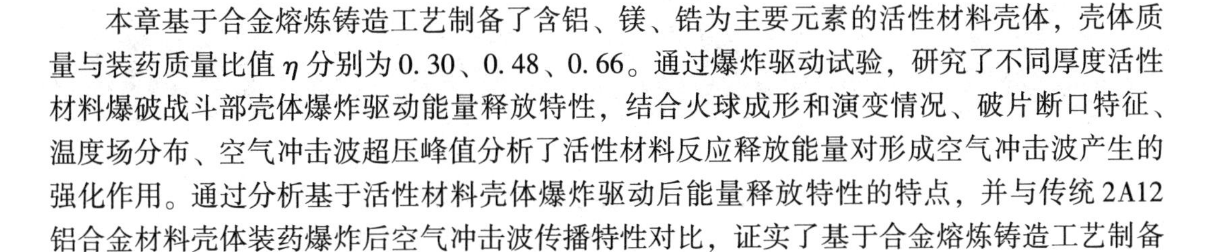

本章基于合金熔炼铸造工艺制备了含铝、镁、锆为主要元素的活性材料壳体，壳体质量与装药质量比值 $\eta$ 分别为 0.30、0.48、0.66。通过爆炸驱动试验，研究了不同厚度活性材料爆破战斗部壳体爆炸驱动能量释放特性，结合火球成形和演变情况、破片断口特征、温度场分布、空气冲击波超压峰值分析了活性材料反应释放能量对形成空气冲击波产生的强化作用。通过分析基于活性材料壳体爆炸驱动后能量释放特性的特点，并与传统 2A12 铝合金材料壳体装药爆炸后空气冲击波传播特性对比，证实了基于合金熔炼铸造工艺制备的活性材料壳体可以提高总能量输出，主要结论如下：

(1)壳体与炸药质量比值 $\eta$ 由 0.3 增至 0.66 时，活性材料火光持续时间、火球直径、回收破片断口表面平均氧含量上升幅度明显增加，表面龟裂厚膜物质为金属在高温大气中的瞬间氧化产物，增加壳体厚度有利于增加反应度。

(2)$\eta$ 值相同时，活性材料的二次波到达时间小于传统 2A12 铝合金材料，活性材料的二次波超压幅值高于传统 2A12 铝合金材料。$\eta$ 从 0.3 增至 0.66 时，活性材料距离爆心 2.5 m 处，在负压区后面出现二次波，距离增至 4.5 m 处，在正压区后面出现二次波，说明二次波的到达时间与超压幅值、测试距离及壳体与炸药质量比有关。此外，二次波的出现，有利于增加活性材料正压作用时间。

(3)爆炸驱动活性材料壳体确实能提升冲击波超压，但不同装药比结果不同。根据活性材料能量释放特性，壳体与炸药质量比值 $\eta$ 由 0.3 增至 0.66 时，增加活性材料壳体厚度有利于提高近场(2.5 m 处)空气冲击波超压峰值，减小壳体厚度有利于增加远场(6 m 处)空气冲击波超压峰值。

(4)在爆轰产物的作用下，仅有一部分合金熔炼铸造壳体参与爆炸反应。

(5)通过爆炸驱动试验研究活性材料壳体爆炸驱动能量释放特性，进而指导活性材料爆破战斗部壳体壁厚的选择。

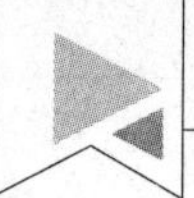

## 3.9 不同结构活性材料壳体

在活性材料壳体方面，Clemenson 对爆炸驱动下活性材料壳体的反应增强进行了研究，通过改变活性材料的成分和壳体形状，来提高活性材料壳体反应性。通过控制爆炸驱动试验，探讨了爆炸端部约束结构和冲击引起的碎片反应的关系。结果表明，炸药装药端部约束对壳体的反应的整体转换效率有显著影响，为了更好地比较壳体间的能量释放规律，试验中运用重约束装置。采用瞬态和准静态压力测量、高速摄影、光谱法确定每种活性材料的反应增强效果。对试验中收集到的粗、细碎片进行分析，深入了解破碎大小和分布对活性材料反应规律。活性材料壳体结构如图 3.9.1 所示。活性材料壳体可以为未来增强型爆炸武器的设计提供额外的见解。

（a）　　（b）　　（c）　　（d）

**图 3.9.1　不同结构活性材料壳体**

(a)6061 铝合金；(b)轴向碳化钨棒；(c)铝锂合金；(d)内部钢结构

## 思考题

1. 爆破战斗部的作用原理主要是什么？
2. 简述爆破战斗的发展趋势。
3. 炸药爆炸后产生的毁伤方式主要有几种？
4. 描述空气冲击波的有关参数包括哪几种？
5. 空气冲击波对目标破坏作用的重要参数包括哪几种？
6. 爆破战斗部结构类型主要有几种？
7. 简述内爆式与外爆式战斗部威力性能的比较。

## 参考文献

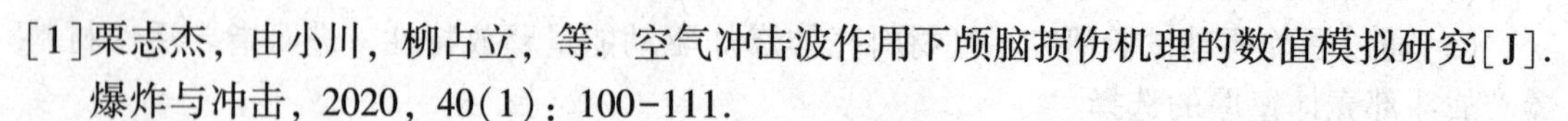

[1]栗志杰，由小川，柳占立，等. 空气冲击波作用下颅脑损伤机理的数值模拟研究[J]. 爆炸与冲击，2020，40(1)：100-111.

[2]张先锋，李向东，沈培辉，等. 终点效应学[M]. 北京：北京理工大学出版社，2017.

[3]张守中. 爆炸与冲击动力学[M]. 北京：兵器工业出版社，1993.

[4]Wilson W, Benningfield L V, Kim K. Enhanced blast effects of reactive structural materials used For casingsd explosives[C]. Aps Topical Conference on Shock Compression of Condensed Matter. American Physical Society, 2009.

[5]Clemenson M. Enhancing reactivity of aluminum-based structural energetic materials[D]. University of Illinois at Urbana-Champaign, 2015.

[6]Mott N F. A Theory of the Fragmentation of casingss and Bombs[J]. S. Wave. High. Pres. Phen, 2006: 243-294.

[7]Du N, Xiong W, Wang T, et al. Study on energy release characteristics of reactive material casings under explosive loading [J]. Defence Technology, 2020, 5(17): 1791-1803.

[8]王儒策，赵国志. 弹丸终点效应[M]. 北京：北京理工大学出版社，1993.

[9]隋树元，王树山. 终点效应学[M]. 北京：国防工业出版社，2007.

[10]谈庆明. 量纲分析[M]. 合肥：中国科学技术大学出版社，2005.

[11]张守中. 爆炸与冲击动力学 [M]. 北京：兵器工业出版社，1993.

[12]Clemenson M. Enhancing reactivity of aluminum-based structural energetic materials[D]. University of Illinois at Urbana-Champaign, 2015.

# 第4章 聚能装药战斗部

目前，许多反坦克导弹都采用了成型装药破甲战斗部，例如在榴弹炮发射的子母弹(雷)中普遍使用了成型装药破甲子弹(雷)；在工程爆破、石油勘探中，采用成型装药的聚能爆破、石油射孔也已得到广泛使用。由此可见，对成型装药聚能效应的研究，无论是在军事上还是在民用上，都具有十分重要的意义。

## 4.1 聚能现象及其应用

### 4.1.1 聚能现象

如图4.1.1(a)和(b)所示，在圆柱形炸药装药对比试验中，有凹槽的装药(图4.1.1(b))爆炸后，在钢板上炸出的凹坑反而比装药量较多的装药(图4.1.1(a))的炸坑还要深一些。在炸药凹槽中加一内衬(图4.1.1(c))以及适当控制内衬的底端面到钢板的距离(称为炸高，如图4.1.1(d)所示)，能够显著提高装药的穿透能力。这种内衬称为药型罩，内衬材料可以为金属、玻璃、陶瓷、活性材料或任一种固体材料。这种带有凹槽的装药能提高其爆炸作用性能的现象称为成型装药(Shaped Charge)、空心装药(Cavity Charge)或聚能装药等。

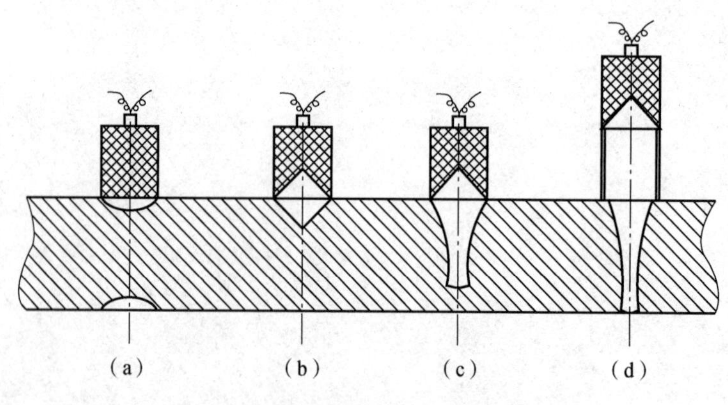


图4.1.1 不同装药结构对靶板的破坏

由爆轰波理论知，炸药爆炸时产生的高温、高压爆轰产物，将沿装药表面的法线方向向外飞散。通过角平分线法可以确定作用在不同方向上的有效装药，如图4.1.2(a)所示。

圆柱形装药作用在靶板方向上的有效装药仅仅是整个装药的很小一部分，又由于药柱对靶板的作用面积较大(装药的底面积)，能量密度较小，其结果只能在靶板上炸出很浅的凹坑。然而，当装药带有凹槽后，如图4.1.2(b)所示，虽然有凹槽使整个装药量减少，但按角平分线法重新分配后，有效装药量并不减少，而且凹槽部分的爆炸产物沿装药表面的法线方向向外飞散，在轴线上汇合，相互碰撞、挤压，最终形成一股高压、高速和高密度的气体流。此时，由于气体对靶板的作用面积减小，能量密度提高，故能炸出较深的坑。在气体流的汇集过程中，总会出现直径最小、能量密度最高的气体流断面，该断面常称为“焦点”。焦点至凹槽底端面的距离称为“焦距”(图中的距离 $F$)。气体流在焦点前后的能量密度都将低于焦点处的能量密度，因而适当提高装药至靶板的距离可以获得更好的侵彻效果。

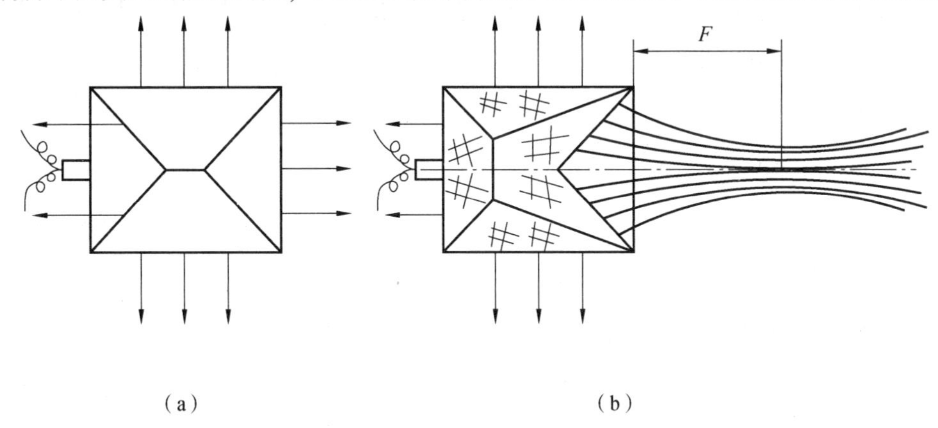


**图4.1.2　爆轰产物飞散方向**

(a)柱形装药爆轰产物的飞散；(b)无罩聚能装药爆轰产物的飞散

## 4.1.2　聚能装药应用

根据药型罩形状划分，一般有小锥角形罩、大锥角形罩、喇叭形罩、郁金香形罩、半球形罩、球缺形罩等。对反坚固目标而言，聚能装药是比较成熟的技术。根据毁伤元素划分，聚能装药的类型一般分为聚能射流(Shaped Charge Jet，SCJ，也可缩写为JET)、聚能杆式射流(Jetting Projectile Charge，JPC)和爆炸成型弹丸(Explosive Form Projectile，EFP)。JET穿深大，侵彻半径较小，攻击侵彻重型厚装甲；EFP穿深相对较小，但侵彻半径比较大，具有很好的飞行稳定性，可以有效地侵彻打击远距离的轻型薄装甲；而JPC结合了JET和EFP的优点，可用于远距离侵彻中型装甲和反应装甲；对聚能装药的壳体进行设计，在爆炸冲击的过程中可以形成有效打击敌军后方软目标的破片。前三种侵彻体作用性能各参数见表4.1.1。

**表4.1.1　三种侵彻体性能参数**

| 侵彻体类型 | $v_0/(\mathrm{km \cdot s^{-1}})$ | 作用的有效距离/$D_0$ | 侵彻深度/$D_0$ | 侵彻直径/$D_0$ | 药型罩利用率/% |
|---|---|---|---|---|---|
| JET | 5.0~8.0 | 3~8 | 5~10 | 0.2~0.3 | 30 |
| EFP | 1.7~2.5 | 1 000 | 0.7~1 | 0.8 | 95 |
| JPC | 3.0~5.0 | 50 | ≥2 | 0.45 | 90 |

为了提高远距离攻击装甲目标的能力，出现了末段制导破甲弹和攻击远距离坦克群的破甲子母弹；为了对付复合装甲和反应装甲爆炸块，出现了串联聚能装药破甲弹；为了提高破甲弹的后效作用，还出现了炸药装药中加入杀伤元素或燃烧元素等随进物的破甲弹，以增加杀伤、燃烧作用。

1. 聚能射流破甲战斗部

聚能装药破甲战斗部在导弹中的布局如图 4. 1. 3 所示。

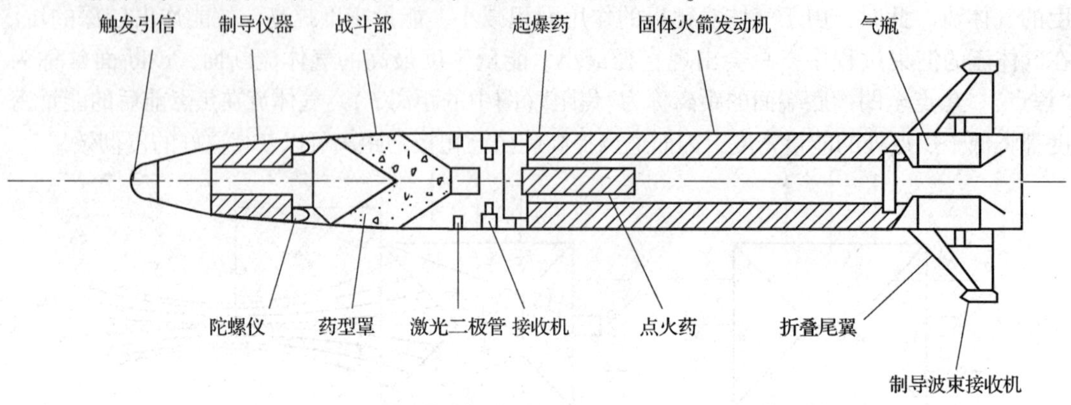


图 4. 1. 3　聚能破甲战斗部在导弹中的应用

目前世界各国仍以聚能破甲弹作为主要反坦克弹种，用于正面攻击坦克前装甲。同时，聚能装药也用于地雷，以击毁坦克侧甲和底甲。在反舰艇和反飞行目标方面，聚能破甲弹仍大有作为。

2. 爆炸成型弹丸战斗部

一般的聚能装药破甲弹在炸药爆炸后，将形成高速射流和杵体。由于射流速度梯度很大，被拉长甚至断裂，破甲弹存在有利炸高，炸高的大小直接影响了射流的侵彻性能。作为一种改进途径，采用大锥角形药型罩、球缺形药型罩等聚能装药，在爆轰波作用下罩压垮、翻转和闭合形成高速弹体，无射流和杵体的区别，整个质量全部可用于侵彻目标。这种方式形成的高速弹体称为爆炸成型弹丸。图 4. 1. 4 展示了典型装药结构下 EFP 成型过程。

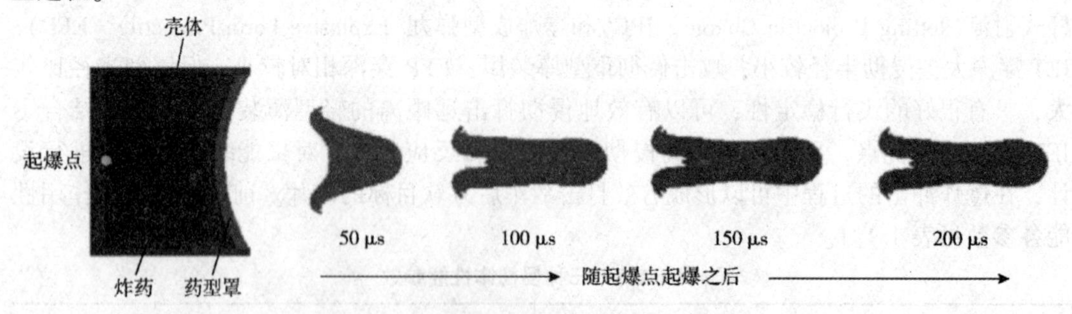


图 4. 1. 4　典型结构 EFP 成型过程示意图

3. 聚能杆式射流战斗部

聚能杆式射流，采用新型起爆传爆系统、装药结构及高密度的重金属合金药型罩，通过改善药型罩的结构形状，产生高速杆式射流。既具有射流速度高、侵彻能力强的特征，

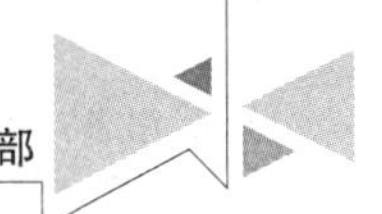



又具有爆炸成型弹丸药型罩利用率高、直径大、侵彻孔径大、大炸高、破甲稳定性好的特征。由聚能长杆射流组成的战斗部称为聚能杆式射流战斗部。该战斗部集成了破甲战斗部、爆炸成型弹丸战斗部以及穿甲弹的优点，可用于反坦克武器系统，摧毁反应装甲和陶瓷装甲，也可作为串联战斗部的前级装药，为后级装药开辟侵彻通道。

聚能杆式射流结构战斗部还可以通过结构设计、改变起爆方式形成多模毁伤元，相对其他弹药更具有可选择性；可以在使用之前根据打击目标的性质来确定战斗部是产生聚能杆式射流还是形成爆炸成型弹丸。聚能杆式射流装药的这些特点显示出，该新型战斗部在掠飞攻顶的导弹和末敏灵巧弹药、智能武器、攻坚弹药、串联钻地弹战斗部前级装药等领域将有很好的应用前景。

4. 聚能装药的发展及其他应用

多聚能装药战斗部是在圆柱形装药侧表面配置若干个聚能装药结构，爆炸后形成射流或射弹向四周飞散，破坏目标。形成爆炸成型弹丸的多聚能装药战斗部简称为 MEFP 战斗部。为了提高弹丸的命中和毁伤装甲目标的概率，国内外学者在战斗部技术方面进行了广泛的分析和研究，提出了多聚能装药爆炸成型弹丸战斗部，同时也发展了运用射流的多聚能装药战斗部。

为了继续保持破甲弹的生命力，出现了各种类型的串联战斗部。串联战斗部的一个基本形式是在主破甲战斗部前面再加上一个小破甲战斗部。小破甲战斗部率先引爆反应装甲，为主破甲战斗部的破甲射流扫清道路，使其达到穿透主装甲的目的。当前级聚能装药的射流命中目标时，撞击力会引爆置于反应装甲中的炸药，炸药的爆炸威力使外层钢板向外运动，减弱射流的能量。在一定的延时之后，后级主装药形成的射流在没有干扰的情况下得以顺利侵彻主装甲。

除作为破甲战斗部的装药以外，聚能装药结构在多个领域有着广泛的应用。比如，聚能装药用作导弹的自毁装置；不带金属罩的楔形凹槽用于破片战斗部中的预控破片；线型聚能装药被用作飞行器的解脱机构，用于打开液体燃料箱，破坏固体燃料发动机和进行爆炸分离等。在石油工业方面，采用聚能装药(石油射孔弹)进行石油开采，用于井下穿孔，其结构类似于一般射流破甲战斗部。聚能装药对土层穿孔比对金属穿孔深很多，一般可达 10 倍口径，可用来引爆钻入土层很深的定时炸弹。通讯兵在紧急情况下可用聚能装药在地上打孔，迅速埋杆架线。采矿和掘进工程遇到特硬岩层及矿体时，采用聚能装药打孔可以加快速度。线型聚能装药在工程爆破中应用很广，例如，在野外切割钢板、钢梁等，在水下打捞沉船时切割船体等。

聚能装药结构仍在持续的发展之中，新材料、新结构的应用不断给聚能装药的发展带来一个又一个新的机遇和新的突破，使聚能装药成为一个经久不衰的研究领域。

## 4.2　聚能射流形成过程

图 4.2.1 是聚能装药爆炸后拍摄的 X 光系列照片，从中可以清楚地看出上述药型罩压垮并产生射流的过程，射流吸收的爆炸能量不会像爆炸产物那样再散失掉。这样，由于有了药型罩，原来爆炸产物对钢板的冲击作用，转变成了具有更高能量密度的金属射流对钢板的持续冲击作用，因此，穿深明显增加，出现图 4.1.1(c)、(d)所示的情况。

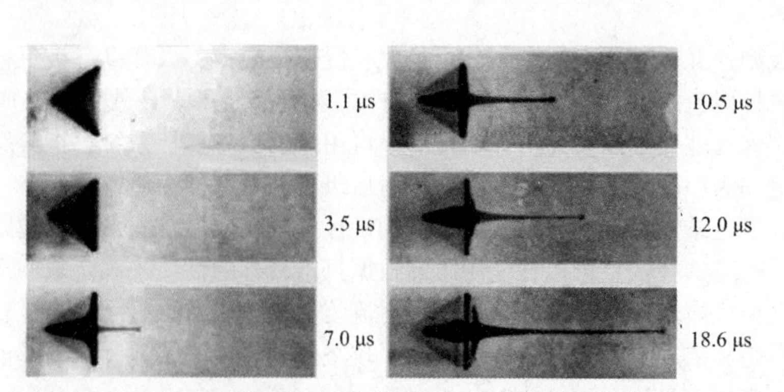


**图 4.2.1　金属射流形成的 X 光照片**

图 4.2.2(a)所示为聚能装药的原来形状，图中把药型罩分成四个部分，称为罩微元，以不同的剖面线区别开。图 4.2.2(b)表示爆轰波阵面到达罩微元 2 的末端时，各罩微元在爆轰产物的作用下，先后依次向对称轴运动。其中罩微元 2 正在向轴线闭合运动，罩微元 3 有一部分正在轴线处碰撞，罩微元 4 已经在轴线处完成碰撞。罩微元 4 碰撞后，分成射流和杵两部分(此时尚未分开)，由于两部分速度相差很大(相差 10 倍)，很快就分离开来。罩微元 3 正好接踵而至，填补罩微元 4 让出来的位置，而且在那里发生碰撞。这样就出现了罩微元不断闭合、不断碰撞、不断形成射流和杵的连续过程。图 4.2.2(c)表示药型罩的变形过程已经完成，这时药型罩变成射流和杵两大部分。各罩微元排列的次序，就杵而言，和罩微元爆炸前是一致的，就射流来说，则是倒过来的。

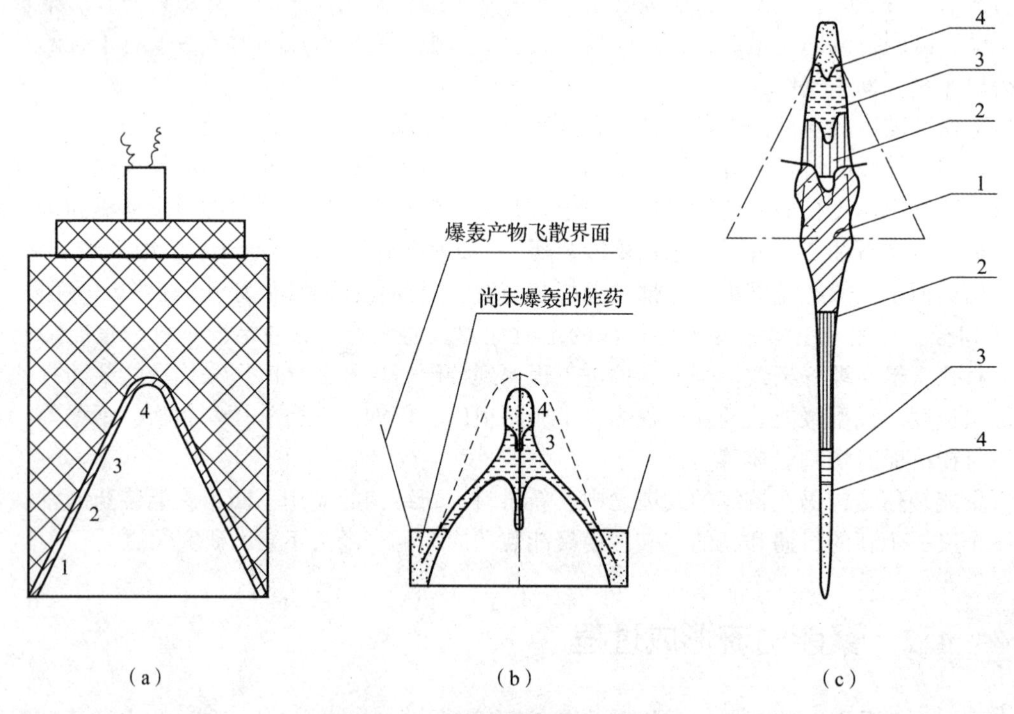


**图 4.2.2　金属射流形成的 X 光照片**

当药型罩锥角增大到 100°以上时，爆炸后药型罩大部分发生翻转，罩壁在爆轰产物的作用下仍然汇合到轴线处。但不同于小锥角药型罩情况，不再发生罩壁内外层的能量重新分配的现象，也不区分射流和杵两部分，药型罩被压合成一个直径较小的“高速弹丸”，即爆炸成型弹丸。相对于射流，爆炸成型弹丸直径较粗，能量密度较低，在飞行过程中变形小，基本上保持完整，因而破甲稳定性好，同样具有很好的军事应用价值。

## 4.3　聚能装药结构设计

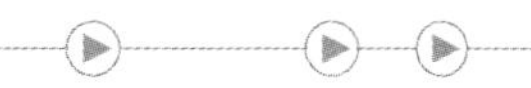

聚能装药结构设计的依据是战术技术要求，设计内容有药型罩设计、炸药选择和装药长度与直径比的确定。

聚能装药破甲弹主要是用来对付敌方坦克和其他装甲目标的，为了有效地摧毁敌方坦克，要求破甲弹具有足够的破甲威力，其中包括破甲深度、后效作用和金属射流的稳定性等。

破甲威力是聚能装药战斗部作用后的最终效果。装药结构中所采用的炸药、药型罩、炸高、隔板、战斗部壳体、旋转运动以及靶板材料都对破甲效果有影响。本节讨论几个主要影响因素。

### 4.3.1　炸药装药

1. 炸药性能

炸药是使药型罩形成聚能金属射流的能源。理论分析和试验研究都表明，炸药性能影响破甲威力的主要因素是炸药的爆轰压力。国外曾做过不同炸药的破甲威力试验，试验药柱直径为48 mm，长度为140 mm；药型罩材料为钢，锥角44°，底径为41 mm；炸高为50 mm。试验结果见表4.3.1。

**表4.3.1　炸药性能对破甲威力的影响**

| 炸药 | 密度/($g \cdot cm^{-3}$) | 爆压/($\times 10^8$ Pa) | 破甲深/mm | 孔容积/$cm^3$ | 试验发数 |
|---|---|---|---|---|---|
| B炸药 | 1.71 | 232 | 144±4 | 35.1±1.9 | 8 |
| RDX/TNT 80/20 | 1.662 | 209 | 136±9 | 29.8±1.7 | 4 |
| RDX/TNT 50/50 | 1.646 | 194 | 140±4 | 27.5±1.2 | 5 |
| RDX/TNT 20/80 | 1.634 | 171 | 138±7 | 23.5±0.7 | 5 |
| TNT | 1.591 | 152 | 124±7 | 19.2±1.2 | 10 |
| RDX | 1.261 | 123 | 114±5 | 12.6±0.9 | 10 |

可见，随爆轰压力的增加，破甲深度和孔容积都将增大。由爆轰理论可知，爆轰压力$p$的近似表达式为

$$p = \rho D^2/4 \tag{4.3.1}$$

式中，$\rho$为炸药装药的密度；$D$为炸药装药的爆速。

由此可知，欲取得较大的爆压$p$，应使装药的密度$\rho$和爆速$D$增大。因此，在聚能装药中，应尽可能采用高爆速炸药和增大装填密度。除此之外，破甲深度还与装药直径及长度有关。试验表明，随着装药直径和长度的增加，破甲深度逐渐加大。

此外，对于同种炸药来说，爆速和密度间也存在着线性关系，通常用下式表示：

$$D = D_{1.0} + k(\rho - 1.0) \tag{4.3.2}$$

式中，$D$ 为装药密度为 $\rho$ 时的爆速；$D_{1.0}$ 表示装药密度为 1.0 g/cm³ 时的爆速；$k$ 为与炸药性质有关的系数，对于多数高能炸药，$k$ 值一般取 3 000 ~ 4 000 $(m \cdot s^{-1})/(g \cdot cm^{-3})$。

增加装药直径（相应地增加药型罩口径）对提高破甲威力特别有效，破甲深度和孔径都随装药直径的增加而增加。但是，装药直径受到弹径的限制，增加装药直径必然要相应地增加弹径和弹重，这在实际设计中是受限制的。随着装药长度的增加，破甲深度增加，但当装药长度超过 3 倍装药直径时，破甲深度不再增加。这是因为稀疏波的传入使有效装药量接近于一个常数。

2. 炸药形状

聚能装药的破甲深度与装药直径及长度有关，随装药直径和长度增加，破甲深度增加。增加装药直径（相应地增加药型罩口径）对提高破甲威力特别有效，破甲深度和孔径都随着装药直径的增加而呈线性增加。但是装药直径受弹径的限制，增加装药直径后，就要相应增加弹径和弹重，在实际设计中是有限制的。因此，只能在装药直径和质量的限制下，尽量提高聚能装药的破甲威力。

随着装药长度的增加，破甲深度增加，但当药柱长度增加到 3 倍装药直径以上时，破甲深度不再增加。轴向和径向稀疏波的影响，使爆轰产物向后面和侧面飞散，作用在药柱一端的有效装药只占全部装药长度的一部分。理论研究表明，当长径比大于 2.25 时，增加药柱长度，有效装药长度不再增加，因此，盲目增加药柱长度不能达到同比提高破甲深度的目的。

在确定聚能装药的结构形状时，必须考虑多方面的因素，既要使装药质量小，又要使破甲效果好。通常聚能装药带有尾锥，有利于增加装药长度，又可以减小装药质量，还不致影响有效装药量。另外，装药的外壳可以用来减少爆炸能量的侧向损失，采用隔板或其他波形控制器来控制装药的爆轰方向和爆轰波到达药型罩的时间，可以提高射流性能。

3. 炸药形状装药直径和长度的确定

装药直径和长度的确定应当满足战斗部的威力要求，充分发挥战斗部的聚能效应与爆破作用，同时不超过导弹限定战斗部的质量和尺寸。一般来说，破孔的深度和容积随药柱长度增加而增加。重型壳体的装药长度为装药直径的 2 ~ 2.5 倍时，破孔的深度和体积达到最大值。

4. 装药的选择

聚能爆破战斗部要求使用高爆压、高爆速和高密度的炸药。高能炸药的爆压和爆速高，作用在金属药型罩上的单位冲量也大，直接影响射流参数，能获得好的破甲效果。根据国内的炸药来源、装药设备和装药工艺水平，战斗部可以采用以 TNT 和 RDX 为主体的含铝混合炸药。炸药中加入适量铝粉可以增加爆热。但是加入铝粉会使爆速有所降低，影响聚能效应。

高能混合炸药采用块注法装药，以一定配比的熔态炸药和药块交替装入药室，装至距装药口边缘 20 ~ 30 mm 处时，再注入 TNT，以便药柱凝固后整修药柱端面。用块注法装药可以得到更好的药柱质量，避免药柱中出现气孔和裂纹等瑕疵，能得到满意的装药密度，并提高了装药效率。

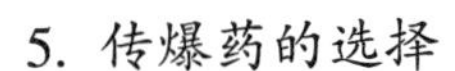

5. 传爆药的选择

传爆药用于引爆主装药，是起爆传爆系统的重要组成部分。传爆药的选择：能引起主装药的爆轰，其爆速应大于主装药的临界爆速。常用的传爆药有特屈儿、黑索金、太安。这三种传爆药的特性对比如下：

(1)威力。太安与黑索金相当，太安大于特屈儿。

(2)猛度。黑索金大于太安，太安大于特屈儿。

(3)安定性。黑索金大于特屈儿，特屈儿大于太安。

(4)感度。

①摩擦感度：黑索金和太安爆炸。

②枪击感度：黑索金不敏感，太安100%爆炸，特屈儿78%爆炸。

③火焰感度：三种传爆药都敏感。

④冲击感度：黑索金65%～70%爆炸，太安100%爆炸，特屈儿50%～60%爆炸。

⑤爆轰感度：太安高于黑索金，黑索金高于特屈儿。

(5)成本。太安高于黑索金，黑索金高于特屈儿。

(6)使用性。黑索金和太安需要钝化才能使用，特屈儿不需钝化即能使用。

由以上比较可以看出，在爆速、威力和猛度特性方面，太安和黑索金较好。特屈儿的感度比黑索金、太安小，使用比较安全。由于近年来国内已停止生产特屈儿，因此部分战斗部已用钝感黑索金代替了特屈儿。

典型的半球形罩聚能装药战斗部中的传爆药质量为2.4 kg，占总装药量的0.63%。为了保证起爆和传爆的可靠性，在传爆路线较长的情况下，应使各传爆药柱不熄爆，达到稳定爆轰。但又不要为此使药柱太粗，其中最细最长的药柱直径为17 mm。药柱的临界直径一般为7 mm。在传爆药中，所有的药柱直径都大于7 mm，因此能够保证各传爆药柱稳定爆轰地传递。

## 4.3.2 药型罩设计

药型罩是聚能装药结构的关键件，是形成射流的主要零件。在药型罩设计中，需要确定的参数有形状、锥角、壁厚、材料和加工质量等。药型罩直径的上限与战斗部壳体的直径有关。药型罩口直径的大小影响聚能效应，罩口直径与主装药直径之比为0.8～0.85。

关于药型罩材料的选择，若仅从侵彻能力出发，在低炸高时，材料选择顺序是铜、钢、铝。但考虑到药型罩和战斗部壳体的连接工艺和成本，反舰聚能爆破战斗部选用了延性较好的15～20号低碳钢作为药型罩的材料。

药型罩的形状有圆锥形、阶梯圆锥形、喇叭形、半球形等。用脉冲X光摄影研究射流的形成表明，圆锥形和喇叭形罩形成的射流细而长，射流头部速度高，速度梯度大；半球形罩形成的射流短而粗，射流速度梯度低。以舰舷目标为例，鉴于希望战斗部能在舰舷造成大的破孔，因此选用了半球形罩。药型罩厚度对破甲深度是个很敏感的数据，客观上存在最佳厚度值。如果药型罩的壁厚比最佳值小，则穿孔深度调到大，并且深度较低。而罩的壁厚比最佳值大时，破空深度也降低。根据试验研究表明，药型罩的最佳厚度为罩口直径的2%～4%。

1. 形状

药型罩形状是多种多样的，有半球形、截锥形、喇叭形、圆锥形、球锥结合形、球柱结合形、锥柱结合形、双锥形等，如图 4.3.1 所示。

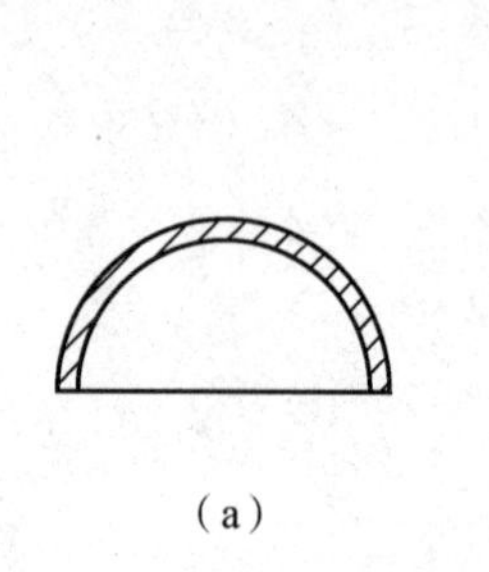
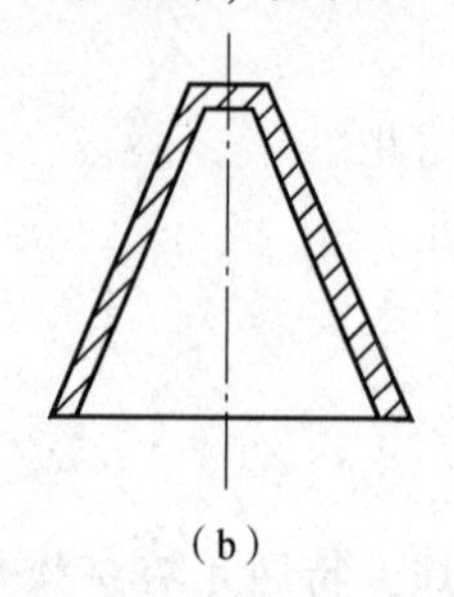
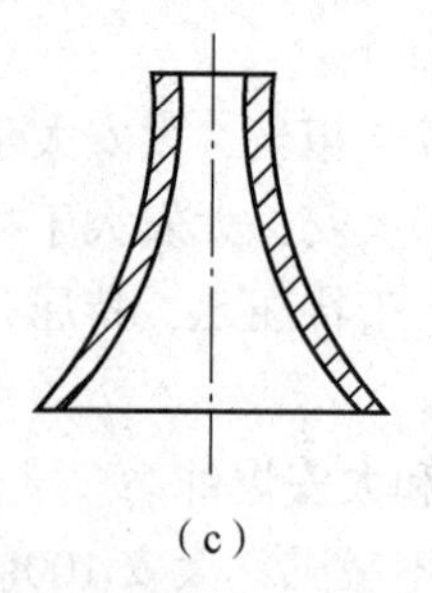
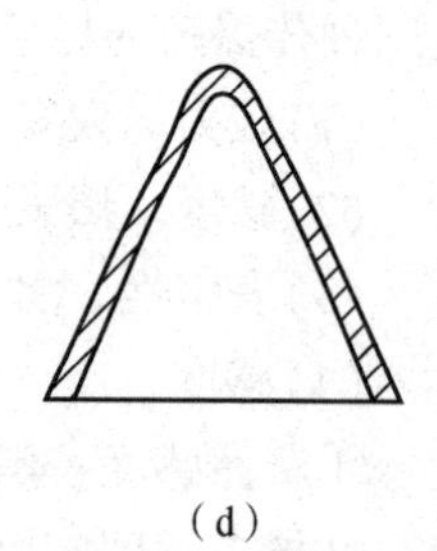

（a）　（b）　（c）　（d）

**图 4.3.1　常用药型罩的形状**

（a）半球形；（b）截锥形；（c）喇叭形；（d）圆锥形

不同形状的药型罩，在相同装药结构的条件下得到的射流参数不同。对装药直径为 30 mm、长度为 70 mm 的聚能装药，药型罩壁厚为 1 mm（钢板）所做的试验表明（表 4.3.2）：喇叭形药型罩所形成的射流速度最高，圆锥形次之，而半球形最差。

**表 4.3.2　药型罩形状对射流速度的影响**

| 药型罩形状 | 药型罩参数 | | 射流头部速度/($m \cdot s^{-1}$) |
|---|---|---|---|
| | 底部直径/mm | 锥角/(°) | |
| 喇叭形 | 27.2 | — | 9 500 |
| 圆锥形 | 27.2 | 60 | 6 500 |
| 半球形 | 28 | — | 3 000 |

虽然喇叭形药型罩具有母线长、炸药装药量大和变锥角等优点，但其工艺性不好，不易保证加工质量。因此，在国内外装备的破甲弹中大都采用圆锥形药型罩。圆锥形药型罩不但能够满足破甲威力要求，而且工艺简单、容易制造。

为了克服弹丸高速旋转对破甲性能的不利影响，提出了抗旋药型罩（如错位药型罩和旋压药型罩等）。为了提高成型装药破甲弹的侵彻能力，在一些破甲弹上也采用双锥药型罩（图 4.3.2）。

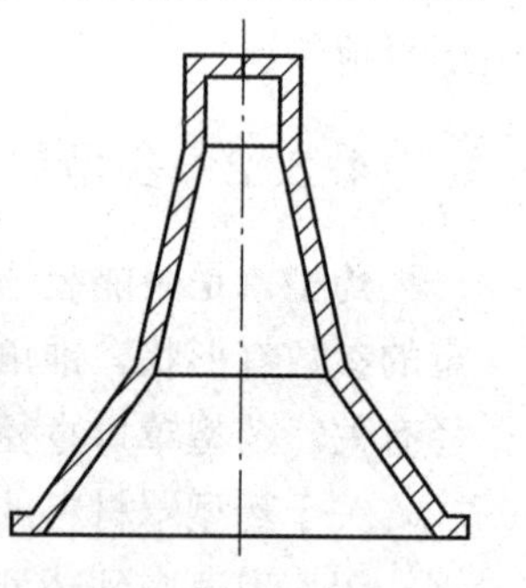

**图 4.3.2　双锥形**

2. 锥角

圆锥形药型罩锥角的大小，对所形成射流的参数、破甲效果以及后效作用都有很大影响。当锥角小时，所形成的射流速度高，破甲深度也大，但其破孔直径小，后效作用及破甲稳定性较差；而当锥角大时，虽然破甲深度有所降低，但其破孔直径大，并且后效作用及破甲稳定性都较好。

对药型罩锥角的研究表明，0°时射流质量极少，基本不能形成连续射流，但可用来作为研究超高速粒子之用。药型罩锥角在 30°～70°时，射流具有足够的质量和速度。破甲弹药型罩锥角通常在 35°～60°选取，对于中、小口径战斗部，以选取 35°～44°为宜，对于中、大口径战斗部，以选取44°～60°为宜。采用隔板时，锥角宜大些；不采用隔板时，锥角宜小些。

药型罩锥角大于70°之后，金属射流形成过程发生新的变化，破甲深度下降，但破甲稳定性变好。药型罩锥角达到90°以上时，药型罩在变形过程中产生翻转现象，出现反射流，药型罩主体变成翻转弹丸，成为爆炸成型弹丸，其破甲深度较小，但孔径很大。这种结构用来对付薄装甲效果极佳，如反坦克车底地雷就是采用这种结构形式。

3. 壁厚

药型罩的壁厚与药型罩材料、锥角、罩口径及装药有无外壳有关。总的说来，药型罩壁厚随罩材密度的减小而增大，随罩锥角的增大而增大，随罩口径的增加而增大，随外壳的加厚而增大。研究表明，药型罩最佳壁厚与罩半锥角的正弦成比例。一般地，最佳药型罩壁厚为底径的2%～4%，对于反飞机用的药型罩，在大炸距情况下，较适当的壁厚为底径的6%。

为了改善射流性能，提高破甲效果，在实践中通常采用变壁厚药型罩(图4.3.3)。试验结果表明，采用顶部厚、底部薄的药型罩，其穿孔浅；采用顶部薄、底部厚的药型罩，只要壁厚变化适当，穿孔进口变小，随之出现鼓肚，且收敛较慢，能够提高破甲效果，但如果壁厚变化不合适，则破甲深度降低。

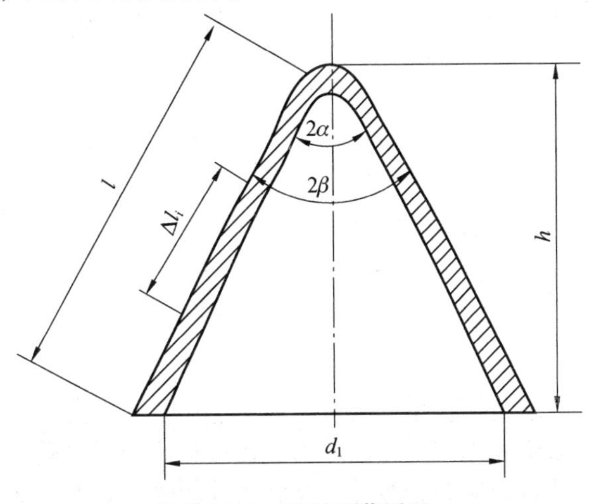


**图4.3.3　变壁厚药型罩**

采用顶部薄、底部厚的变壁厚药型罩之所以使破甲深度增加，是因为这样的药型罩使射流头部速度提高、射流尾部速度降低，从而增加了射流的速度梯度，使射流拉长。壁厚的变化情况通常用壁厚的变化率Δ来表征，即

$$\Delta = \frac{\delta_{i+1} l - \delta_i}{\Delta l_i} \tag{4.3.3}$$

式中，$\Delta l_i$ 为对应于微元 $i$ 的母线长度；$\delta_{i+1}$ 和 $\delta_i$ 为对应于同一母线上点 $i+1$ 和点 $i$ 处的壁厚；$l$ 为药型罩母线长。

一般来说，药型罩的厚度变化率为1%左右。锥角小时低些，锥角大时高些。

4. 材料

原则上说，药型罩材料应具有密度大、塑性好及在形成射流过程中不气化等特性。试验结果表明，传统药型罩材料紫铜的密度较高，塑性好，破甲效果最好；生铁虽然在通常条件下是脆性的，但是在高速、高压的条件下却具有良好的塑性，所以破甲效果也相当好；铝作为药型罩，虽然延展性好，但密度太低；铅作为药型罩，虽然延展性好、密度高，但是由于铅的熔点和沸点都很低，在形成射流的过程中易于气化，所以铝罩和铅罩破甲效果都不好。因此，传统的药型罩多用紫铜。目前，随着对破甲能力要求的不断提高，不少新的材料加入药型罩的选材中，如铝、铁、铀、钼、镍、贫铀、钨等大密度金属，它们的主要特点都是密度大、延展性好、不易气化。由于活性材料(如 Al/Ni 等)兼具较好的力学性能和化学反应释能特性，活性材料可广泛应用于活性药型罩中，以提高对目标毁伤效能。

当药型罩被压垮后，形成连续不断裂的射流越长，密度越大，其破甲越深。从原则上讲，要求药型罩材料密度大、塑性好、在形成射流过程中不气化。

对采用梯黑(50/50)药柱、装药直径为 36 mm、药量为 100 g(装药密度为 1.6 g/cm$^3$)、药型罩锥角为 40°、罩壁厚为 1 mm、罩口直径为 30 mm 和炸高为 60 mm 的试验结果表明(表 4.3.3)，紫铜的密度较高，塑性好，破甲效果最好；铝虽然延性较好，但密度太低，熔点低；铅虽然密度高，延展性也好，但由于其熔点和沸点都很低，在形成射流的过程中易气化，所以铝和铅的药型罩破甲效果不好。

**表 4.3.3　不同材料药型罩的破甲试验结果**

| 罩材 | 破甲深度/mm | | | 试验发数 |
|---|---|---|---|---|
| | 平均 | 最大 | 最小 | |
| 紫铜 | 123 | 140 | 103 | 23 |
| 生铁 | 111 | 121 | 98 | 4 |
| 钢 | 103 | 113 | 96 | 5 |
| 铝 | 72 | 73 | 70 | 5 |
| 锌 | 79 | 93 | 66 | 5 |
| 铅 | 91 | — | — | 1 |

为了提高破甲弹的破甲效果，也可以采用复合材料药型罩，即药型罩内层用紫铜，外层用铝合金、镁合金、钛合金和锆合金等具有燃烧效能的低燃点的金属材料。

5. 加工质量

药型罩一般采用冷冲压、旋压法和数控机床切削加工法制造。用旋压法制造的药型罩具有一定的抗旋作用，这是因为在旋压过程中改变了金属药型罩晶粒结构的方向，形成内应力所致。

药型罩的壁厚差易使射流扭曲，影响破甲效果，所以，在加工时应严格控制壁厚差(一般要求不大于 0.1 mm)，特别是靠近锥顶部的壁厚差，对破甲的影响更大，所以更应严格控制。

## 4.3.3　炸高确定

炸高指聚能装药在爆炸瞬间，药型罩的底端面至靶板的距离。静止试验时的炸高称为静炸高，而实弹射击时的炸高称为动炸高。炸高对破甲深度的影响很大，炸高对破甲威力的影响可以从两个方面来分析：一方面，随着炸高增加，射流伸长，从而破甲深度增加；另一方面，随着炸高增加，射流产生径向分散和摆动，延伸到一定程度后出现断裂，从而使破甲深度降低。因此，对特定的靶板，一定的聚能装药都有一个最佳炸高对应最大破甲深度。

与最大破甲深度相对应的炸高，称为最有利炸高。影响最有利炸高的因素很多，诸如药型罩锥角、材料，炸药性能和有无隔板等都有关系。在一般情况下，最有利炸高的数值常根据试验结果确定。图 4.3.4 展示了在不同炸高下的静破甲结果，图中 180 mm 即对应了这个最佳炸高，又称为有利炸高。

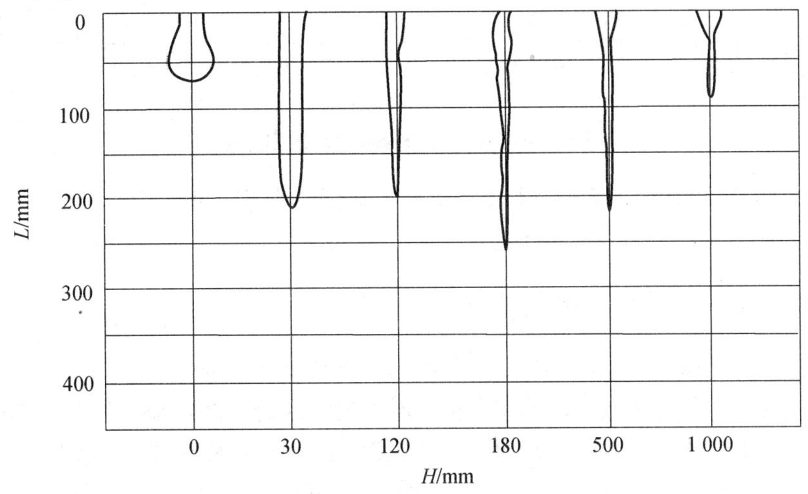


**图 4.3.4　不同炸高时的破甲孔形示意图**

有利炸高与药型罩锥角、药型罩材料、炸药性能以及有无隔板等都有关系。有利炸高随罩锥角的增加而增加，如图 4.3.5 所示。对于一般常用药型罩，有利炸高是罩底径的 1 ~3 倍。图 4.3.6 表示了 45°时，不同材料药型罩破甲深度随炸高的变化。对于铝材料而言，由于延展性好，形成的射流较长，有利炸高大，为罩底径的 6 ~8 倍，适用于大炸高的场合。

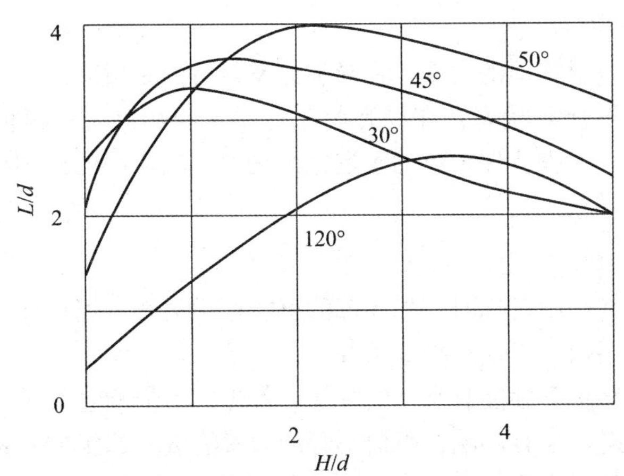


**图 4.3.5　不同药型罩锥角时炸高-破甲深度曲线**

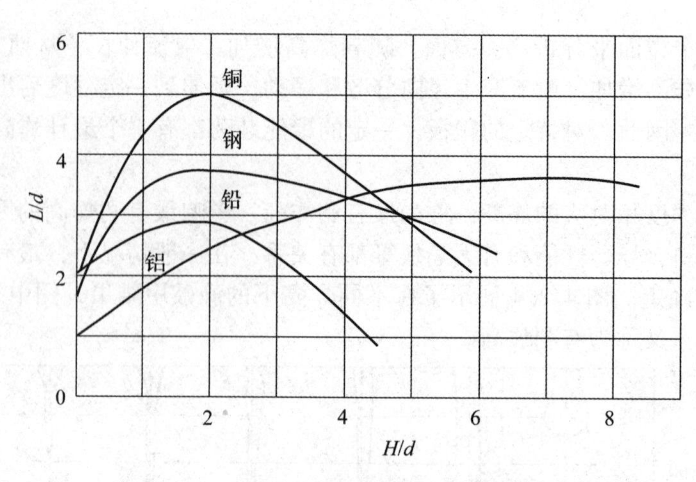


**图 4.3.6　不同材料药型罩炸高–破甲深度曲线**

另外，采用高爆速炸药以及增大隔板直径，都能使药型罩所受压力增加，从而增大射流速度，使射流拉长、有利炸高增加。

## 4.3.4　战斗部对引信的要求

首先选择和确定所用引信的类型。引信类型的选择以发挥战斗部的聚能和爆破威力为前提。对引信的要求主要有两点：起爆完全性和瞬发度。同时，必须保证战斗部作用的可靠性和使用安全性。引信体积要小，质量要小，结构简单，便于与战斗部和导弹的连接安装。

1. 瞬发度要求

引信瞬发度指从战斗部系统触及目标，引信启动到引信传爆药爆轰结束的时间。为了保证聚能战斗部的有利炸高以及以大着角命中目标时，防止战斗部偏移或滑动，以致影响射流的形成，要求引信的瞬发度高，一般要求作用时间达到微秒级。

2. 着角范围

战斗部以大着角命中目标时，引信能可靠作用。着角范围通常规定为0° ~ ±60°。

3. 确定远程待爆距离

为了保证导弹等发射阵地的安全，在导弹等发射后的一段时间内，引信不可起爆战斗部，此时引信处于安全保险状态；在导弹等飞行一定距离后方可解除保险。为了安全可靠，通常设几级保险。远程待爆距离的确定原则是大于战斗部的威力半径、小于导弹等的最小射程。

4. 近炸作用

当导弹等未能直接命中目标时，战斗部的聚能作用失效，爆破作用仍能毁伤目标，所以应考虑使用非触发引信，以便获得威力补偿。

引信与破甲弹的结构、性能有密切的关系。首先，引信能直接关系到破甲弹的破甲威力，引信的作用时间对炸高有影响，引信雷管的起爆能量、起爆的对称性、传爆药等都会直接影响破甲威力和破甲稳定性。所以，应根据具体的装药结构选择合适的引信。其次，引信的头部机构和底部机构在破甲弹上通常是分开的，在设计破甲弹结构时，必须考虑构成引信回路问题。

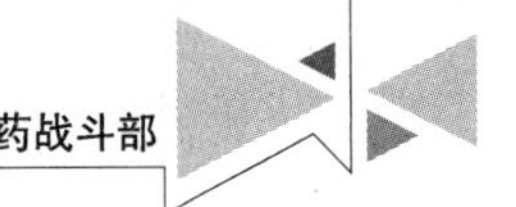

适合破甲弹破甲威力要求和结构要求的首选引信是压电引信。压电引信作用原理是由引信顶部的压电晶体在撞击装甲板时受压所产生的电荷，经导线回路传到破甲弹底部的电雷管，以起爆成型装药。压电引信瞬发度高，不需要弹上的电源，靠晶体受压产生电压，结构简单、作用可靠，因而在破甲弹上得到广泛应用。

## 4.3.5　隔板

隔板是指在炸药装药中，药型罩与起爆点之间设置的惰性体或低速爆炸物。隔板的作用在于改变在药柱中传播的爆轰波形，控制爆轰方向和爆轰到达药型罩的时间，提高爆炸载荷，从而增加射流速度，达到提高破甲威力的目的。

隔板的形状可以是圆柱形、半球形、球缺形、圆锥形和截锥形等，目前多用截锥形。

无隔板装药的爆轰波形是由起爆点发出的球面波，有隔板装药的爆轰波传播方向分成两路：一路是由起爆点开始经过隔板向药型罩传播；另一路是由起爆点开始绕过隔板向药型罩传播，结果可能形成具有多个前突点的爆轰波。

为了获得良好的爆轰波形，必须对隔板材料和尺寸进行合理的选择。隔板材料一般采用塑料，因为这种材料声速低，隔爆性能好，并且密度小，还有足够的强度。表 4.3.4 中给出了几种惰性隔板材料的性能。

**表 4.3.4　常用的几种惰性隔板的性能**

| 材料 | 酚醛层压布板（3302-1） | 酚醛压塑料（FS-501） | 聚苯乙烯泡沫塑料（PB-120） | 标准纸板 |
|---|---|---|---|---|
| 密度/($g \cdot cm^{-3}$) | 1.3～1.45 | 1.4 | 0.18～0.22 | 0.7 |
| 抗压强度/($\times 10^5$ Pa) | 2 500 | 1 400 | 30 | — |

除惰性材料外，也可采用低爆速炸药制成的活性隔板。由于活性隔板本身就是炸药，它改变了惰性隔板情况下冲击引爆的状态，从而提高了爆轰传播的稳定性，对提高破甲效果的稳定性大有好处。

隔板直径的选择与药型罩锥角有很大关系，一般随罩锥角的增大而增大。当药型罩锥角小于40°时，采用隔板会使破甲性能不稳定，因而必要性不大。实践表明，在采用隔板时，隔板直径以不小于装药直径的一半为宜。

隔板厚度与材料的隔爆性有关，过薄、过厚都没有好处，过薄会降低隔板的作用，过厚可能产生反向射流，同样降低破甲效果。

在确定隔板时，应合理地选择隔板的材料和尺寸，尽量使爆轰波形合理，光滑连续，不出现节点，以便保证药型罩从顶至底的闭合顺序，充分利用罩顶药层的能量。

## 4.3.6　旋转运动

1. *旋转运动的影响*

当聚能战斗部在作用过程中具有旋转运动时，对破甲威力影响很大。这是由于：一方面，旋转运动破坏金属射流的正常形成；另一方面，在离心力作用下，射流金属颗粒甩向四周，横截面增大，中心变空，而且这种现象随转速的增加而加剧，随转速的增加，孔形逐渐变得浅而粗，表面粗糙，很不规则。

旋转运动对破甲性能的影响随装药直径的增加而增加，随炸高的增加而加剧，还随着药型罩锥角的减小而增加。

众所周知，旋转对于破甲弹聚能金属射流成型过程具有离散效应，进而对侵彻深度的影响十分明显，如 82 mm 口径破甲弹聚能射流在 6 000 r/min 的侵彻深度仅为零转速的 50%。

2. 消除旋转运动对破甲性能影响的措施

弹丸旋转运动能够提高飞行稳定性和精度，但是旋转运动却大大降低破甲性能，两者是矛盾的。为了使矛盾的双方协调起来，需要采用特殊的结构。目前从结构上考虑消除旋转运动对破甲性能影响的措施主要有：采用错位式抗旋药型罩(美制 M789 30 mm 聚能爆破弹、XM409E5 式 152 mm 多用途破甲弹)，采用滑动弹带结构等。

错位式抗旋药型罩的作用是使形成的射流获得与弹丸转向相反的旋转运动，以抵消弹丸旋转对金属射流产生的离心作用。错位式抗旋药型罩的结构由若干个相同的扇形体组成，每一个扇形体的圆心都不在轴线上，而是偏心在一个半径不大的圆周上。当爆轰压力作用在药型罩壁面上时，各扇形体在此圆周上压合，由于偏心作用而引起旋转运动，获得一个具有旋转运动的金属射流。射流的转速与弹丸转速相同，但方向相反，二者叠加后转速大为降低，从而消除了弹丸旋转运动的影响。

滑动弹带不是固定在弹体上的，而是装在钢环上，钢环位于弹体的环形槽内，能够自由旋转。发射时弹带嵌入膛线，致使弹带与钢环受膛线作用而发生旋转，弹丸仅由摩擦力的作用而产生低速转动，大约是膛线所赋予的转速的 10%，故不会影响聚能装药的破甲效果。

外壳旋转、装药微旋的结构(弹体轴承结构)以法制 105 mm G 型破甲弹为代表。这种结构分内外两个壳体，空心装药由内壳固定在两个滚珠轴承上，发射时通过弹带使较重的外壳旋转，从而使弹丸稳定飞行。聚能装药的内壳、整流罩及引信仅由于滚珠轴承的摩擦作用而产生低速旋转(20 ~ 30 r/s)，故对破甲威力没有明显的影响。此结构与滑动弹带的思想一致。

旋压成型药型罩是在罩成型加工过程中使材料的晶粒产生某个方向上的扭曲，药型罩压合时将产生沿扭曲方向的压合分速度，使药型罩微元所形成的射流不是在对称轴上汇合，而是在以对称轴为中心的一个小的圆周上汇合，使射流具有一定的旋转速度，且与弹丸旋转方向相反，故可抵消一部分弹丸旋转运动的影响，起到抗旋的作用，其抗旋作用如图 4.3.7 所示。此方法与错位式抗旋药型罩的构思类似，不同的是，错位罩从结构上进行改善，旋压罩是从材料上加以修正。旋压成型工艺简单，已成为解决旋转运动对破甲性能影响的一种常用的办法。

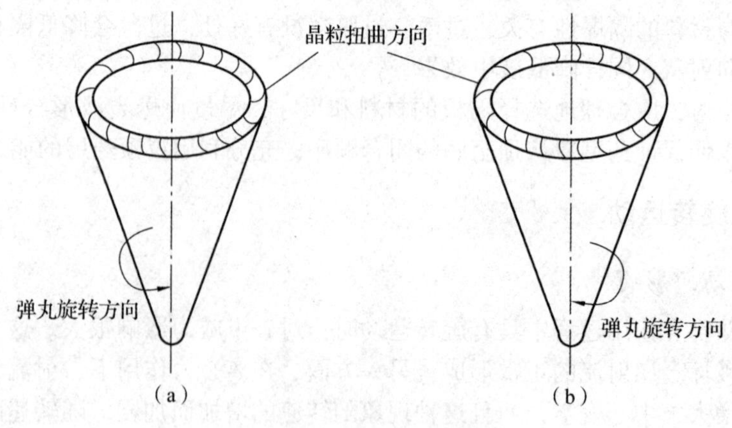


**图 4.3.7　变壁厚药型罩**

(a)破甲效果好；(b)破甲效果差

### 4.3.7 壳体

试验表明，装药有壳体和无壳体相比，破甲效果有很大差别，此差别主要是由弹底和隔板周围部分的壳体所造成的。

壳体对破甲效果的影响是通过壳体对爆轰波形的影响而产生的，其中主要表现在爆轰波形成的初始阶段。壳体对于破甲性能的影响可以从两个方面来分析。对于光药柱，可以通过试验使得爆轰波形与药型罩压合之间获得良好配合。当药柱带有壳体时，由于爆轰波在壳体壁面上发生反射，并且稀疏波进入推迟，从而使靠近壳体壁面的爆轰能量得到加强。这样一来，侧向爆轰波较之中心爆轰波提前到达药型罩壁面，损害罩顶各部分的受载情况，迫使罩顶后喷，形成反向射流，从而破坏了药型罩的正常压垮顺序，使最终形成的射流不集中、不稳定，导致破甲威力下降。另外，当药柱增加壳体后，将减弱稀疏波的作用，而且，如果适当改变装药结构，也可以提高破甲性能。在同样条件下，减小隔板的直径和厚度，可降低壳体的影响，从而有利于提高炸药的能量利用率。

### 4.3.8 靶板

靶板对破甲性能的影响主要有两个方面，即靶板材料和靶板结构。靶板材料对破甲效果的影响很大，其中主要的影响因素是材料的密度和强度。当靶板材料密度加大、强度提高时，射流破甲深度减小。靶板结构形式包括靶板倾角、多层间隔靶、复合装甲以及反应装甲等。一般来说，倾角越大，越容易产生跳弹，对破甲性能产生不利影响。多层间隔靶抗射流侵彻能力比同样厚度的单层均质靶强，由钢与非金属材料组成的复合装甲可以使射流产生明显的弯曲和失稳，从而影响其破甲能力。对于由夹在两层薄钢板之间的炸药所构成的反应装甲而言，当射流头部穿过反应装甲时，引爆炸药层，爆轰产物推动薄钢板以一定速度抛向射流，使射流产生横向扰动，从而使射流的破甲性能降低。

随着高强度靶板和新型靶板的应用，应对靶板材料的影响进行认真、深入的研究，以便有的放矢地对付坦克和装甲目标。

## 4.4 计算破甲深度的经验公式

在工程设计中，运用一些简单的经验公式，估算初步设计方案的破甲深度是可行而方便的。下面介绍几个计算破甲深度的经验公式。

### 4.4.1 经验公式之一

基于破甲理论的计算方法，不仅烦琐复杂，而且计算结果不精确。因此，在设计中采用简便的经验计算法有其一定的实用意义。这里介绍几个典型的经验公式，作为结构设计中初步估算破甲威力之用。

经验公式为

$$L_m = \beta(h + H_y) \tag{4.4.1}$$

式中，$L_m$ 为静破甲的平均深度(m)；$\beta$ 为经验系数，与药型罩和靶板材料有关，对于一般中口径紫铜罩装药结构，目标为装甲钢时，$\beta=1.7$，靶板为45号钢时，$\beta=1.76$；$h$ 为药型罩的高度，其表达式为

$$h = \frac{d_k}{2\tan\alpha} \tag{4.4.2}$$

式中，$d_k$ 为药型罩口部内直径(m)；$\alpha$ 为药型罩的半锥角；$H_\gamma$ 为有利静炸高，可表示为 $H_\gamma = k_1 k_2 k_3 d_k$，其中，$k_1$ 为取决于罩锥角系数(表 4.4.1)。

**表 4.4.1　罩锥角系数**

| $2\alpha/(°)$ | 40 | 50 | 60 | 70 |
|---|---|---|---|---|
| $k_1$ | 1.9 | 2.05 | 2.15 | 2.2 |

$k_2$ 为取决于射流侵彻目标介质临界速度 $v_{jc}$ 的系数，铜质射流侵彻装甲钢的临界速度为 2 100 m/s，相应的 $k_2=1$，靶板为 45 号钢时，$k_2=1.1$。对于其他条件，可按下式计算，即

$$k_2 = \frac{2\ 100}{v_{jc}} \tag{4.4.3}$$

$k_3$ 为取决于炸药爆速 $D$(m/s)的系数，可表示为

$$k_3 = \left(\frac{D}{8\ 300}\right)^2 \tag{4.4.4}$$

最后得到

$$L_m = 1.7\left(\frac{d_k}{2\tan\alpha} + \frac{3\times10^{-5}k_1 d_k D^2}{v_{jc}}\right) \tag{4.4.5}$$

对于中口径高能炸药，带隔板紫铜药型罩结构，侵彻装甲钢时，有

$$L_m = 1.7\left(\frac{1}{2\tan\alpha} + k_1\right)d_k \tag{4.4.6}$$

即

$$L_m = 1.7\gamma_1 d_k \tag{4.4.7}$$

其中，$\gamma_1$ 为与药型罩锥角有关的系数，其值见表 4.4.2。

**表 4.4.2　与药型罩锥角有关的系数 $\gamma_1$ 值**

| $2\alpha/(°)$ | 40 | 50 | 60 | 70 |
|---|---|---|---|---|
| $\gamma_1$ | 1.9 | 2.05 | 2.15 | 2.2 |

式(4.4.7)这个经验公式是根据中口径有隔板、紫铜罩、高能炸药的装药结构对装甲钢的侵彻试验中总结出来的，可用来估算类似条件下的静破甲深度。当结构相差较大时，利用此公式计算的结果可能出现较大的误差。

### 4.4.2　经验公式之二

本经验公式是在定常破甲理论的基础上，根据制式装药结构的试验数据归纳整理而得。

$$L_{my} = \eta(-0.706\times10^{-2}\alpha^2 + 0.539\alpha + 0.475\times10^{-7}\rho_0 D^2 - 9.84)l_m \tag{4.4.8}$$

$$L_{mw} = \eta(0.011\ 8\times10^{-2}\alpha^2 + 0.106\alpha + 0.25\times10^{-7}\rho_0 D^2 - 0.5)l_m \tag{4.4.9}$$

式中，$L_{my}$ 为带隔板的静破甲深度 mm；$L_{mw}$ 为不带隔板的静破甲深度 mm；$\alpha$ 为药型罩的半锥角，(°)；$l_m$ 为药型罩的母线长，mm；$\rho$ 为装药密度，g/cm$^3$；$D$ 为爆炸爆速，m/s；$\eta$ 为考虑药型罩材料、加工方法及靶板材料对破甲的影响系数(表 4.4.3)。

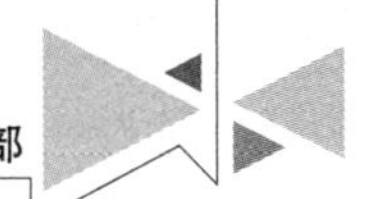

表 4.4.3　系数 $\eta$

| 药型罩 | 紫铜车制 | | 紫铜冲压 | | 钢冲压 | 铝车制 | 玻璃 |
|---|---|---|---|---|---|---|---|
| 靶板 | 碳钢 | 装甲钢 | 碳钢 | 装甲钢 | 装甲钢 | 装甲钢 | 装甲钢 |
| $\eta$ | 1.0 | 0.88～0.93 | 1.1 | 0.79～0.97 | 0.77～0.79 | 0.40～0.49 | ～0.22 |

### 4.4.3　其他经验公式

下列经验公式可用于初步判断所设计的装药结构是否合理：

$$L_m \approx (5.0 \sim 6.5) d_k \text{ (mm)} \tag{4.4.10}$$

$$L_m \approx (0.7 \sim 1.0) m_w \text{ (mm)} \tag{4.4.11}$$

$$L_m \approx 3 m_z \text{ (mm)} \tag{4.4.12}$$

式中，$d_k$ 为药型罩口部内直径 mm；$m_w$ 为装药质量(g)；对柱状装药结构，$L_m$ 取下限，对收敛形装药结构，则取上限；$m_z$ 为药型罩质量(g)。

## 4.5　定常不可压缩理想流体理论

金属射流侵彻的定常不可压缩理想流体理论的基本假设如下：

(1)金属射流无速度梯度。

(2)侵彻速度不变。

(3)射流和靶板都是不可压缩理想流体。

(4)射流各段在侵彻中不相互影响。

由作用与反作用的原理和伯努利方程最终可确定破甲深度为

$$L_m = l\sqrt{\frac{\rho_j}{\rho_t}} \tag{4.5.1}$$

式中，$l$ 为射流长度，mm；$\rho_j$ 为射流密度；$\rho_t$ 为靶板密度。

显然，当射流与靶板的密度相同时，破甲的总侵彻深度约等于射流长度。如射流密度大于靶板密度，则破甲深度大于射流长度；相反，破甲深度则小于射流长度。射流长度 $l$ 也可由仿真计算获得。

## 4.6　双模聚能战斗部成型装药的结构优化

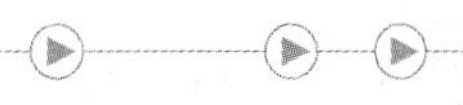

为了提高聚能装药战斗部对不同目标的作战效能，设计了基于喇叭形药型罩的双模战斗部结构，能够在同一装药，不同起爆方式下分别形成高速杆侵彻体(JPC)和金属射流(JET)。通过数值仿真优化了药型罩的曲率半径、罩高和壁厚等结构参数，得到了聚能战斗部形成 JET 与 JPC 不同毁伤元的典型结构参数。能够为双模聚能战斗部的结构设计和毁伤元形成提供参考。

### 4.6.1　引言

随着科学技术的快速发展，现代战场上的装甲目标也变得更加多样，对反装甲战斗部的设计提出了更高的要求。采用聚能装药战斗部的破甲弹是当前毁伤装甲目的主要弹药产品，据报道，其对均质装甲的侵彻能力已达到 1 m 以上，然而在对付诸如反应装甲一类的目标时，其侵彻能力会大幅度下降，所以研究能在同一聚能成型装药结构下形成两类毁伤元，实现对不同装甲目标的有效打击，已成为目前弹药战斗部研究领域的一个新的方向。

科研工作者通过大量的研究与试验发现，改变聚能装药战斗部的起爆方式，可以使药型罩形成高速杆侵彻体(JPC)和金属射流(JET)两种毁伤元，JPC 能够有效对付反应装甲一类的目标；JET 可用于对均质装甲目标的有效毁伤，从而实现一种战斗部对不同装甲目标的有效毁伤，人们将这种战斗部定义为双模战斗部。这种战斗部的概念一经提出，便受到了国内外研究者的广泛关注，在原有理论成果的基础上又开展了进一步的研究工作，其研究的重点主要是不同形状药型罩在不同起爆方式下的成型模式转换，国内的汪得功、蒋建伟等对同一成型装药结构实现 JPC 与爆炸成型弹丸(EFP)双模转换做了大量研究；王晓明对同一船尾装药结构实现 JPC 与 JET 双模转换也做了大量研究。基于喇叭形药型罩的双模毁伤元转换特性研究尚未见报道，本节主要针对喇叭型药型罩形成的双模毁伤元转换特性进行研究，通过优化药型罩的重要结构参数(如罩高、曲率半径、壁厚等)，对形成 JPC 和 JET 的原因进行理论分析，对形成过程进行仿真研究，为设计基于喇叭形药型罩的双模转换结构和研究双模毁伤元的特性提供参考。

### 4.6.2 喇叭形药型罩装药的射流形成理论

对于 JPC 的形成，通常由 EFP 增速或 JET 减速来实现，本节用降低 JET 的速度来实现 JPC。由于是同一种装药结构，所以选择改变起爆方式来实现其转换。中心单点起爆形成 JPC，装药船尾端环形起爆形成 JET。

一定炸药装药下，炸药发生爆轰时的化学反应主要是在其一薄层内迅速完成的，所生成的可燃性气体则在该薄层内转变成最终产物，因此，可以认为爆轰过程是输入化学反应能的强间断面的流体力学过程，这样就可以利用流体力学和热力学的理论对爆轰过程进行分析。常用的是 Chapman 和 Jouguet 提出的爆轰波形成理论，即爆轰波 C-J 理论。

1. 药型罩的压跨历程

定常理想不可压流体体力学理论可以预测聚能装药所形成射流和杵体的速度及质量分配，但却无法得到射流的速度梯度和拉长过程。经改进的一维准定常理论即 PER 理论假设锥形药型罩的压跨闭合速度是变化的，从罩顶到罩底逐渐减小，可以预测射流的头尾速度梯度和拉长过程，但其是基于圆锥形等壁厚药型罩和平面爆轰波的假设下导出的。对于喇叭形药型罩和非平面爆轰波，需要将 PER 理论进行推广，认为炸药与药型罩的作用是非稳态过程，考虑药型罩从开始压跨到轴线上的加速过程。Randers-Pehrson 提出了较符合实际的指数形式的药型罩压跨速度历程公式：

$$V(t) = V_0\left[1 - \exp\left(-\frac{t - t_0}{\tau}\right)\right] \tag{4.6.1}$$

式中，$t_0$ 为爆轰波波阵面从起爆点到达药型罩微元的时间；$t$ 为波阵面从起爆点到药型罩微元被压垮后的任意时间；$\tau$ 为时间常数，Chou 等人给出如下的计算公式：

$$\tau = C_1\frac{mV_0}{p_{CJ}} + C_2 \tag{4.6.2}$$

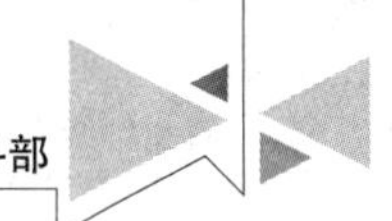

式中，$m$ 为单位面积药型罩的初始质量；$p_{CJ}$ 为炸药的 C-J 压力；$C_1$、$C_2$ 为常数。

2. 喇叭形药型罩的压跨角和射流速度

喇叭形药型罩罩壁不同微元处所对应的半顶角及该处切线与波阵面法向的夹角都是变化的，如图 4. 6. 1、图 4. 6. 2 所示。

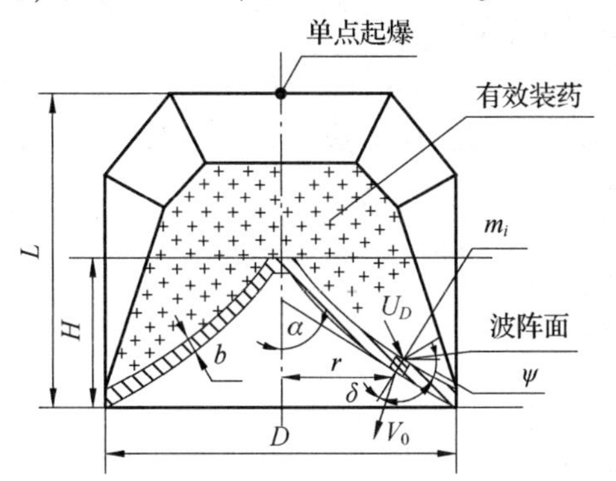


**图 4. 6. 1　端面中心单点起爆爆轰波与药型罩微元作用示意图**

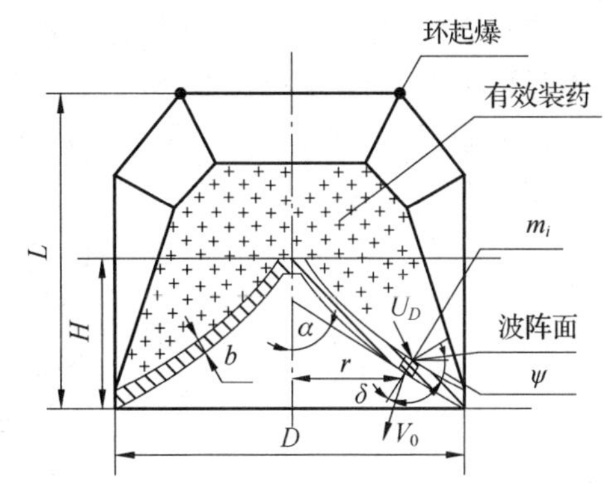


**图 4. 6. 2　环点起爆爆轰波与药型罩微元作用示意图**

Behrmenn 提出了对 PER 理论的改进方案，可用于计算不同点起爆下喇叭形药型罩的射流形成规律。射流的速度仍可以采用准定常不可压缩流体力学理论及有效装药绝热压缩方法计算，公式如下：

$$
\begin{gathered}
V_j = V_0 \csc\frac{\beta}{2}\cos\left(\alpha + \delta - \frac{\beta}{2}\right) \\
\frac{\mathrm{d}m_j}{\mathrm{d}m} = \sin^2\frac{\beta}{2} \\
\sin\delta = \frac{V_0\cos\psi}{2U_D} \\
\tan\beta = \frac{\tan\alpha + r[(\alpha' + \delta')\tan(\alpha + \delta) - V_0'/V_0] + V_0 t_0'\cos(\alpha + \delta)}{1 + r[(\alpha' + \delta') + (V_0'/V_0)\tan(\alpha + \delta)] - V_0 t_0'\sin(\alpha + \delta)}
\end{gathered}
\tag{4.6.3}
$$

式中，$V_j$ 为射流的绝对速度；$V_0$ 为药型罩的压跨速度；$\beta$ 为罩微元对应压垮角；$\alpha$ 为药型罩微元处的半锥角；$\delta$ 为罩微元压跨速度与微元所处表面法线的夹角；$\mathrm{d}m_j/\mathrm{d}m$ 为射流质量与药型罩质量之比。

公式中符号上的一撇表示相对于 $x$ 的导数。

3. 压跨速度的确定

假设炸药装药瞬时完全爆轰，且稀疏波沿装药表面的内法线方向向爆炸产物内部传播。爆轰产物是以稀疏波初始交界面为刚性边界定向膨胀的，药型罩进行压合运动时，有效装药部分向内绝热膨胀做功。罩微元的运动方程为

$$
m_i\frac{\mathrm{d}V_i}{\mathrm{d}t} = s_i p_i \tag{4.6.4}
$$

式中，$m_i$ 为药型罩第 $i$ 个(环形)微元的质量；$V_i$ 为药型罩第 $i$ 个微元的瞬时速度；$s_i$ 为药型罩第 $i$ 个微元与爆轰产物的接触面积；$p_i$ 为作用于药型罩第 $i$ 个微元上的爆轰产物压力。

根据有效装药绝热膨胀假设，得到罩微元的压跨速度

$$V_0 = \frac{U_D}{2}\sqrt{\frac{1}{2}\frac{\rho_e b_{ei}}{\rho b_i}\left[1 - \left(\frac{b_{ei}}{b_{ei} + h_i}\right)^2\right]} \tag{4.6.5}$$

式中，$U_D$ 为炸药爆速；$\rho_e$ 为装药密度；$\rho$ 为药型罩密度；$b_i$ 为药型罩 $i$ 微元壁厚；$b_{ei}$ 为 $i$ 微元对应的有效装药厚度；$h_i$ 为罩微元压合到轴线上的运动距离。

通过以上对药型罩压跨的理论分析可知，综合式(4.6.1)、方程组(4.6.3)及式(4.6.4)，就可以解出 $V_j$、$V_0$、$\mathrm{d}m_i/\mathrm{d}m$、$\beta$ 和 $\delta$ 等聚能装药所形成的射流参数。微元压跨速度如图 4.6.3 所示。

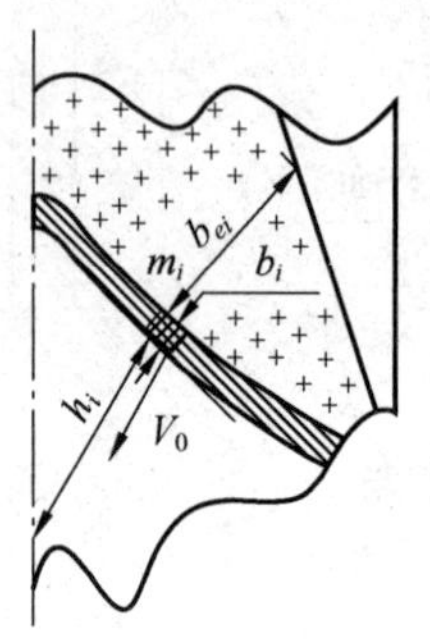


**图 4.6.3　微元压跨速度**

4. 单点起爆和环形起爆所形成的侵彻体特点分析

以上分析了聚能装药下药型罩的压跨和射流的形成过程，所得理论计算公式适用于不同的药型罩形状和不同的起爆方式。对于喇叭形药型罩和圆柱加船尾形装药，从压跨速度的公式可以看出，从罩顶到罩底，微元的压跨速度逐渐减小，所以罩顶金属在轴线处汇聚形成射流的头部。

对于装药顶端中心单点起爆，爆轰波可以看作是以起爆点为中心的球形波，如图 4.6.1 所示。对于环形起爆，可看作是过轴线任意纵剖面的 2 点对称起爆，爆轰波为喇叭形传播，如图 4.6.2 所示。从两种起爆方式下爆轰波的比较可以看出，环形起爆方式下的爆轰波阵面与微元所在罩面的夹角较单点起爆方式下明显变小，小夹角对应的微元压跨速度明显增大。

前述分析及公式可用于单点起爆和环形起爆下的药型罩压垮参数计算，不难看出，环形起爆药型罩微元的压垮速度明显高于单点起爆微元的压垮速度，而且环形起爆下的两侧爆轰波叠加后形成超压区，爆轰波压力远高于中心单点起爆的 C-J 压力，所以环形起爆形成的射流速度高于单点起爆。装药中心单点和船尾端环形起爆方式下形成的射流速度有较大差异，易形成不同的毁伤元形态，选择这两种起爆方式进行双模战斗部 JPC 和 JET 的相互转换研究是可行的。

## 4.6.3　战斗部聚能装药结构

为了验证理论分析，设计了基于喇叭形药型罩的成型装药结构方案，如图 4.6.1 和图 4.6.2 所示，装药口径 $D$ 为 80 mm。喇叭形药型罩壁厚为 $h$，罩高为 $L$，材料为紫铜，装药结构为船尾形，装药高度为 $L$，选用 JH-2 炸药。

起爆方式 1 为装药船尾端环形起爆；起爆方式 2 为装药顶端中心单点起爆。考虑到射

流成型过程中网格的畸变问题，仿真中采用 ALE 算法，建模对象包括炸药、药型罩和空气，各部分材料参数及计算模型见表 4. 6. 1。

**表 4. 6. 1　材料模型参数**

| 名称 | 材料 | 密度/($g\cdot cm^{-3}$) | 材料模型 | 状态方程 |
|---|---|---|---|---|
| 药型罩 | 紫铜 | 8. 96 | JOHNSON_COOK | GRUNEISEN |
| 炸药 | JH-2 | 1. 713 | HIGH_EXPLOSIVE_BURN | JWL |
| 空气 | | $2.93\times10^{-3}$ | NULL | GRUNEISEN |

根据分析和经验知，药型罩的母线曲率半径、药型罩的高度和药型罩的壁厚是决定其形状与结构的关键参数。固定装药直径 $D$ 和装药高度 $L$ 分别为 80 mm 和 72 mm(0. 9$D$)，而分别对三个关键参数进行分步优化。经初步仿真计算，炸药爆轰后 160 μs 射流基本达到稳定状态，所以各个方案的仿真均对这一时刻的侵彻体形态进行分析。根据相关文献，射流侵彻体的速度一般达到 5 ~ 10 km/s，杆侵彻体的速度在 3 ~ 5 km/s，可据此判断不同起爆方式下所形成的毁伤元形态。

1. 曲率半径对毁伤元转换的影响

对于仿真方案 1，研究曲率半径为 30 ~ 150 mm(每隔 20 mm 为一个子方案)的药型罩形成毁伤元的情况。确定罩高为 40 mm，药型罩厚度为 4 mm。具有不同曲率半径的药型罩所形成的毁伤元头部平均速度如图 4. 6. 4 所示。在两种起爆方式下，随着药型罩曲率半径的增大，毁伤元头部速度均呈现递减变化。要实现双模毁伤元的转换，应使两种起爆方式下形成毁伤元的速度具有明显的差异并在合理的范围内，同时，毁伤元的状态也要相对稳定。根据这一要求，结合毁伤元形成过程中的状态变化情况，从图 4. 6. 4 看出，当曲率半径为 100 mm 时，有利于形成 JPC 与 JET 两种毁伤元模式。

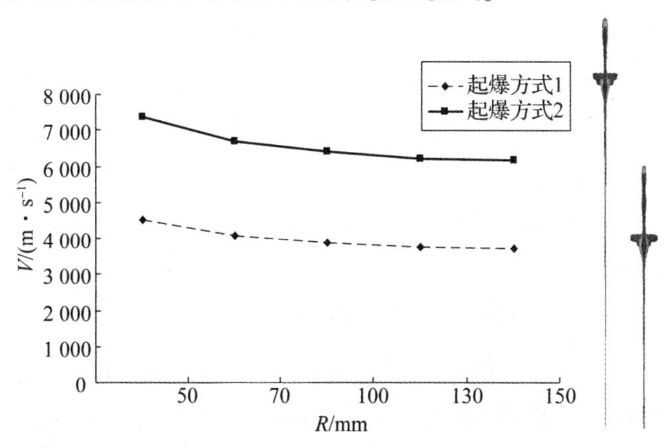


**图 4. 6. 4　曲率半径的影响及毁伤元成型**

2. 罩高对毁伤元转换的影响

方案 2 研究药型罩高度为 30 ~ 50 mm(每隔 3 mm 为一个子方案)的成型状况。确定喇叭形药型罩曲率半径 $R$=100 mm，罩厚度 $h$=4 mm，成型及毁伤元头部平均速度如图 4. 6. 5 所示。由图中曲线看出，随着罩高的增大，其毁伤元的头部速度逐渐变小，综合考虑形成毁伤元的速度和其形态的稳定性，得出罩高为 40 mm 时有利于两种模态的相互转换。

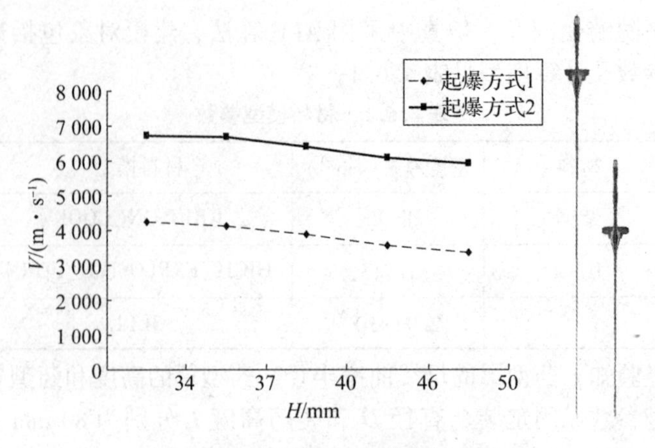


图 4.6.5　罩高影响及毁伤元成型

3. 壁厚对毁伤元转换的影响

方案 3 研究药型罩壁厚为 3 ~5 mm(每隔 0.5 mm 为一个子方案)时，其毁伤元的成型状况。已确定曲线半径 $R=100$ mm，罩高 $H=40$ mm，毁伤元成型及头部平均速度如图 4.6.6 所示。由图中曲线看出，不同起爆方式下，药型罩壁厚在一定范围内增大时，毁伤元速度均减小，在该范围内，两种起爆方式所形成毁伤元的速度差变化不大，从毁伤元的形态稳定性考虑，选取药型罩厚度为 3.5 mm，这时有利于 JET 与 JPC 的相互转换，并能形成稳态的毁伤元。

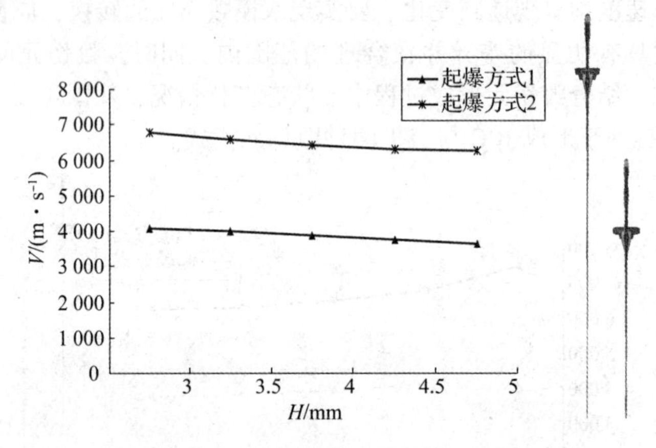


图 4.6.6　壁厚的影响及毁伤元成型

通过以上的理论分析和模拟仿真，优化得出了双模成型装药战斗部的结构尺寸。在 80 mm 装药口径和 0.9$D$ 装药高度的前提下，喇叭形药型罩曲率半径为 100 mm，药型罩的罩高为 40 mm，药型罩厚度为 3.5 mm 时，适于实现稳定 JET 和 JPC 的转换，从而得到双模毁伤聚能装药结构。

## 4.6.4　结论

(1)理论分析和仿真结果表明，在同一成型装药结构下，单点起爆和环形起爆形成的爆轰波不同，单点起爆可以形成稳定 C-J 爆轰波，而环形起爆除形成稳定的 C-J 爆轰波外，还形成了超压爆轰波。

(2)喇叭形药型罩的曲率半径、罩高和壁厚对形成毁伤元的特性具有显著影响，毁伤元头部速度随着药型罩曲率半径、罩高、壁厚的增大而减小。

(3)通过参数优化，喇叭形药型罩成型装药能够形成双模毁伤元的典型结构参数为：装药口径 $D$ 为 80 mm，装药高度为 0.9$D$，选择喇叭形罩的曲率半径为 1.25$D$，罩高为 0.5$D$，壁厚为 0.045$D$，单点起爆时形成 JPC，环形起爆时形成 JET。

## 4.7　活性材料药型罩

在聚能射流方面，将活性材料制备成药型罩，爆炸产生高能聚能射流，将其能量释放到目标内部，对混凝土、砖石或地质材料目标造成极大的破坏。美国陆军等运用 UDW 技术从 81 mm Barnie 含能战斗部的概念设计到 220 mm 战斗部的结构设计，可用于对付混凝土涵洞、机场跑道及钢筋混凝土桥墩等目标，如图 4.7.1 所示。国内学者 Guo 等制备了直径 44 mm 含能药型罩，与传统的金属铜射流穿透钢锭相比，这种高密度反应射流开孔孔径提高了 29.2%。

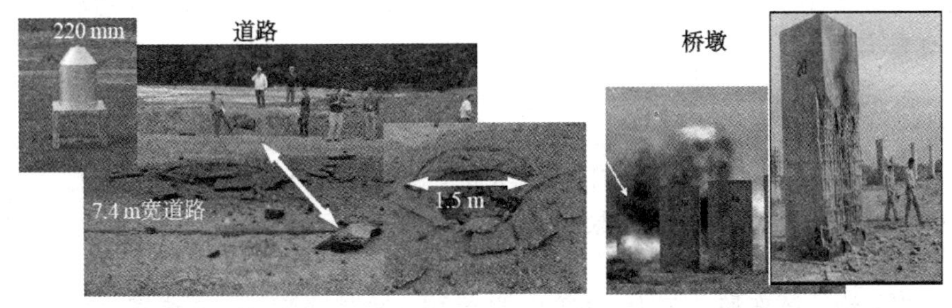


**图 4.7.1　美国 Bam Bam 聚能装药战斗部对典型目标的毁伤试验**

在爆炸成型弹丸(EFP)方面，Niclich 等提出一种包覆式含能 EFP，即在药型罩前端装配一定形状的活性材料，在爆炸驱动过程中活性材料被药型罩包覆，最终得到高速飞行、内核为活性材料的包覆式含能 EFP，如图 4.7.2 所示。国内学者王树有等对金属药型罩包覆内核活性材料装药成型规律进行研究，得到了实现包覆式爆炸含能 EFP 装药的较优结构，并确定内核活性材料包覆物与药型罩间距取值范围。万文乾等研究了由活性材料制备的球缺形药型罩爆炸成型过程及其对 20 mm 厚的装甲钢靶终点效应，试验结果表明，钢靶穿孔有明显的烧蚀现象，后效靶出现反应后的残留物，活性材料药型罩爆炸成型弹丸侵彻是化学反应与动能的共同作用过程。

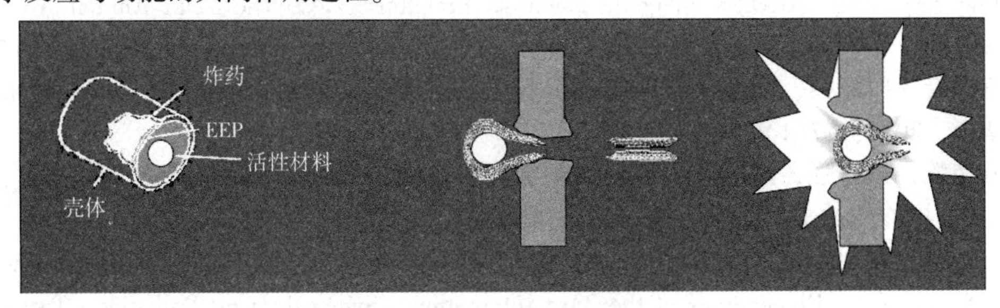


**图 4.7.2　包覆式含能爆炸成型弹丸**

## 思考题

1. 简述聚能现象。
2. 根据毁伤元素划分，简述聚能装药类型。
3. 简述影响破甲威力的主要影响因素。
4. 简述药型罩概念及破甲弹目前常用的药型罩种类。
5. 简述消除或部分消除旋转运动对破甲性能影响的措施。
6. 简述串联战斗部的串联方式，并分析串联聚能战斗部的发展趋势。
7. 简述聚能装药在不同领域的应用。
8. 简要分析金属射流和爆炸成型单位应用时优缺点。

## 参考文献

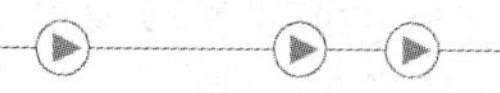

[1]黄正祥，陈惠武，官程．大炸高条件下药型罩结构设计[J]．弹箭与制导学报，2000(3)：51-53.

[2]黄正祥．聚能装药理论与实践[M]．北京：北京理工大学出版社，2014.

[3]王志军，尹建平．弹药学[M]．北京：北京理工大学出版社，2005.

[4]王儒策，赵国志．弹丸终点效应[M]．北京：北京理工大学出版社，1993.

[5]焦志刚，杜宁，寇东伟．双模聚能战斗部成型装药的结构优化[J]．计算机仿真，2017，34(2)：1-4.

[6]熊玮，张先锋，陈亚旭，丁力，包阔，陈海华．冷轧成型 Al/Ni 多层复合材料力学行为与冲击释能特性研究[J]．爆炸与冲击，2019，39(5)：130-138.

[7]张先锋，黄正祥，熊玮，杜宁，郑应民．弹药试验技术[M]．北京：国防工业出版社，2021.

[8]曹柏桢，凌玉崑，蒋浩征，等．飞航导弹战斗部与引信[M]．北京：中国宇航出版社，1995.

[9]卢芳云，李翔宇，林玉亮．战斗部结构与原理[M]．北京：科学出版社，2009.

[10]Guo H，Xie J，Wang H，et al．Penetration Behavior of High-Density Reactive Material Liner Shaped Charge[J]．Materials，2019，12(21)：1-14.

[11]Nicolich S．Energetic materials to meet warfighter requirements：an overview of selected US army RDECOM-ARDEC energetic materials Programs[C]．The 42nd Annual Armament Systems：Gun and Missile Systems Conference and Exhibition，Charlotte，USA，2007.

[12]王树有，门建兵，蒋建伟．包覆式爆炸成型复合侵彻体成型规律研究[J]．高压物理学报，2013，27(1)：40-44.

[13]万文乾，余道强，彭飞，王维明，阳天海．含能材料药型罩的爆炸成型及毁伤作用[J]．爆炸与冲击，2014，34(2)：235-240.

[14]Daniels A，Baker E，Defisher S，et al．Bam Bam：Large scale unitary demolition warheads[C]．Proceedings of the 23rd International Symposium on Ballistics，Tarragona，Spain，2007.

# 第5章 穿甲侵彻战斗部

穿甲侵彻战斗部(又称侵彻弹、穿甲弹)是现代战场中较为常见的常规武器弹药，其工作原理主要是利用弹体自身携带的动能来侵彻各类硬目标，以实现对目标造成高效毁伤。穿甲弹应对的目标种类较多，涵盖了陆、海、空目标，比如飞机或者导弹、大型水面舰艇、装甲车辆以及地下工事等。通常来讲，应对空中目标和各种地面装甲目标主要采用小口径穿甲弹；而对于大型水面舰艇和混凝土工事，则通常采用中、大口径穿甲弹。

穿甲侵彻战斗部或穿甲弹是利用动能撞击侵彻硬或半硬目标(如坦克、装甲车辆、舰艇及混凝土工事等)并毁伤目标的弹药。就战斗部本身而言，侵彻战斗部和穿甲弹的基本结构和作用原理是相同的，不同的是运载平台。侵彻战斗部运载平台一般为导弹、航空炸弹、精确制导炸弹，穿甲弹的运载平台一般有炮弹、榴弹、火箭弹等。因为侵彻弹药首先靠动能穿透目标，所以也称动能弹。侵彻弹穿透目标后，一般以其灼热的高速破片或炸药爆炸来杀伤目标内的有生力量、引爆弹药、引燃燃料、破坏设施等。

随着现代战场上各种活动兵器数量的增加及其防护装甲的增强，一般弹药难以有效对付，穿甲弹因动能大、不易受屏蔽装甲的影响，越来越受到各国的重视，是各国军队装备的重要弹药之一。侵彻弹被用来对付多种目标，有攻击飞机、导弹的穿甲弹，攻击舰艇的穿甲弹和半穿甲弹，摧毁坦克及装甲输送车的穿甲弹，攻击地下深层工事的钻地弹等。攻击坦克顶甲、飞机装甲、导弹和各种轻型装甲目标主要采用小口径穿甲弹；从正面和侧面攻击坦克目标、舰船及混凝土工事则采用大、中口径穿甲弹(或侵彻战斗部)。另外，高速动能导弹正得到大力发展，其作战距离远，命中概率高，穿甲威力大，代表了侵彻弹又一新的发展方向。

## 5.1 侵彻与贯穿现象的一般特性

侵彻弹靠弹丸的撞击侵彻作用穿透装甲，并利用残余弹体、弹体破片和装甲破片的动能或炸药的爆炸作用毁伤装甲后面的有生力量和设施。因此整个作用过程包含侵彻作用、杀伤作用或爆破作用。

当高速弹丸碰撞靶板时，侵入靶板而没有穿透的现象称为侵彻(penetration)；完全穿透靶板的现象称为贯穿(perforation)。影响侵彻现象的因素很多，主要可以分为三大类：靶、弹和弹靶交互状态。

关于靶，靶板可分为无限厚靶、半无限厚靶、厚靶和薄靶，靶板材料有塑性和脆性材料，靶板结构可以是均质的、非均质的和复合结构等。关于弹，弹丸材料也有塑性和脆性之别，弹头形状有尖头、钝头和其他形状等。关于弹靶交互状态，包括弹丸的侵彻速度，有低速、高速和超高速之分；弹丸的着靶姿态，可分为垂直着靶或倾斜着靶；弹丸破碎与否等。所观察到的具体现象往往是各种因素综合作用的结果，想要从中分清哪一种因素最为主要比较困难。不过，借助于一定的试验手段，并运用理论分析，还是能从复杂的现象中归纳出弹丸侵彻与贯穿靶板的主要规律。

## 5.1.1 靶板的侵彻

由试验可知，在一般情况下，由于弹速的不同，弹丸对无限厚靶板的碰撞侵彻可能出现如图 5.1.1 所示的三种类型的侵彻弹坑。这些图表明了弹坑形状与碰撞速度的关系。在低速情况下，弹坑呈柱形孔，其横截面和弹丸的横截面相近。在中高速时，弹坑纵向剖面呈不规则的锥形或者钟形。横截面是或大或小的圆形，其口部直径大于弹丸直径。在超高速碰撞时，出现了杯形弹坑。图 5.1.1 中高中低速的划分是针对一定材料适用的，有文献按弹坑呈现的形态来划分速度范围。例如，出现杯形弹坑或半球形弹坑对应的速度称为超高速碰撞范围。其实出现这种不同弹坑形状的原因是不同的碰撞速度下材料的响应特性不同，材料在中低速度撞击下表现强度效应，在超高速碰撞下呈流体响应特性。同时，速度的划分也与靶板材料性质有关，比如，高强度材料对应的超高速范畴的速度下限要高些。

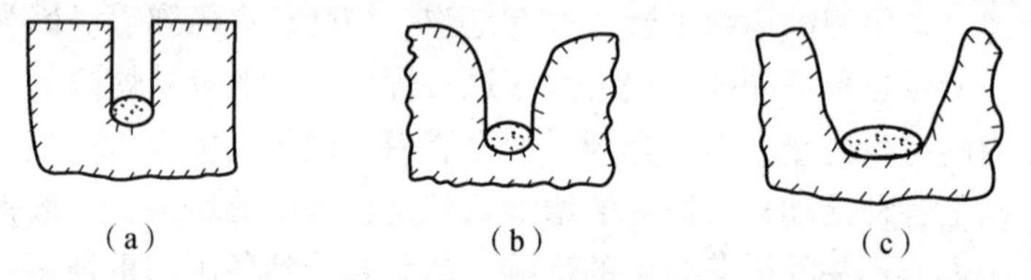


**图 5.1.1 发射过程中第一临界状态时导带区域上弹体的变形情况**

(a)低速(<1 200 m/s)；(b)高速(1 200 ~ 3 000 m/s)；(c)超高速(>3 000 m/s)

## 5.1.2 靶板的贯穿

靶板的贯穿破坏可表现为多种形式，如图 5.1.2 所示。

1. 冲塞型

冲塞型破坏是一种剪切穿孔，如图 5.1.2(a)所示，容易出现在硬度相当高的中等厚度的钢靶上。板厚 $h_0$ 与弹径 $d$ 之比 $h_0/d$ 对于侵彻机理和弹丸运动是很重要的参数。当 $h_0/d$ 小于 0.5，或板厚与弹长 $L$ 之比 $h_0/L$ 小于 0.5，而弹丸材料强度比较高且不易变形时，装甲破坏形式是冲塞型。钝头弹易于造成冲塞型破坏，碰击时，弹丸首先将装甲表面破坏，形成弹坑，然后产生剪切，靶后出现塞块。

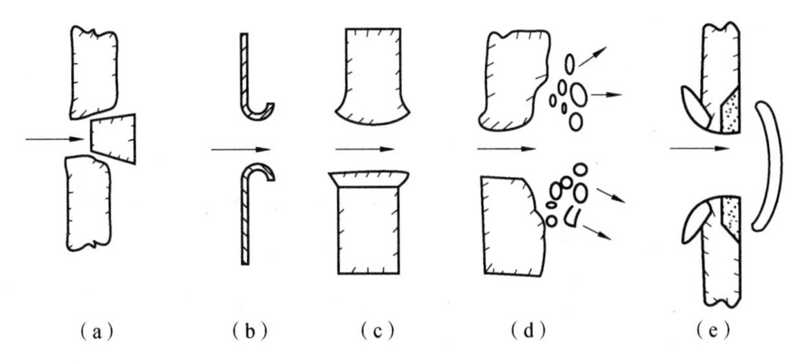


**图 5.1.2　靶板的贯穿破坏形式**

2. 花瓣形

靶板薄、弹速低(一般为 600 m/s)时，容易产生花瓣形破坏，如图 5.1.3 所示。当锥角较小的尖头弹和卵形头部弹丸侵彻薄装甲时，弹头很快戳穿薄板。随着弹丸头部向前运动，靶板材料顺着弹头表面扩孔而被挤向四周，穿孔逐步扩大，同时产生径向裂纹，并逐渐向外扩展，形成靶背表面的花瓣形破口，如图 5.1.3 所示。形成花瓣的数量随着靶板厚度和弹速的不同而不同。

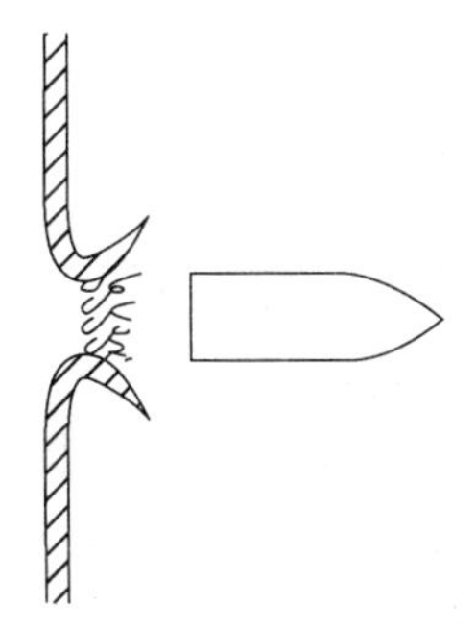

**图 5.1.3　花瓣形穿甲**

3. 延性穿孔

延性穿孔破坏常见于厚靶板 $h_0/d$ 大于 1 时。当靶板富有延性和韧性时，穿孔后被弹丸扩开，如图 5.1.2(c)所示。尖头弹容易产生这种破坏形式，当尖头侵彻弹垂直碰击机械强度不高的韧性装甲时，装甲金属向表面流动，然后沿穿孔方向由前向后挤开，装甲上形成圆形穿孔，孔径不小于弹体直径，出口有破裂的凸缘。

4. 破碎型

靶板相当脆硬且有一定厚度时，容易出现破碎型破坏，如图 5.1.2(d)所示。弹丸以高着速穿透中等硬度或高硬度钢板时，弹丸产生塑性变形和破碎，靶板产生破碎并崩落，大量碎片从靶后喷溅出来。

5. 崩落型

靶板硬度稍高或质量不太好、有轧制层状组织且有一定厚度时，容易产生崩落破坏，如图 5.1.2(e)所示，而且靶板背面产生的碟形崩落比弹丸直径大。

上述现象属于基本型，实际出现的可能是几种形式的综合。例如，杆式穿甲弹在大法向角下对装甲的破坏形态，除了撞击表面出现破坏弹坑之外，弹、靶将产生边破碎边穿甲的现象，最后产生冲塞型穿甲。

当弹丸对靶板倾斜碰撞时，现象有所不同。靶板的倾斜度是指靶板的法线和弹丸飞行方向的夹角。一般当倾斜度小于30°时，产生的现象和垂直碰撞时相似；大于30°时，可能显著不同。在倾斜着靶时，较为突出的问题是弹丸由于弯曲力矩的作用而产生破损(图5.1.4)。钝头穿甲弹和被帽穿甲弹撞击中等厚度的均质装甲以及渗碳装甲时，由于力矩的方向与尖头弹的不同，将出现转正力矩，弹丸不易跳飞，如图5.1.5所示。

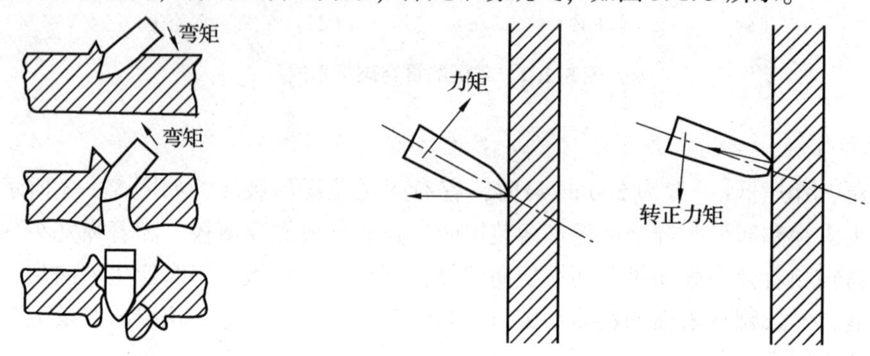


图5.1.4　弹丸倾斜穿甲　　图5.1.5　尖头弹和钝头弹对倾斜钢板的碰击

## 5.1.3　钢筋混凝土破坏特征

弹丸撞击混凝土主要会产生两种破坏效应：弹丸对混凝土的动能破坏效应以及同时产生的应力波效应。撞击瞬间产生的压力远远超过混凝土极限抗压强度，混凝土介质被迅速粉碎。当弹丸头部挤压侵入靶板内部时，混凝土向外膨胀产生的径向拉应力和周向拉应力大于材料的抗拉强度和抗剪强度，靶板着弹面出现径向裂纹和周向裂纹。这两个方向的裂纹逐渐交叉扩展，使得浅层混凝土破裂、飞散、脱落，靶板就形成漏斗状正面开坑。随着弹丸不断侵入靶板内部，弹丸速度逐渐降低，弹靶接触面逐渐增大，混凝土向外膨胀减缓。当弹丸头部完全侵入靶板后，弹丸开坑阶段结束。此后，弹丸稳定侵彻阶段开始，粉碎的混凝土介质不断被排挤出弹坑，靶板内部逐渐形成了圆柱形穿孔。对于有限厚度靶，碰撞产生的压缩应力波会在靶板背面自由面反射形成拉伸应力波，靶板背面混凝土介质受其作用发生层裂，最终震塌形成背面开坑。当弹丸着速足够大或者靶板厚度较小时，弹丸会对剩余厚度的混凝土介质产生冲塞效应，背面开坑迅速扩大。当穿孔与背面开坑相连时，弹丸就完成了对靶板的贯穿。对于半无限靶，弹丸动能在稳定侵彻阶段消耗完后，就停止在靶板内部。而应力波效应对于半无限靶效果并不明显，不存在靶板背面的边界效应，弹丸对靶板的破坏过程只存在正面开坑阶段和稳定侵彻阶段。

综上所述，在弹丸碰撞混凝土过程中，存在如下几种宏观破坏现象：正面开坑、正面崩落、侵彻、冲塞、背面开坑、背面崩落、贯穿、整体结构的动态响应，如图5.1.6所示。同时，为了衡量弹丸碰靶效果，定义如下几个物理量：侵彻深度，未贯穿靶板条件下，弹丸侵入靶板并停留其中时的最终深度；贯穿极限厚度，靶板抵抗贯穿的最小厚度；贯穿弹道极限，弹丸贯穿靶板的最小速度。

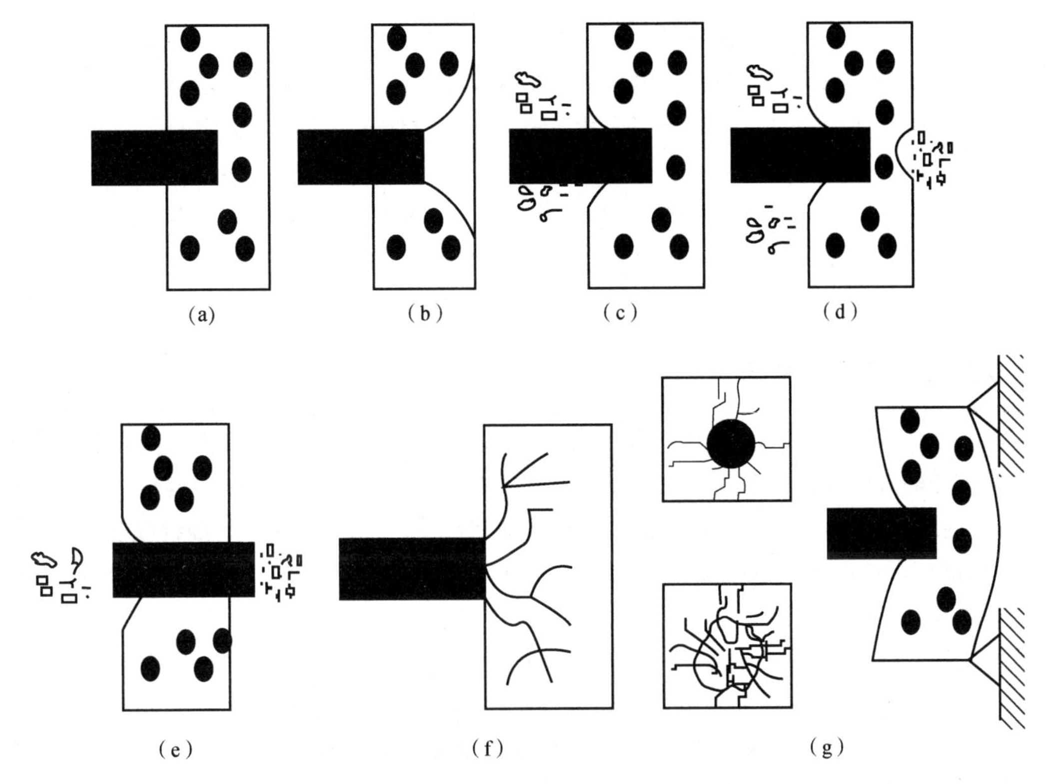

图 5.1.6　弹丸对钢筋混凝土的侵彻效应

(a)侵彻；(b)冲塞；(c)正面开坑与崩落；(d)背面开坑与崩落；(e)贯穿；
(f)径向裂纹和周向裂纹；(g)整体结构动态响应

与素混凝土结构相比，钢筋的存在使得钢筋混凝土结构的动态响应破坏更加复杂，分析弹丸与钢筋混凝土之间以及钢筋与混凝土之间的相互作用变得十分复杂困难。在大多数情况下，弹丸不会直接命中钢筋，钢筋的破坏与混凝土介质的破坏相关；而在少数情况下，弹丸直接命中钢筋，造成其破坏。弹丸撞击下的钢筋混凝土破坏现象复杂，目前主要通过试验研究该问题。由于靶场试验中弹丸撞靶位置具有一定随机性，钢筋存在多种破坏模式：大塑性弯曲变形、弯曲+剪切断裂、弯曲+拉伸断裂。在理论分析中，一般将钢筋混凝土模型做适当简化和等效处理。

## 5.2　侵彻混凝土研究方法

钢筋混凝土是目前最常见的人造结构工程材料，具有良好均衡的力学性能和来源广泛的特点，在军事防护工程领域中有广泛应用。目前已经形成了三种常用方法研究侵彻混凝土问题，即试验研究法、理论分析法和数值模拟法。试验获取的数据，对于扩展撞击现象认识和验证理论分析模型及数值模拟模型起到重要作用。

### 5.2.1　试验研究法

在较早时期，由于科学发展水平较低，人们缺乏必要的理论知识，主要依靠射击试验研究侵彻问题。经验公式法是在简化和假设弹丸侵彻阻力形式的基础上，通过分析试验数据，建立了弹丸着速与侵彻深度的关系。经验公式、半经验公式都是基于大量的射击试验和侵彻理论推导，采用回归分析、假设阻力形式、量纲分析等方法建立起来的，各个公式的弹靶试验环境千差万别，观测测量手段各不相同，数据处理手段各式各样，这样造成各个经验公式各有不同适用范围。超出适用范围后，经验公式可靠性、可信度明显下降，需要进行修正才能使用。此外，经验公式只能给出侵彻深度、贯穿深度和震塌深度的预测值，对于侵彻过程中发生的各种破坏现象和作用机理并不能描述，这需要侵彻理论分析才能解决。

### 5.2.2 理论分析法

随着科学技术的发展，各个领域学科的拓展，使得人们对于侵彻过程中各种破坏现象及形成机理的分析成为可能。因此，各国专家学者提出了诸多侵彻理论，包括空穴膨胀理论、微分面力法、Amini-Anderson 模型、正交层状模型(土盘模型)、磨蚀杆模型(A-T 模型)、局部相互作用理论以及速度势及速度场理论。其中，空穴膨胀理论受到极大重视，各国学者在其基础上取得了丰硕成果。

空穴膨胀理论(Cavity Expansion Theory)针对不同弹靶情况，逐渐发展出两个分支，即球形空穴膨胀理论(SCET)和柱形空穴膨胀理论(CCET)。空穴膨胀理论分析弹丸侵彻靶板的基本思路是：假设球形或柱形空穴在半无限大靶板介质中从半径为零开始匀速向外膨胀，靶板介质在空穴膨胀压力下逐渐向外扩展。对于混凝土等脆性靶板材料，会在空穴膨胀作用下产生弹性区—裂纹区—粉碎区。各区域介质在空穴膨胀过程中满足连续介质力学中的能量守恒方程和动量守恒方程，利用材料本构模型和各区域的边界条件进行积分，可以得到稳态时空穴表面的应力场，最后代入空穴半径可得到空穴膨胀压力。在弹丸侵彻过程中，弹头部区域法向压力分布与空穴膨胀压力分布一致，结合弹头形状系数，可以得到弹丸侵彻阻力函数。侵彻阻力函数结合弹丸运动方程，可以得到侵彻深度、速度及加速度随时间的变化规律。

### 5.2.3 数值模拟法

随着电子计算机的突飞猛进，以及数值计算理论的日趋完善，数值模拟方法已经成为研究问题的不可或缺的常用手段之一。经验公式法只能给出初始弹靶参数与最终计算结果的关系，理论分析法通过简化与假设分析问题存在一定局限性，而数值模拟方法可以完整获得整个动态过程中每时每刻的计算结果。此外，数值模拟成本低廉，可以通过改变初始参量计算出最优化方案。

数值模拟方法的基本思想：将计算模型离散化，离散的节点代入基本方程组求解。离散方法主要包括有限元法(FEM)、有限差分法(FDM)、离散元法(DEM)及无网格法。有限元法是将计算模型离散化后，在离散域内求解偏微分方程组。而有限差分法则是用差分运算代替微分运算，将偏微分方程组化为差分方程组求解。离散元法适用于非连续介质问题，其基本方法是将研究对象处理成离散体，以每个离散体的方程组及离散体之间相互作用为基础进行求解。无网格法包括 SPH 法等，其目的是避免大变形条件下网格畸变问题。

从20世纪60年代开始，SNL、LANL和BRL等研究机构编写了多个基于有限元法和有限差分法的计算程序。目前已经出现了一大批成熟的大型商业工程计算软件：LS-DYNA、AutoDUN、ABAQUS等。

同时期开始，各国学者建立了多种关于混凝土材料的动态本构关系，通过不断地改进与完善，逐渐将材料在不同受载条件下出现的包括硬化效应、应变率效应、软化效应、压实效应、剪胀性、动态损伤和断裂等在内的各种现象纳入考虑。例如，Taylor、Chen、Kuszmaul提出了TCK模型；Holmquist、Johnson和Cook在EPIC-3混凝土本构关系的基础上提出了HJC模型；Riedel、Thoma、Hiermaier提出了RHT本构模型。

虽然数值模拟方法已经成为一种重要的分析侵彻问题的手段，但是受材料模型的合理性、材料参数的准确性、网格划分的规整性、计算机性能等因素制约，数值模拟结果还存在很多缺陷，需要靶场试验和理论分析的支持。因此，数值模拟、靶场试验和理论分析三者应该形成相互有益补充的关系。

## 5.3　半穿甲战斗部技术设计程序

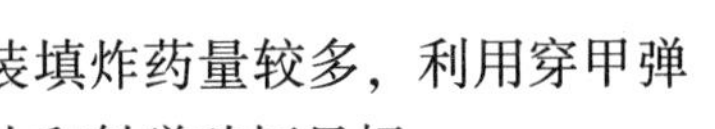

半穿甲弹又称穿甲爆破弹，结构特点是有较大的药室，装填炸药量较多，利用穿甲弹的本身动能，使战斗部钻入目标内部再爆炸，靠冲击波、破片和射弹破坏目标。

半穿甲战斗部的一般设计程序为：

(1)确定战斗部壳体结构形式和作用。

(2)协调战斗部尺寸和战斗部质量。

(3)战斗部的技术设计和安装设计。

(4)强度分析——战斗部与导弹的连接件只承受导弹在运输和飞行中的载荷，而战斗部壳体将承受与目标撞击时的冲击载荷。

(5)确定战斗部的装药成分和装药量。

(6)选择制造方法，例如战斗部的头部可机加工，可以锻造，也可以铸造。

(7)确定引信的安装方式。

(8)提出对引信的要求。

由于设计者的观点不同，尤其是在军方的要求中往往预先规定了某些参数，因此具体的设计程序还会有所变化。

## 5.4　半穿甲战斗部技术设计

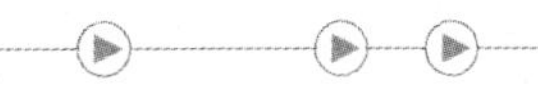

半穿甲战斗部技术设计包括战斗部壳体和装药设计，其中，战斗部壳体设计包括外形选择、壳体材料选择及壳体厚度的确定；装药设计包括确定装药成分、装药量和装药方法的选择。

半穿甲战斗部的壳体由头部和圆柱段组成，因此，半穿甲战斗部形状的选择主要指穿甲头部形状的选择。壳体厚度指不同形状的头部壁厚和圆柱段壁厚。

### 5.4.1 头部形状的选择

弹丸头部形状通常采用弹头曲径比 CRH(Caliber-Radius-Head)描述。CRH 一般定义为弹头曲率半径与弹丸直径之比，即 $\psi=s/(2a)$。

当 $\psi=0$，即 $s=0$ 时，弹丸为平头形，如图 5.4.1(a)所示。

当 $0<\psi<0.5$，即 $0<s<a$ 时，弹丸为平圆头形，如图 5.4.1(b)所示。

当 $\psi=0.5$，即 $s=a$ 时，弹丸为半球头形，如图 5.4.1(c)所示。

当 $\psi>0.5$，即 $s>a$ 时，弹头曲率半径大于弹丸直径，则该类弹丸统称为卵形弹。其中，按弹头弧线圆心是否在弹轴上，分为球冠头形和卵形，如图 5.4.2(a)、(b)所示；按弹头弧线是否与弹丸圆柱部相切，分为相切卵形和相割卵形，如图 5.4.2(b)、(c)所示。

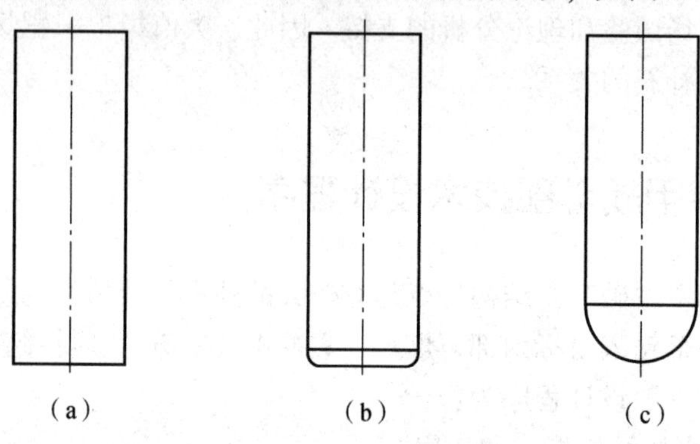


**图 5.4.1 弹头形状**

(a)平头形；(b)平圆头形；(c)半球头形

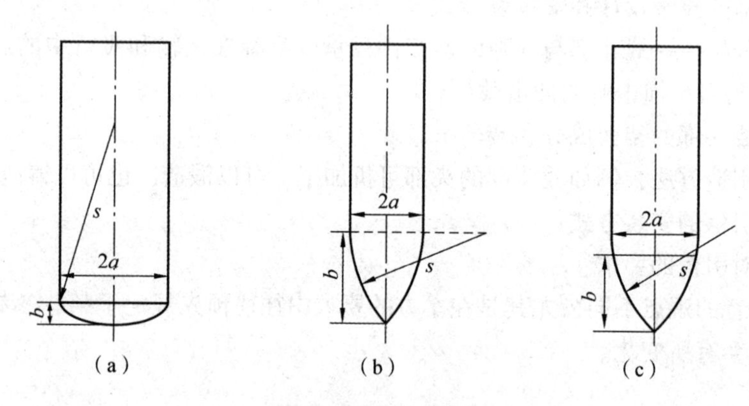


**图 5.4.2 卵形弹头**

(a)球冠头形；(b)相切卵形；(c)相割卵形

结合图形着重对尖卵形头部及其穿甲机理给予说明。

在图 5.4.3 中，头部呈尖卵形，药室顶端呈卵形。尖卵形头部必须有防跳弹装置。图中的四个防跳弹爪是考虑到为减小头部穿甲时的阻力而对环状防跳弹凸缘的改进。图 5.4.3 中描绘了带防跳弹爪头部的穿甲机理，使靶板呈花瓣状破裂。这样的头部设计尽可能地减小了头部穿甲时的阻力，从而最大限度地改善了战斗部壳体和装药在穿甲时的受力状态。

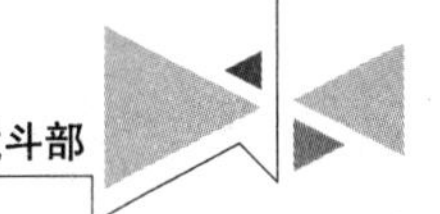

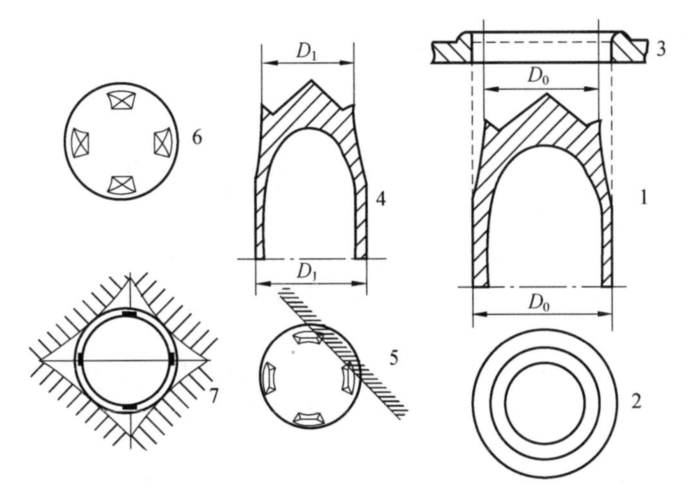


1—环状防跳弹凸缘；2—俯视图；3—目标；4—改进后的四个防跳弹爪；
5—俯视图，斜影线表示与目标可能的交会条件；6—防跳弹爪的另一种形式；
7—T 字线表示穿甲时的应力集中点和靶板的破裂线。

**图 5.4.3　尖卵形头部及破甲机理**

## 5.4.2　壳体材料和厚度的确定

1. 壳体材料的选择

根据半穿甲战斗部的设计经验，认为战斗部壳体材料的选择与目标的材料性能有关。壳体材料可选择 35CrMnSi、30CrMnSiNi2A 等。

2. 头部壳体厚度

战斗部结构形状通常有尖卵形、平板形等。其中，尖卵形头部壳体厚度为头部顶点至药室顶点的距离。这是由头部的母线形状、药室头部形状及限定的战斗部外形尺寸(直径和长度)决定的。根据经验，这个尺寸为 70 ~ 80 mm。

3. 圆柱段壳体壁厚

半穿甲战斗部圆柱段壁厚的最低限度是能承受撞击载荷。鸬鹚导弹战斗部圆柱段壳体壁厚为 12 mm，捕鲸叉导弹战斗部圆柱段壳体壁厚为 12.7 mm，而且这个数值与目标的厚度为同一值。飞鱼导弹战斗部圆柱段的壁厚为 20 mm，这是考虑到使壳体在战斗部爆炸时能形成一定质量和数量的破片，从而加大了壁厚，把装填系数控制在 26% 。

4. 钝角药型罩的材料和壁厚

鸬鹚导弹战斗部圆柱段上钝角聚能装药的药型罩的材料为低碳钢，壁厚为 4 mm。

## 5.4.3　确定半穿甲战斗部壁厚的计算方法

这个方法可用于尖卵形头部半穿甲战斗部的设计。这种形状的战斗部穿过舰壳时的最大应力点在战斗部的肩部。战斗部穿过舰舷壳板时的模型示于图 5.4.4。图中，$F_z$ 为穿甲阻力；$d$ 为战斗部直径；$L$ 为战斗部圆柱段长度；$R$ 为头部母线的半径；$\varepsilon$ 为舰舷壳板厚度。由图可得

$$\varphi_0 = \arcsin\left(1 - \frac{d}{2R}\right) \tag{5.4.1}$$

$$\cos\varphi = \cos\varphi_0 - \frac{\varepsilon}{R} \tag{5.4.2}$$

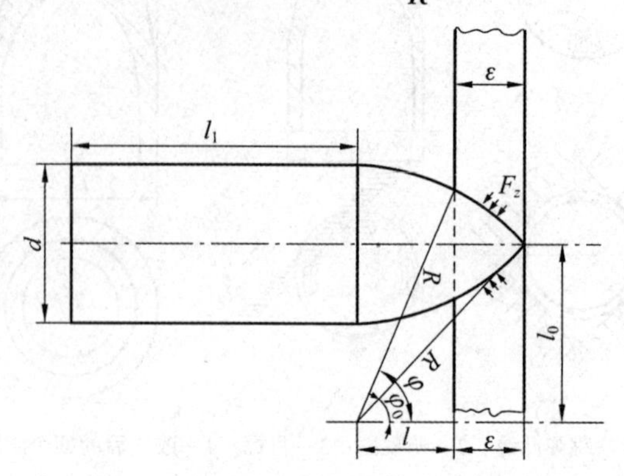


图 5.4.4　尖卵形头部的穿甲模型

尖卵形头部半穿甲战斗部的壳体厚度 $t$ 为：

$$t = \frac{F_z d}{4Y}\left(\frac{\sin\varphi - \sin\varphi_0}{1 - \sin\varphi_0}\right)^2\left[2 - \left(1 - \frac{C}{M}\right)\sin\varphi_0\right] \tag{5.4.3}$$

式中，$Y$ 为战斗部壳体材料的动态屈服强度；$C$ 为装药质量；$M$ 为战斗部质量；

由式(5.4.1)、式(5.4.2)和式(5.4.3)可以确定尖卵形头部底部(或肩部)的壁厚。在设计过程中，装药量和战斗部总质量之比 $C/M$ 取决于 $t$ 值，因此临界壁厚 $t$ 必须用迭代法确定。

1. 卵形弹丸侵彻阻力模型

由图 5.4.5 可知，卵形弹丸侵彻时，弹体表面阻力由两部分组成，即法向阻力 $\sigma_n$ 和切向摩擦阻力 $\sigma_\tau$。已知弹体表面法向阻力 $\sigma_n$ 与空穴表面径向应力 $\sigma_r$ 相等，而切向摩擦阻力 $\sigma_\tau$ 满足库仑摩擦定律，则有：

$$\sigma_n = \sigma_r \tag{5.4.4}$$

$$\sigma_\tau = \mu_m \sigma_n \tag{5.4.5}$$

图 5.4.5　卵形弹丸侵彻阻力示意图

弹丸对半无限混凝土靶的侵彻过程可以分为两个阶段，即开坑阶段和稳定侵彻阶段。在文献中通过试验观测认为，侵彻过程中，空穴大致呈圆锥形，由开坑区域和其后穿孔区域两部分组成。设弹丸半径为 $a$，侵彻行程为 $z$，最终侵彻深度为 $P$，则：

当 $0<z\leqslant 4a$，为弹丸开坑阶段；

当 $4a<z\leqslant P$ 时，为弹丸稳定侵彻阶段。

在分析弹丸对混凝土靶的侵彻阻力时，必须考虑到上述两个阶段。所以，弹丸侵彻阻力 $F_z$ 可以分别表示为：

开坑阶段：

$$F_z=cz,\ 0<z\leqslant 4a \tag{5.4.6}$$

式中，$c$ 为阻力系数。

稳定侵彻阶段：微分形式

$$dF_z=(\sigma_n\cos\theta+\sigma_\tau\sin\theta)2\pi y ds,\ 4a<z\leqslant P \tag{5.4.7}$$

式中，$y=y(z)$ 为弹头形状函数；$a$、$b$ 分别为弹丸半径和弹头长度。

对于弹体弧形微元 $ds$，满足以下关系：

$$ds=\sqrt{(dz)^2+(dy)^2}=\sqrt{1+y'^2}dz \tag{5.4.8}$$

又已知：

$$\sin\theta=\frac{dz}{ds}=\frac{dz}{\sqrt{1+y'^2}dz}=\frac{1}{\sqrt{1+y'^2}},\ \cos\theta=-\frac{dy}{ds}=-\frac{dy}{\sqrt{1+y'^2}dz}=-\frac{y'}{\sqrt{1+y'^2}} \tag{5.4.9}$$

将式(5.4.8)、式(5.4.9)代入式(5.4.7)可得：

$$dF_z=(-y'+\mu_m)2\pi\sigma_n y dz \tag{5.4.10}$$

上式沿弹丸头部积分，可得整个弹头的侵彻阻力为：

$$F_z=\int_0^b(-y'+\mu_m)2\pi\sigma_n y dz \tag{5.4.11}$$

Forrestal 等人认为混凝土材料的 $\sigma_r-V$ 函数与不可压缩材料的 $\sigma_r-V$ 函数形式一致，即混凝土的径向应力-空穴膨胀速度满足以下关系：

$$\sigma_r=\rho V^2+SY \tag{5.4.12}$$

式中，$S=82.6Y^{-0.544}$。

Forrestal 等人对上式进行了修正，提出混凝土作为可压缩材料，其径向应力与空穴膨胀速度应满足如下关系：

$$\frac{\sigma_r}{Y}=A\left[\frac{V}{(Y/\rho_0)^{0.5}}\right]^2+B\left[\frac{V}{(Y/\rho_0)^{0.5}}\right]+C \tag{5.4.13}$$

上式可变换为：

$$\sigma_r=A\rho_0V^2+B\sqrt{Y\rho_0}V+CY \tag{5.4.14}$$

式中，$A$、$B$、$C$ 为与材料性质有关的量纲为 1 的系数。从式(5.4.14)可以看出，$\sigma_r-V$ 函数由三部分组成：第一项反映材料强度，文献认为该项表示空穴克服材料强度开始膨胀的临界压力；第二项反映可压缩材料在空穴膨胀过程中表现出一定黏性特征；第三项反映空穴膨胀下材料的惯性效应。

将式(5.4.14)代入可得：

$$F_z=2\pi Y\int_0^b(-y'+\mu_m)\left\{A\left[\frac{V}{(Y/\rho_0)^{0.5}}\right]^2+B\left[\frac{V}{(Y/\rho_0)^{0.5}}\right]+C\right\}y dz \tag{5.4.15}$$

已知弹丸速度 $V_z$ 与空穴膨胀速度 $V$ 满足：

$$V=V_z\cos\theta \tag{5.4.16}$$

所以式(5.4.15)变换为：

$$F_z = 2\pi Y\int_0^b(-y'+\mu_m)\left\{A\left[\frac{V_z\frac{-y'}{\sqrt{1+y'^2}}}{(Y/\rho_0)^{0.5}}\right]^2+B\left[\frac{V_z\frac{-y'}{\sqrt{1+y'^2}}}{(Y/\rho_0)^{0.5}}\right]+C\right\}y\mathrm{d}z \quad (5.4.17)$$

令

$$A_2 = 2\pi\rho_0 A\int_0^b(-y'+\mu_m)\frac{y'^2}{1+y'^2}y\mathrm{d}z \quad (5.4.18)$$

$$B_2 = 2\pi\sqrt{Y\rho_0}B\int_0^b(-y'+\mu_m)\frac{-y'}{\sqrt{1+y'^2}}y\mathrm{d}z \quad (5.4.19)$$

$$C_2 = 2\pi YC\int_0^b(-y'+\mu_m)y\mathrm{d}z \quad (5.4.20)$$

则式(5.4.17)可以简化为：

$$F_z = A_2V_z^2 + B_2V_z + C_2 \quad (5.4.21)$$

式(5.4.18)、式(5.4.19)、式(5.4.20)可以展开为：

$$A_2 = 2\pi\rho_0 A\left(\int_0^b\frac{-y'^3}{1+y'^2}y\mathrm{d}z+\mu_m\int_0^b\frac{y'^2}{1+y'^2}y\mathrm{d}z\right) \quad (5.4.22)$$

$$B_2 = 2\pi\sqrt{Y\rho_0}B\left(\int_0^b\frac{y'^2}{\sqrt{1+y'^2}}y\mathrm{d}z+\mu_m\int_0^b\frac{-y'}{\sqrt{1+y'^2}}y\mathrm{d}z\right) \quad (5.4.23)$$

$$C_2 = 2\pi YC\left(\int_0^b-y'y\mathrm{d}z+\mu_m\int_0^b y\mathrm{d}z\right) \quad (5.4.24)$$

令式(5.4.22)、式(5.4.23)、式(5.4.24)中，有：

$$N_1' = \frac{2}{a^2}\int_0^b\frac{-y'^3}{1+y'^2}y\mathrm{d}z \quad (5.4.25)$$

$$N_1'' = \frac{2}{a^2}\int_0^b\frac{y'^2}{1+y'^2}y\mathrm{d}z \quad (5.4.26)$$

$$N_2' = \frac{2}{a^2}\int_0^b\frac{y'^2}{\sqrt{1+y'^2}}y\mathrm{d}z \quad (5.4.27)$$

$$N_2'' = \frac{2}{a^2}\int_0^b\frac{-y'}{\sqrt{1+y'^2}}y\mathrm{d}z \quad (5.4.28)$$

$$N_3' = \frac{2}{a^2}\int_0^b-yy'\mathrm{d}z \quad (5.4.29)$$

$$N_3'' = \frac{2}{a^2}\int_0^b y\mathrm{d}z \quad (5.4.30)$$

则式(5.4.22)、式(5.4.23)、式(5.4.24)可以表示为：

$$A_2 = \pi\rho_0 a^2 A(N_1'+\mu_m N_1'') \quad (5.4.31)$$

$$B_2 = \pi a^2\sqrt{Y\rho_0}B(N_2'+\mu_m N_2'') \quad (5.4.32)$$

$$C_2 = \pi a^2 YC(N_3'+\mu_m N_3'') \quad (5.4.33)$$

式中，$N_1'$、$N_1''$、$N_2'$、$N_2''$、$N_3'$、$N_3''$为弹头形状系数。

2. 相切卵形弹丸侵彻阻力模型

如图 5.4.6 所示，相切卵形弹丸($a<b$)的弹头形状函数为：

$$y=\sqrt{\left(\frac{a^2+b^2}{2a}\right)^2-z^2}+\frac{b^2-a^2}{2a} \tag{5.4.34}$$

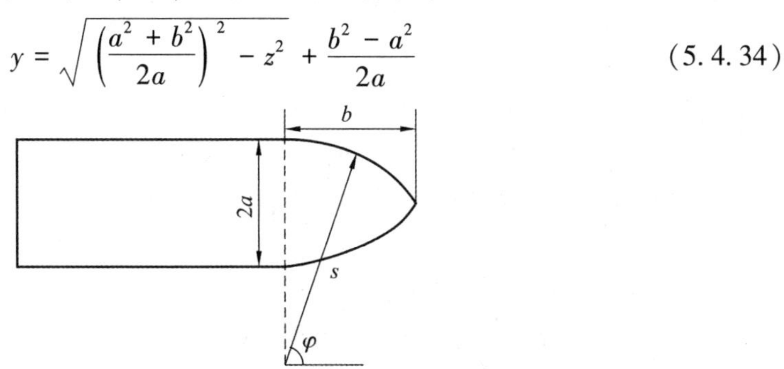


图 5.4.6 相切卵形弹头形状

由图 5.4.6 可知，弹丸曲率半径 $s=(a^2+b^2)/(2a)$；弹头曲径比 CRH(Caliber-Radius-Head)$\psi=s/(2a)$。

弹头形状系数分别为：

$$N_1{}'=\frac{8\psi-1}{24\psi^2} \tag{5.4.35}$$

$$N_1{}''=\psi^2\left[\frac{\pi}{2}-\varphi-\frac{1}{3}\left(2\sin2\varphi+\frac{\sin4\varphi}{4}\right)\right] \tag{5.4.36}$$

$$N_2{}'=4\sqrt{\left(\frac{1}{\psi}-\frac{1}{4\psi^2}\right)}\left(\psi^2-\frac{1}{3}\psi+\frac{1}{12}\right)-4\left(\psi^2-\frac{\psi}{2}\right)\arcsin\sqrt{\left(\frac{1}{\psi}-\frac{1}{4\psi^2}\right)} \tag{5.4.37}$$

$$N_2{}''=4\psi^2\left\{\frac{1}{2\psi}-\frac{1}{3}\left[1-\left(1-\frac{1}{2\psi}\right)^3\right]\right\} \tag{5.4.38}$$

$$N_3{}'=1 \tag{5.4.39}$$

$$N_3{}''=4\psi^2\left(\frac{\pi}{2}-\varphi-\frac{\sin2\varphi}{2}\right) \tag{5.4.40}$$

式中，$\varphi=\arcsin\left(1-\frac{1}{2\psi}\right)$，$\psi>\frac{1}{2}$。

3. 相割卵形弹丸侵彻阻力模型

由图 5.4.7 中几何关系可得相割卵形弹头阻力表达式为：

$$F_z=2\pi s^2\int_{\varphi_0}^{\varphi_1}(\sin\varphi-\sin\varphi_0)(\sigma_n\cos\varphi+\sigma_\tau\sin\varphi)\,\mathrm{d}\varphi \tag{5.4.41}$$

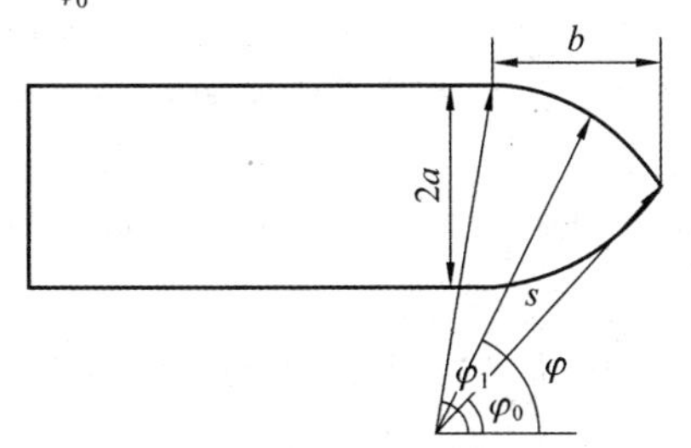


图 5.4.7 相割卵形弹头形状

将式(5.4.5)、式(5.4.14)代入式(5.4.41)可得：

$$F_z = 2\pi s^2 Y\int_{\varphi_0}^{\varphi_1}(\sin\varphi - \sin\varphi_0)\left\{A\left[\frac{V}{(Y/\rho_0)^{0.5}}\right]^2 + B\left[\frac{V}{(Y/\rho_0)^{0.5}}\right] + C\right\}(\cos\varphi + \mu_m\sin\varphi)\,\mathrm{d}\varphi \tag{5.4.42}$$

又可知，$V=V_z\cos\varphi$，有：

$$F_z = 2\pi s^2 Y\int_{\varphi_0}^{\varphi_1}(\sin\varphi - \sin\varphi_0)\left\{A\left[\frac{V_z\cos\varphi}{(Y/\rho_0)^{0.5}}\right]^2 + B\left[\frac{V_z\cos\varphi}{(Y/\rho_0)^{0.5}}\right] + C\right\}(\cos\varphi + \mu_m\sin\varphi)\,\mathrm{d}\varphi \tag{5.4.43}$$

$$A_2' = 2\pi s^2\rho_0 A\int_{\varphi_0}^{\varphi_1}[(\sin\varphi - \sin\varphi_0)\cos\varphi + \mu_m(\sin^2\varphi - \sin\varphi_0\sin\varphi)]\cos^2\varphi\,\mathrm{d}\varphi \tag{5.4.44}$$

$$B_2' = 2\pi s^2\sqrt{Y\rho_0}\,B\int_{\varphi_0}^{\varphi_1}[(\sin\varphi - \sin\varphi_0)\cos\varphi + \mu_m(\sin^2\varphi - \sin\varphi_0\sin\varphi)]\cos\varphi\,\mathrm{d}\varphi \tag{5.4.45}$$

$$C_2' = 2\pi s^2 YC\int_{\varphi_0}^{\varphi_1}[(\sin\varphi - \sin\varphi_0)\cos\varphi + \mu_m(\sin^2\varphi - \sin\varphi_0\sin\varphi)]\,\mathrm{d}\varphi \tag{5.4.46}$$

则式(5.4.43)可以简化为：

$$F_2 = A_2'V_z^2 + B_2'V_z + C_2 \tag{5.4.47}$$

式(5.4.44)、式(5.4.45)、式(5.4.46)可以展开为：

$$A_2' = 2\pi s^2\rho_0 A\left[\int_{\varphi_0}^{\varphi_1}(\sin\varphi - \sin\varphi_0)\cos^3\varphi\,\mathrm{d}\varphi + \mu_m\int_{\varphi_0}^{\varphi_1}(\sin^2\varphi - \sin\varphi_0\sin\varphi)\cos^2\varphi\,\mathrm{d}\varphi\right] \tag{5.4.48}$$

$$B_2' = 2\pi s^2\sqrt{Y\rho_0}\,B\left[\int_{\varphi_0}^{\varphi_1}(\sin\varphi - \sin\varphi_0)\cos^2\varphi\,\mathrm{d}\varphi + \mu_m\int_{\varphi_0}^{\varphi_1}(\sin^2\varphi - \sin\varphi_0\sin\varphi)\cos\varphi\,\mathrm{d}\varphi\right] \tag{5.4.49}$$

$$C_2' = 2\pi s^2 YC\left[\int_{\varphi_0}^{\varphi_1}(\sin\varphi - \sin\varphi_0)\cos\varphi\,\mathrm{d}\varphi + \mu_m\int_{\varphi_0}^{\varphi_1}(\sin^2\varphi - \sin\varphi_0\sin\varphi)\,\mathrm{d}\varphi\right] \tag{5.4.50}$$

令式(5.4.48)、式(5.4.49)、式(5.4.50)中：

$$N_1' = 8\psi^2\int_{\varphi_0}^{\varphi_1}(\sin\varphi - \sin\varphi_0)\cos^3\varphi\,\mathrm{d}\varphi \tag{5.4.51}$$

$$N_1'' = 8\psi^2\int_{\varphi_0}^{\varphi_1}(\sin^2\varphi - \sin\varphi_0\sin\varphi)\cos^2\varphi\,\mathrm{d}\varphi \tag{5.4.52}$$

$$N_2' = 8\psi^2\int_{\varphi_0}^{\varphi_1}(\sin\varphi - \sin\varphi_0)\cos^2\varphi\,\mathrm{d}\varphi \tag{5.4.53}$$

$$N_2'' = 8\psi^2\int_{\varphi_0}^{\varphi_1}(\sin^2\varphi - \sin\varphi_0\sin\varphi)\cos\varphi\,\mathrm{d}\varphi \tag{5.4.54}$$

$$N_3' = 8\psi^2\int_{\varphi_0}^{\varphi_1}(\sin\varphi - \sin\varphi_0)\cos\varphi\,\mathrm{d}\varphi \tag{5.4.55}$$

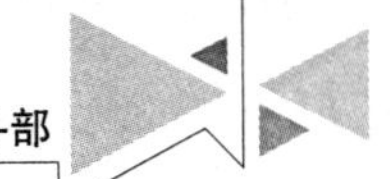

$$N_3'' = 8\psi^2 \int_{\varphi_0}^{\varphi_1} (\sin^2\varphi - \sin\varphi_0 \sin\varphi)\, \mathrm{d}\varphi \tag{5.4.56}$$

所以，式(5.4.48)、式(5.4.49)、式(5.4.50)可以表示为：

$$N_3'' = 4\psi^2 \left( \frac{\pi}{2} - \varphi - \frac{\sin 2\varphi}{2} \right) \tag{5.4.57}$$

$$N_3'' = 4\psi^2 \left( \frac{\pi}{2} - \varphi - \frac{\sin 2\varphi}{2} \right) \tag{5.4.58}$$

$$N_3'' = 4\psi^2 \left( \frac{\pi}{2} - \varphi - \frac{\sin 2\varphi}{2} \right) \tag{5.4.59}$$

上述各式中弹头形状系数分别为：

$$N_1' = \psi^2 \left( 4\sin^2\varphi_1 - 2\sin^4\varphi_1 - 4\sin^2\varphi_0 - \frac{2}{3}\sin^4\varphi_0 - 8\sin\varphi_0\sin\varphi_1 + \frac{8}{3}\sin\varphi_0\sin^3\varphi_1 \right) \tag{5.4.60}$$

$$N_1'' = \psi^2 \left[ (\varphi_1 - \varphi_0) - \frac{1}{4}(\sin 4\varphi_1 - \sin 4\varphi_0) + \frac{8}{3}\sin\varphi_0 (\cos^3\varphi_1 - \cos^3\varphi_0) \right] \tag{5.4.61}$$

$$N_2' = \psi^2 \left\{ -\frac{8}{3}(\cos^3\varphi_1 - \cos^3\varphi_0) - 2\sin\varphi_0 [\sin 2\varphi_1 - \sin 2\varphi_0 + 2(\varphi_1 - \varphi_0)] \right\} \tag{5.4.62}$$

$$N_2'' = \psi^2 \left[ \frac{8}{3}\sin^3\varphi_1 - \frac{8}{3}\sin^3\varphi_0 - 4\sin\varphi_0 (\sin 2\varphi_1 - \sin 2\varphi_0) \right] \tag{5.4.63}$$

$$N_3' = 4\psi^2 (\sin^2\varphi_1 + \sin^2\varphi_0 - 2\sin\varphi_0\sin\varphi_1) \tag{5.4.64}$$

$$N_3'' = 2\psi^2 [2(\varphi_1 - \varphi_0) - (\sin 2\varphi_1 + \sin 2\varphi_0) + 4\sin\varphi_0\cos\varphi_1] \tag{5.4.65}$$

### 5.4.4 选择炸药和确定装药量

1. 炸药的选择

半穿甲战斗部装药的选择原则是选用比较钝感的高能炸药，主要选用 TNT 和 RDX(黑索金)的混合炸药。国外的半穿甲战斗部使用的炸药有 TNT/RDX 40/60 和 50/50，TNT/RDX 40/60 就是 B-3 炸药。B 炸药的成分为 TNT/RDX/蜡(39/60/1)，其中蜡为钝感剂。

2. 装药量的确定

攻击轻型目标结构的内爆战斗部的装药量可达战斗部总质量的70%～75%，对于攻击重型目标结构，装药量可达战斗部总质量的50%。但是至今为止，国内外的反舰半穿甲战斗部的装药量都没有达到这么高的比值。美国的捕鲸叉导弹战斗部的装药量与战斗部总质量的比值较高，约40%。如果考虑战斗部壳体形成自然破片的破坏作用，则壳体应当加厚，装药量必然下降。卵形头部药室比平头药室的装药量少。以飞鱼导弹战斗部为例，法国的工程师们认为如果战斗部的壳体能形成平均质量≥25 g 的破片，其破坏力对军舰的内部结构和设备以及对小艇是有效的。导弹不能直接命中目标时，战斗部由非触发引信引爆，在离目标较近的空中爆炸，这时壳体形成的≥25 g 的自然破片对艇面结构和设备的破坏是有效的。因此他们把壳体设计成 20 mm 厚，装药量只占战斗部总质量的 26%。而鸬鹚导弹战斗部Ⅰ型和Ⅱ型的头部都是尖卵形，药室头部也都是卵形，壳体壁厚 12 mm，不能形成有效的破片。Ⅰ型战斗部有 16 个钝角聚能装药，Ⅱ型战斗部加长了，有 24 个钝角聚能装药。聚能槽对装药量的影响不大。Ⅰ型和Ⅱ型的装药量均占战斗部总质量的 35%。

由此可见，在战斗部外形尺寸和总质量一定的条件下，装药量与战斗部的形状及壳体壁厚有关。这是因为战斗部的外形决定了药室的形状。同样的药室长度和直径，圆柱形药室的容积大于卵形头部药室的容积。为形成一定要求的破片而加厚壳体也使装药量下降。

表 5.4.1 列出了国外一些反舰半穿甲战斗部的装药量与战斗部总质量的比值。该比值与药室形状及壳体厚度有关。

**表 5.4.1　战斗装药量与战斗部总质量之比**

| 药室形状 | 战斗部壳体的功能 | |
|---|---|---|
| | 只承受撞击载荷 | 兼顾形成有效破片 |
| 圆柱形 | 40%（壁厚 12.7 mm） | 32%（假设壁厚 20 mm） |
| 卵形 | 35%（壁厚 12 mm） | 26%（壁厚 20 mm） |

炸药的冲击-爆炸的转换机制是，冲击引起炸药的化学反应，化学反应产生的能量的补充使冲击增强，而更强烈的冲击又使化学反应增强。如果这种相互增强的过程继续下去，就形成稳定爆轰的极限条件。研究这一问题的目的在于，在一定的撞击条件下，合理地设计战斗部结构，选择恰当的战斗部壳体材料和适当的炸药配方，采取必要的措施，使炸药不因撞击而发生冲击-爆炸转换。

## 5.4.5　半穿甲战斗部的装药在撞击条件下的安全性

为了保证半穿甲战斗部在军舰内部实现理想爆轰，战斗部必须经得住穿过舰舷外壳时加给它的撞击载荷，而战斗部的主要构件不能丧失功能，即壳体不能破裂，装药不能发生冲击-爆炸转换反应。

金属材料在非常高的应力条件下，其性态呈塑性而不是弹性。应力的剪切分力以产生永久变形效果为极限。该剪切应力的极限使材料具有与流体相似的流动性态。这种流动性随撞击载荷的增大而上升。已经证明，把冲击流体理论应用于速度为几百米每秒以上的撞击问题是正确的。图 5.4.3 就是在低碳钢正面施加爆炸载荷，由背面测得的压力-时间曲线。在冲击中出现的这种复波结构的发生和消散过程导致波的衰减。由撞击产生的初始压力 $p$ 衰减为较低的压力 $p(x)$。密实介质中冲击波压力峰值随着传播距离的增加而衰减的规律符合指数衰减形式（计算金属-炸药分界面上的冲击参数的衰减值）：

$$p(x) = p\mathrm{e}^{-\alpha x} \tag{5.4.66}$$

式中，$p$ 为壳体内表面的压力；$\alpha$ 为壳体中冲击波压力峰值衰减系数，仅与材料相关；$x$ 为冲击波压力在壳体中传播的距离。

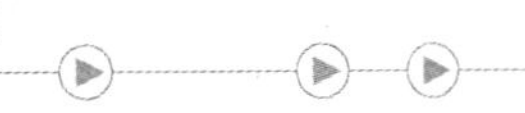

## 5.5　钢筋混凝土靶试验建立及破孔尺寸检测

### 5.5.1　钢筋混凝土靶试验建立

由于弹丸侵彻钢筋混凝土的过程复杂多变，理论模型很难完整分析全过程中的所有影响因素，而仿真计算受材料本构模型、计算算法的限制，其模拟结果也存在诸多不足。因此，靶场试验仍旧是分析和评估弹丸对靶板侵彻效应最直观、最显著的方法。

在现代战争中，城市街巷作战是常见的作战样式。在城市作战环境中，各类钢筋混凝土结构将成为重要的攻击目标，此类目标在现代战场上占有相当大比重。其中，典型的坚固工事顶部多为平板结构，侧向部位较多采用平板形或圆弧形钢筋混凝土结构。为施工作业和靶场试验方便，确定靶板形状为平板式长方形钢筋混凝土厚墙结构。

为了科学有效地获取试验结果，必须按照设计规范建立钢筋混凝土结构。钢筋混凝土靶的建设要满足《防护工程防常规武器结构设计规范》和《混凝土结构设计规范》的要求。按照上述要求建立的钢筋混凝土结构具有一定代表性，能够反映一定真实情况。

钢筋混凝土结构参数确定原则：按战术技术要求规定的常规武器一发命中设计，不考虑命中不同部位时的叠加效应；保证常规武器局部破坏作用下的抗震塌要求、整体破坏和静载作用下的结构强度；考虑到边界效应，最大限度反映真实目标，主靶尺寸应不小于 20 ~ 25 倍弹径。

### 5.5.2　不规则毁伤的靶板检测

不规则毁伤的靶板一般出现在靶板组的后几层，毁伤部位有裂纹、破片侵彻孔和凹坑。

1. 毁伤区域划分准则

破孔与破片侵彻孔的区别在于所处的位置不同。破孔是处于弹道位置上，不符合该位置要求的单一毁伤孔一律判为破片侵彻孔。

破孔、破片侵彻孔断口与裂纹断口的区别在于前者有明显的剪切痕迹，而裂纹断口则没有，并且裂纹断口是成对地出现的，在形状上是一一对应的。破孔、破片侵彻孔不存在这种对应规律。

对于裂纹断口将破孔和破片侵彻孔连成一个毁伤孔的情况，在测量破孔尺寸时，应根据断口规律将其排除。

图 5.5.1 列出六种典型的靶板毁伤情况。

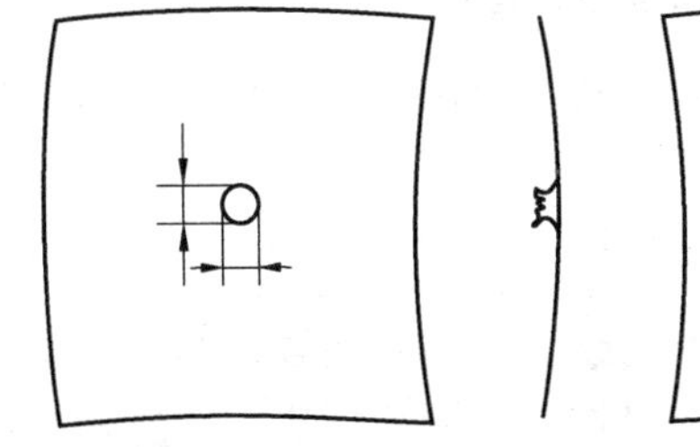

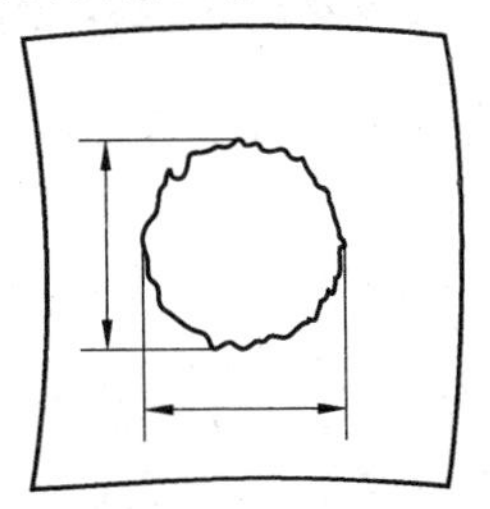

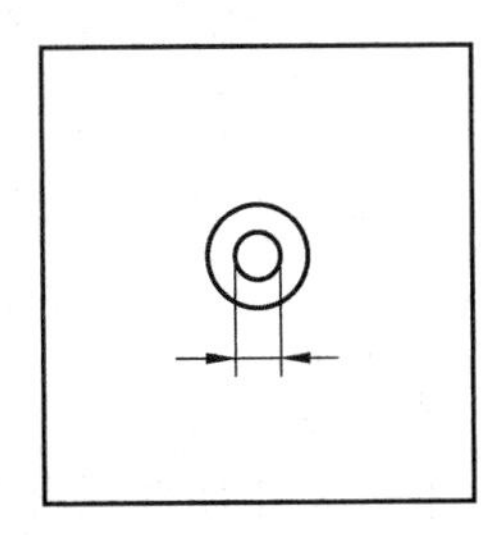

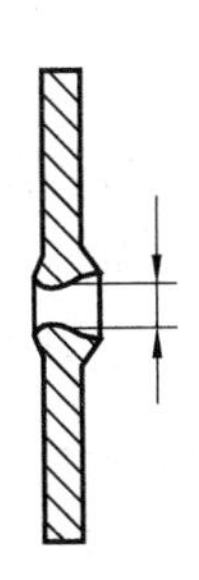

**图 5.5.1　规则毁伤靶板的检测**

2. 破孔尺寸的检测

图 5.5.2 列出六种典型的靶板毁伤情况。

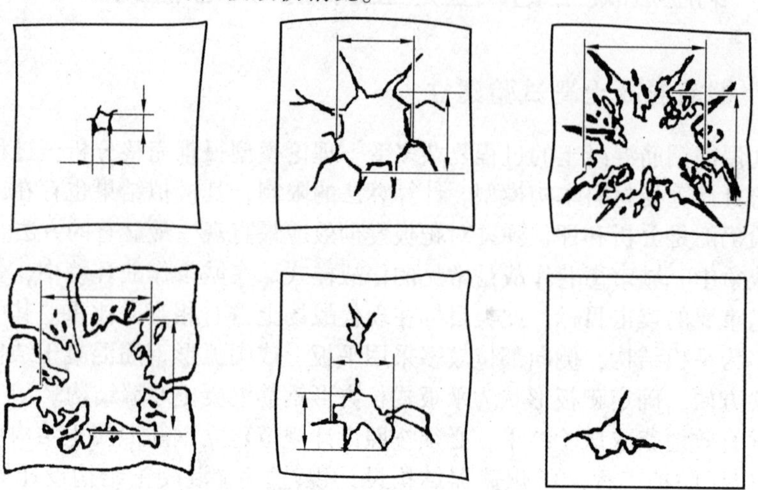

图 5.5.2　不规则毁伤靶板组破孔尺寸检测

根据断口与弹道平行的翻边切线，测量破孔所达到的最大水平和垂直距离。当最大尺寸位于破孔断口与裂纹断口交点时，应从交点测量。

3. 破片覆盖区的检测

图 5.5.3 列出六种典型的靶板毁伤情况。

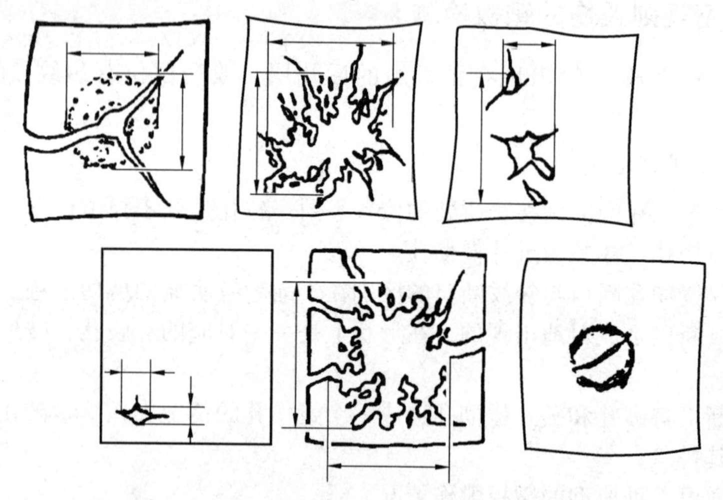

图 5.5.3　不规则毁伤靶板组破片覆盖区的检测

根据破孔、破片侵彻孔的断口与翻边平行于弹道的切线，对破片凹坑边缘所达到的最大水平和垂直距离进行测量。

4. 裂纹区的检测

根据破孔、破片侵彻孔的断口与翻边平行于弹道的切线，对破片凹坑边缘和裂纹断口所达到的最大水平距离和垂直距离进行测量。当裂纹断口扩展到靶板周边，造成靶板从毁伤中心沿裂纹方向彻底断裂时，裂纹长度应从断裂的齐边测量。

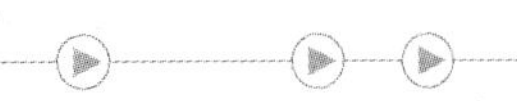

## 5.6　卵形弹对素混凝土侵彻深度的经验公式

目前，已有各国学者和研究机构已经陆续提出数十种可用于计算弹丸对素混凝土侵彻深度的经验公式。但是，能够用于计算钢筋混凝土侵彻深度的公式较少。Young 公式、ACE 公式、修正 Petry 公式适用于计算钢筋混凝土靶极限贯穿速度。

1. Young 公式

$$H = 0.000\,018K_h SN(M/A)^{0.7}(v_0 - 30.5) \tag{5.6.1}$$

式中，$H$ 为侵彻深度，m；$M$ 为弹丸质量，kg；$A$ 为弹丸横截面积，$m^2$；$v_0$ 为着速，m/s。

对于卵形弹，弹头形状影响系数：

$$N = 0.56 + 0.18(\mathrm{CRH} - 0.25)^{0.5} \tag{5.6.2}$$

式中，$d$ 为弹丸直径，m；CRH 为弹头系数。

对于钢筋混凝土，阻尼系数：

$$S = 0.085K_e(11 - P)(t_c T_c)^{-0.06}(35/f_c)^{0.3} \tag{5.6.3}$$

式中，$f_c$ 为混凝土无侧限抗压强度，MPa；$K_e = (F/W_1)^{0.3}$，钢筋混凝土 $F=20$，$W_1$ 为靶板宽度与弹径比，若 $W_1 \geqslant F$，则 $K_e = 1$；$P$ 为混凝土体积配筋率；$t_c$ 为混凝土浇筑时间，若大于一年，取 $t_c = 1$；$T_c$ 为靶板厚度与弹体直径的比值；若 $M \leqslant 182$ kg，则侵彻深度乘以修正折减系数 $K_h$，$K_h = 0.45M^{0.15}$。

2. ACE 公式

美国陆军在文献中建议采用如下公式计算弹体侵彻钢筋混凝土深度：

$$\frac{H}{d} = 0.5 + \frac{3.5 \times 10^{-4} M d^{-2.785} v_0^{1.5}}{f_c^{0.5}} \tag{5.6.4}$$

$$\frac{H_p}{d} = 1.32 + 1.24\left(\frac{H}{d}\right) \quad \left(1.35 \leqslant \frac{H}{d} \leqslant 13.45\right) \tag{5.6.5}$$

式中，$H_p$ 为临界贯穿深度，m；$H$ 为侵彻深度，m；$f_c$ 为混凝土无侧限抗压强度，Pa。

3. 修正 Petry 公式

$$H = 0.062\,37K_p \frac{M}{A}\lg\left(1 + \frac{v_0^2}{19\,974}\right) \tag{5.6.6}$$

$$H_p = 2H \tag{5.6.7}$$

式中，$K_p$ 为可侵彻性系数，普通钢筋混凝土取 0.004 26；其余参数同上。

Young 公式建立在大量侵彻半无限靶试验数据之上，未考虑有限厚度靶体情况，因此该公式计算有限厚度钢筋混凝土靶贯穿弹道极限明显偏大。ACE 公式与修正 Petry 公式均考虑了有限厚度钢筋混凝土靶背面破坏情况，对预测半无限靶侵彻深度公式进行了修正，建立了描述临界贯穿深度 $H_p$ 与侵彻深度 $H$ 的关系式。但是修正 Petry 公式只是简单地视临界贯穿深度 $H_p$ 为侵彻深度 $H$ 的 2 倍，不符合实际情况。而 ACE 公式将弹径 $d$ 纳入考虑，建立起 $H_p$、$H$ 和 $d$ 三者之间关系。所以，利用 ACE 公式预估有限厚度钢筋混凝土靶的贯穿弹道极限较为准确。

## 5.7 钻地弹原理与结构

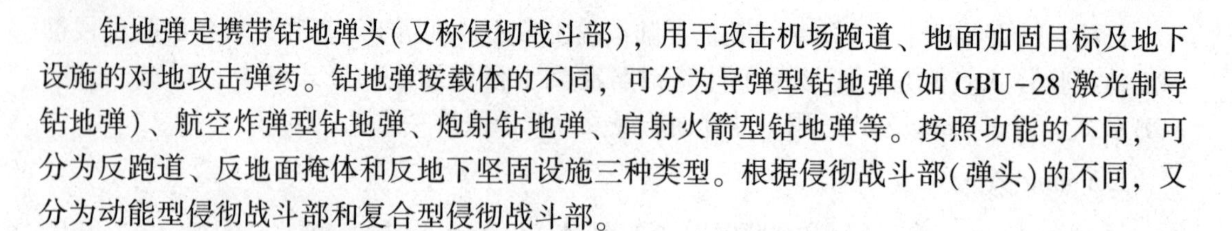

钻地弹是携带钻地弹头(又称侵彻战斗部),用于攻击机场跑道、地面加固目标及地下设施的对地攻击弹药。钻地弹按载体的不同,可分为导弹型钻地弹(如 GBU-28 激光制导钻地弹)、航空炸弹型钻地弹、炮射钻地弹、肩射火箭型钻地弹等。按照功能的不同,可分为反跑道、反地面掩体和反地下坚固设施三种类型。根据侵彻战斗部(弹头)的不同,又分为动能型侵彻战斗部和复合型侵彻战斗部。

### 5.7.1 钻地弹结构

动能侵彻战斗部利用弹丸飞行时的动能,撞击、穿入目标内部,引爆弹头内的高爆炸药,毁伤目标。由于受载体携载能力影响,弹头的体积和质量受到限制,可能会造成侵彻战斗部攻击目标时动能不足,影响侵彻深度。目前,提高侵彻战斗部效能(侵彻深度)的主要途径,一是选取适当的战斗部长径比,提高对目标单位面积上的压力;二是提高弹头末速度,增大攻击目标时的动能。为了增加末速度,美军目前正在研制带火箭发动机或其他动力装置的可推进侵彻战斗部,末速度可达 1 200 m/s。这种战斗部可应用在联合直接攻击弹药(JDAM)上,其结构如图 5.7.1 所示,它是在现役航空炸弹基础上加装了相应制导控制装置。试验表明,质量为 35 kg、以 450 m/s 速度实施侵彻的战斗部,足以钻透厚度达 1 m 的钢筋混凝土结构。除以上因素外,弹着角和攻角对于侵彻战斗部的效能也有较大影响。弹着角为 90°时的攻击威力最大,攻角通常限制在±5°以内。

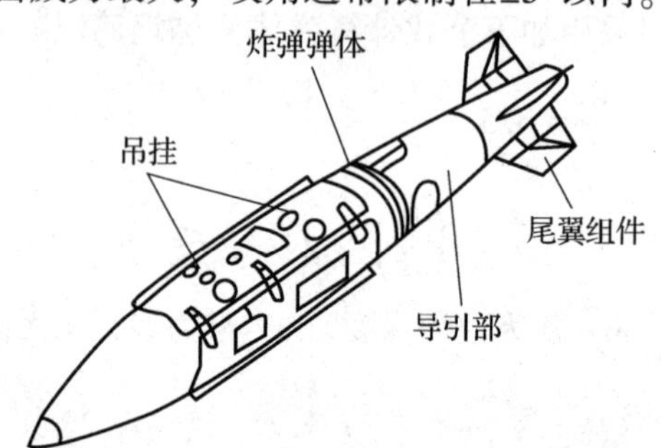


**图 5.7.1 由活性材料制备的侵彻弹及毁伤效应**

复合侵彻战斗部一般由一个或多个安装在弹体前部的聚能装药弹头和安装在后部的侵彻弹头(随进弹头)构成(图 5.7.2 和图 5.7.3)。使用时,弹头前面的聚能成型装药弹头主要对目标进行“预处理”,可编程引信在最佳高度起爆成型装药,沿装药轴线方向产生高速聚能射流或射弹。强大的射流能使混凝土等硬目标产生破碎和发生大变形,并沿弹头方向形成孔道,主侵彻弹头循孔道跟进并穿入目标内部。弹头上的延时或智能引信最终引爆主装药,毁伤目标。

与动能侵彻战斗部相比,复合侵彻战斗部的效能更高。例如,一枚质量为 35 kg、速度为 450 m/s 的动能侵彻战斗部的动能为 3 500 kJ,而一枚质量为 6 kg、速度为 700 m/s 的聚能装药复合侵彻战斗部产生的金属射流的动能却高达 2 300 kJ,二者对目标的穿透能力相差不大。可见,复合侵彻战斗部是一种更先进的侵彻弹头技术。

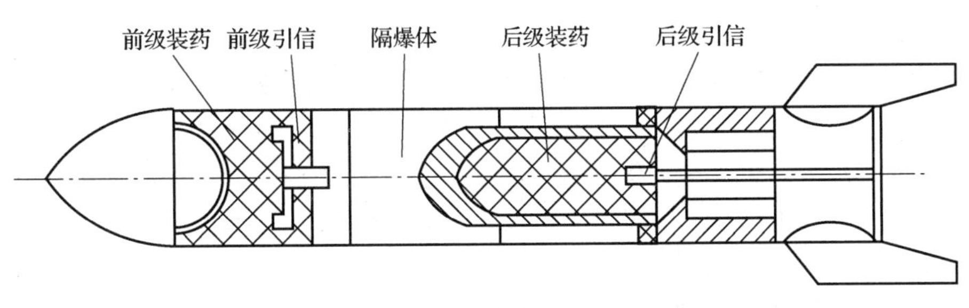


图 5.7.2 攻击混凝土目标的串联战斗部

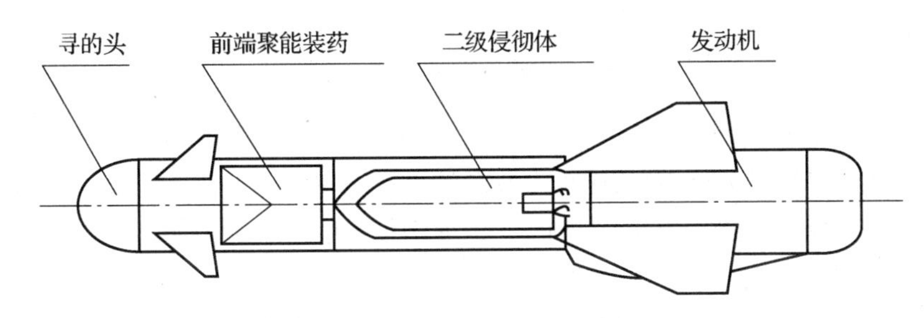


图 5.7.3 英国“布诺奇”战斗部结构图

复合侵彻战斗部的侵彻能力主要取决于聚能成型装药的直径、药量以及随进侵彻弹头的动能。为了提高聚能成型装药的穿透能力，外军还研究采用多个聚能装药串联结构的弹头。第一级聚能装药主要在目标上形成弹孔，第二级聚能装药主要用于获得更大的侵彻深度。同时设法提高侵彻弹头的速度，以利用侵彻弹头的巨大动能，弥补聚能装药穿透能力的不足，增大侵彻深度。复合侵彻战斗部与动能侵彻战斗部相比，减小了质量，增加了弹着角范围(可达 60°)，但也增加了结构复杂性。

## 5.7.2 钻地弹的关键技术

侵彻战斗部弹药由美国率先使用，并在战场上取得了很大成功。如美国“宝石路”Ⅲ激光制导炸弹系列的 GBU-27/28 激光制导新型高效侵彻炸弹，GBU-27/B 可穿透 1.8 ~2.4 m 厚的加固混凝土，GBU-28/B 可穿透 30 m 厚的土、6 m 厚的加固混凝土。

GBU-28 总质量达 2 300 kg，最大直径约 440 mm，长约 5.84 m，炸弹内装填了 306 kg 高爆炸药。该弹体分为三大部分：制导舱、战斗部舱、尾舱。其中，制导舱主要由激光导引头、探测器、计算机等组成，它和尾舱中的控制尾翼一起，共同控制炸弹命中目标。GBU-28 有智能化多级引信，引信的核心部件是微型固态加速度计。该加速度计可随时将炸弹钻地过程中的有关数据与内装程序进行比较，以确定钻地深度。当炸弹碰到地下掩体时，会自动记录穿过的掩体层数，直到到达指定掩体层后才会爆炸。

与普通弹药相比，钻地弹之所以具有钻地的特殊功能，是因为它们有着许多技术上的独特之处。

(1)弹体设计成高强度。钻地弹的作用环境恶劣，要求弹体材料必须具有高强度和高韧性，以保证弹头内电子器件和炸药装药等装置能够在高速侵彻过程中形成的高温、高压等极端环境下正常工作。

(2)攻击速度适配。如果撞击速度太低，会使侵彻深度过小，甚至无法侵入目标；但撞击速度过高，又可能出现弹头大变形，出现蘑菇弹头效应而使侵彻深度降低，所以撞击速度必须恰到好处。

(3)引信日趋智能化。钻地弹的引信通常采用延时引信或智能引信。延时引信可保证弹头侵彻到目标内部300 ms后引爆炸药。智能引信，如美军正在研发的多级引信，原理是炸弹触地后钻入地下一定深度，第一级引信引爆炸开一个洞，炸弹循洞继续钻入一定深度，第二级引信引爆再炸开一个洞，依此类推，直至炸弹进入更深的地下找到所要攻击的目标后爆炸主战斗部。

因此，硬目标侵彻战斗部技术主要涉及侵彻能力、引信、装药安全三方面的关键技术。

1. 提高侵彻能力

对于动能侵彻，应合理选择材料，科学设计外形，选取适当长径比，提高末速度。美国目前正在研制带火箭发动机或其他动力装置的可推进侵彻战斗部，另外，还在研制大贯穿力的高超声速导弹，最高速度可达$6Ma$，以提高侵彻能力。除此之外，控制弹着角和攻角也是需要考虑的技术环节。

对于复合弹头侵彻，用于前期开坑的成型装药已从聚能射流发展到爆炸成型弹丸和长杆射弹等多种结构，以获得最大的预先侵彻效果。在硬目标侵彻过程中，涉及硬目标(特别是混凝土及钢筋混凝土)材料动力学研究、结构缓冲吸能材料的研究、对硬目标(含多层薄板体系)的侵彻力学试验与模拟分析等基础性问题。

2. 硬目标侵彻引信

引信技术是硬目标侵彻技术中的研究热点之一，其发展方向是自适应智能引信。现阶段的总体设计目标是发展通用的、多功能的、精确的、具有复杂传感和逻辑功能的引信系统。

国外硬目标侵彻引信的最新进展有可编程智能多用途引信(programmable intelligent multipurpose fuze，PIMPF)、硬目标灵巧引信(hard target smart fuze，HTSF)和多事件硬目标引信(multiple event hard target fuze，MEHTF)。

PIMPF是一种以实现在多层目标中最佳位置引爆战斗部而设计的多用途电子可编程引信系统。它基于加速度计的主动决策引信系统，将侵彻过程中获得的冲击曲线转变成信号，与引信存储器芯片中的预编程爆炸指令系统进行比较，来判断是否达到了引信起爆的要求。

HTSF是采用空间感应技术的新一代全电子引信，它通过对目标层次、空穴撞击和穿越来测量目标结构，从而计算结构中的层数，然后在预定的层面起爆战斗部；或者当引信感知到坚硬的层面时，于预定深度起爆战斗部；或者在预定延时之后引爆战斗部，否则在预定的延迟时间之后完成自毁。

MEHTF也称为后继型硬目标灵巧引信，其设计的主要目标是提供比硬目标灵巧引信产品更好的性能，降低成本、复杂性和尺寸，提高弹体生存力，以及提供支持多种功能的输出。

美国空军莱特实验室军械部在HTSF基础上进一步研制了MEHTF。这种引信能更快和更精确地探测侵彻介质的层次，计算到16个空穴或硬层，计算总侵彻行程达78 m，探测识别空穴或硬层后，计算轨迹长至19.5 m。该引信的核心是微型固态加速度计，可在三个方向感知5 000$g$～100 000$g$的加速度。

3. 高爆低感炸药

高爆低感炸药是硬目标侵彻战斗部的核心部件，除了炸药本身的研制以外，炸药安全性研究也是一个关键环节。钻地弹在侵彻硬目标过程中将受到超过100 000$g$的强冲击过载作用，对装药的起爆性能提出了更严酷的要求。炸药的响应首先表现为材料的力学响应，即产生变形、破坏等现象，炸药内部出现损伤，而损伤区域一般是热点的形成区域，出现损伤后的非均质含能材料的起爆感度将提高，如果力学响应造成了炸药分子结构的变化，还会影响炸药的爆轰性能。因此，炸药的安全(定)性是合理设计战斗部结构、充分利用炸药能量的基础。

### 5.7.3　钻地弹的发展趋势

深侵彻武器通过弹头材料和结构的优化设计，利用弹体的动能穿透坚硬目标，达到深侵彻的目的。钻地弹、反舰导弹等都是通过深侵彻设计达到其作战效果的。除了原始的杀爆钻地弹以外，新钻地燃烧武器、温压弹、钻地核弹等开始成为钻地弹的新一族。针对硬目标侵彻武器战斗部应具有功能集成和复合深侵彻的要求，目前深钻地弹的发展方向是精确命中和智能侵彻，具有高侵彻能力，达到更大的毁伤效果。新型钻地武器有如下六个基本特点：

(1)采用精确制导技术，包括GPS制导、电视制导、激光制导、红外传感器以及雷达搜索等技术，以达到自动识别目标和针尖命中精度。

(2)弹体使用高强度的材料和优化设计的外壳结构。

(3)在保证钻地效果的前提下，进一步提高弹头的撞击速度和能量。

(4)增加弹头长细比，采用更有效的弹头形状。

(5)优化引战配合和改进能量输出。

(6)复合弹头侵彻弹的研究与应用。

在核钻地武器方面，研究的重点是在提高钻地深度和摧毁目标的同时，如何尽量减小附带毁伤(包括降低当量、减小放射性沉降以及提高打击精度)。

在常规钻地武器方面，美英等国的研发重点是改进结构设计，包括采用重型炸弹、串联战斗部以及火箭加速等方法提高钻深；采用智能引信增强攻击效果；利用抗干扰GPS技术和图像匹配技术提高精确打击能力；开发超远程、超声速、深钻地巡航导弹，研发可摧毁深埋的大规模杀伤性武器的除剂型钻地武器；开发弹上信息包，进行打击效果评估。

## 5.8　脱壳穿甲弹

尾翼稳定脱壳穿甲弹(APFSDS)的主要攻击目标是坦克以及装甲车辆，其优点是弹体具有较高的初速，可以比较容易地穿透多层装甲，但其缺点是产生的破片较少，大大降低了对目标的毁伤等级。尾翼稳定脱壳穿甲弹的实物图如图5.8.1所示。

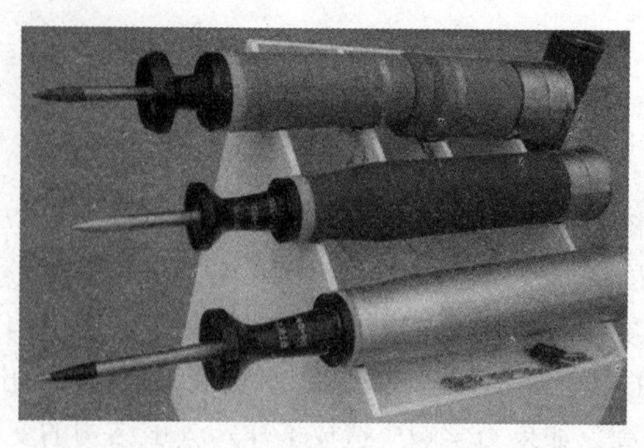

(a)

(b)

**图 5.8.1　穿甲弹及其对靶板毁伤效果图示**

(a)脱壳穿甲弹；(b)穿甲弹对靶板毁伤效果

## 5.9　活性材料侵彻弹

为了实现将活性材料应用于混凝土侵彻技术中，Grudza 等考虑利用钨丝提高材料密度和强度的方法设计了一种纤维增强型聚合物基的活性材料。该种材料主要由金属粉末(铝或锆)、钨丝和聚碳酸酯组成。其中，聚碳酸酯为基体材料，可能与金属粉末发生反应；而钨丝的主要作用是提高材料密度和强度，以满足设计要求。通过改变材料配比和优化制造工艺，最终目的是实现材料密度为 7.8 g/cm$^3$，抗拉强度为 690 MPa，含能为 6.3 kJ/g，以保证由新型活性材料制作的侵彻弹在侵彻混凝土过程中弹体没有明显破坏。图 5.9.1 所示为 Grudza 等人设计的含能侵彻弹，并针对不同的钢制套筒结构进行了一系列混凝土侵彻试验。其中，外部全部包覆钢壳的侵彻弹能以 762 m/s 的速度侵彻抗压强度约为 68 MPa 的混凝土，侵彻深度约为 1 930 mm。

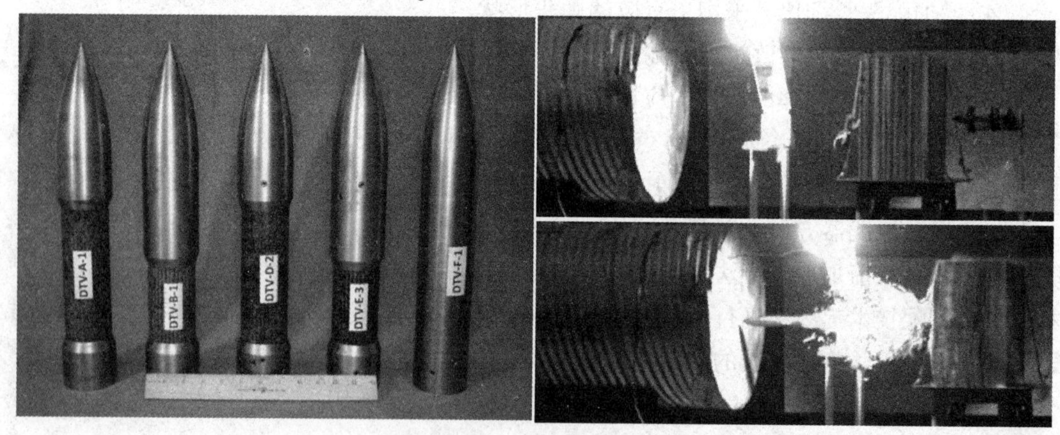


**图 5.9.1　由活性材料制备的侵彻弹及毁伤效应**

国内学者对活性材料增强侵彻体弹靶作用侵彻行为进行了分析。当活性材料增强侵彻体以一定速度碰撞目标时，根据动能侵彻和化学反应释能两种毁伤机理的耦合作用，与传统侵彻体相比可显著提高对目标的毁伤威力，而且无须炸药装药和引信。活性材料的能量释放行为由其碰撞点火后的化学反应特性决定。活性材料增强侵彻体终点侵爆过程如图

5.9.2 所示，主要分为四个阶段：侵彻钢板及活性材料受压变形碎裂阶段、穿靶后活性材料卸压飞散及局部点火阶段、活性材料碎片云爆燃及化学反应释能阶段、壳体破碎形成破片威力场阶段。

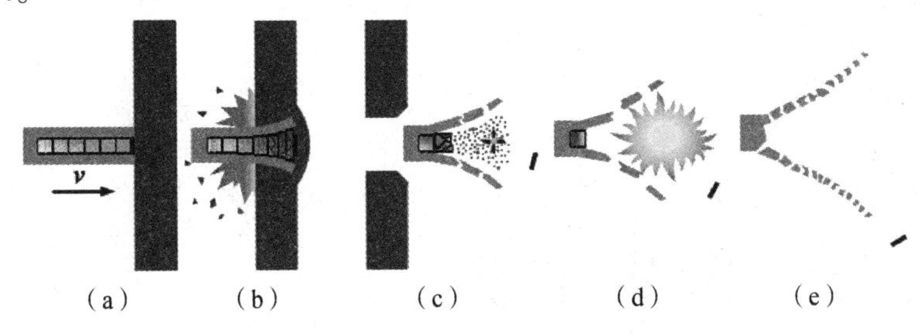


**图 5.9.2 活性材料增强侵彻体终点侵爆过程**

## 思考题

1. 穿甲侵彻与破甲侵彻现象有什么不同？
2. 侵彻与贯穿的破坏现象有哪些？各有什么特征？
3. 试分析穿甲弹的发展趋势。
4. 简述按照设计规范建立钢筋混凝土结构流程。

## 参考文献

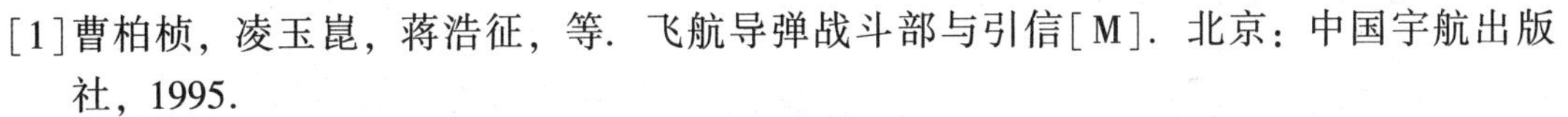

[1]曹柏桢，凌玉崑，蒋浩征，等. 飞航导弹战斗部与引信[M]. 北京：中国宇航出版社，1995.

[2]卢芳云，李翔宇，林玉亮. 战斗部结构与原理[M]. 北京：科学出版社，2009.

[3]钟大鹏. 卵形弹对钢筋混凝土靶的侵彻效应研究[D]. 沈阳：沈阳理工大学，2016.

[4]Forrestal M J，Tzou D Y. A spherical cavity-expansion penetration model for concrete targets[J]. International Journal of Solids and Structures，1997，34(31)：4127-4146.

[5]Forrestal M J，Altman B S，Cargile J D，Hanchak S J. An empirical equation for penetration depth of ogive-nose projectiles into concrete targets[J]. International Journal of Impact Engineering，1994，15(4)：395-405.

[6]Teland J A. Penetration into concrete by truncated projectiles[J]. International Journal of Impact Engineering，2004，30(4)：447-464.

[7]Grudza M，Flis W，Lam H，Jann，et al. Reactive Material Structures[R]. King of Prussia，PA：De Technologies Inc，2014.

[8]殷艺峰. 活性材料增强侵彻体终点侵爆效应研究[D]. 北京：北京理工大学，2015.

[9]丁亮亮. PELE 弹活性内芯配方与弹体结构设计及毁伤机理研究[D]. 长沙：国防科技大学，2019.

# 第6章 子母弹战斗部

武器发展的关键是高精度、远距离、大毁伤和智能化，在此种趋势及背景下，子母弹的发展大大提高了常规战斗部的有效利用率和毁伤效果，世界各国越来越注重子母弹的发展，这种作战武器在未来局部战争中是不可缺少的。在对远距离的坦克装甲目标、机场中的跑道等地面目标及集群目标实施打击时，将会选择子母弹来完成对目标的打击。事实证明，在相同型号的母弹内装填一定数量的子弹与用同等重量的单枚战斗部相比，子母弹的可靠性更高，而且具有更大的毁伤效果，在现代的战争中通过对子母弹的使用，可以更好地把握战争中的主动权。可想而知，对于子母弹相关问题的研究显得十分的重要。本章主要讨论子母弹子弹筒组合体下落高度、出筒速度、扫描转速、子弹各阶段的初始速度、稳态扫描状态的扫描角等参数的变化引起的散布。

## 6.1 子母弹战斗部作用原理

子母弹是以母弹作为载体，内装有一定数量的子弹，发射后，母弹在预定位置开舱抛射子弹，以子弹完成毁伤目标和其他特殊战斗任务的弹药。目前子母弹按控制方式主要分为子母式多弹头、分导式多弹头、机动式多弹头等几种类型。采用多弹头可降低被一个反导导弹拦截的可能性，大大提高突防能力；带多子弹的战斗部，威力散布面积比质量相同的单个战斗部散布面积要大；一弹多战斗部毁伤目标的可靠性大大提高。所以，发展多弹头的子母弹技术是提高武器效率的一种有效措施，也是战斗部技术的发展方向之一。多弹头战斗部的类型可以多种多样，但其设计原则和作用原理大多是相同的或者相似的。子母弹战斗部一般由母体和子弹、子弹抛射系统、障碍物排除装置等组成。子母弹战斗部的类型和普通战斗部一样，有爆破型、半穿甲型、聚能型和破片型等。当战斗部得到引信的起爆指令后，抛射系统中的抛射药被点燃，子弹以一定的速度和方向飞出，在子弹引信的作用下发生爆炸，以冲击波、射流、破片等杀伤元素毁伤目标。子母战斗部内的若干子战斗部装在单个的抛射装置上，或全部子战斗部装在一个抛射装置上。

目前所发展的炮射子母弹有杀伤子母弹、动能穿甲子母弹、破甲子母弹、发烟子母弹等，主要用于毁伤集群坦克、装甲车辆、技术装备，杀伤有生力量或布雷。在火箭和导弹战斗部上更是广泛采用了子母弹结构，各国争相发展的新型灵巧弹药中的末敏、末修弹都

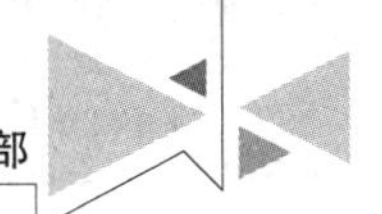

属于子母弹的范畴。

子战斗部的数量、单个质量和形状由导弹分配给子母战斗部的总质量和空间决定。子战斗部的数量有十几个至几百个。单个子战斗部的质量一般为1.4～2.3 kg，有的达8 kg，如美国的战斧巡航导弹的反跑道子战斗部。子战斗部的形状还受导弹战斗部舱的集装条件和子战斗部是否稳定的影响。稳定型子战斗部有尾翼或其他产生阻力的装置。非稳定型子战斗部有球形、立方体或近似立方体。

子战斗部的抛射装置之一是爆发式驱动抛射管。每个子战斗部有一个抛射管。抛射管按环向布置，径向对准。抛射管插入子战斗部的封闭的装配槽中。各抛射管内的推进装药同时点火，把子战斗部从导弹内向外抛出。有时子战斗部在导弹上的安装使它们的外侧表面形成导弹弹身外表面的一部分。在这种情况下，应精确加工和安装子战斗部，以便形成满意的导弹气动表面。如果子母战斗部装在导弹战斗部舱内，而且战斗舱有蒙皮，则在子战斗部抛射前，先用爆炸方法把蒙皮排除，以使蒙皮不会阻碍子战斗部的抛出。

对于子母弹的研究，国外的科研工作者起步较早。子母弹最早的雏形出现在20世纪50年代末的西方，他们迫切需要一种反集群坦克武器，所以子母弹的发展非常迅速，其应用范围也比较广泛，不但适配于榴弹炮、迫击炮、火箭炮等，而且还可装备于飞机投弹箱投放，或采用散布器进行散布。根据不同的目标，可分为空心装药反装甲子母弹、动能反装甲子母弹以及反装甲燃烧子母弹等。在20世纪60年代，美国研制155 mm M483A1杀伤-破甲多用途子母弹来对付坦克等集群目标。在70年代后期，配备了型号为M444口径105 mm杀伤子母弹、型号为M449口径155 mm杀伤子母弹、型号为M741口径155 mm反坦克布雷弹、型号为M731口径155 mm杀伤布雷弹、型号为M825口径155 mm发烟子母弹、型号为M404口径203 mm杀伤子母弹、型号为M509口径203 mm反装甲杀伤子母弹。联邦德国莱恩金属公司发展了型号为RH-49口径155 mm子母弹，采用底部排气达到增程目的，49枚直径为42 mm的子弹装在母弹内。

由母弹弹体、引信、抛射药、推力板、子弹等部分组成是子母弹的典型结构。弹体是盛装子弹的容器，母弹由火炮等发射平台发射，到达目标上空后，母弹中的子弹被抛射出来。针对不同的目标，母弹中的子弹可以为反坦克装甲子弹、智能型子弹、反机场跑道爆破子弹等。由于子母弹的出现，敌方重要的战略目标可以有效地被摧毁。以法国G1式155 mm反装甲子母弹和美军CBU-24式杀伤子母弹为例。它是一种能携带63枚反装甲子弹，子弹内的药型罩在聚能装药的作用下压垮变形产生的射流击穿顶部装甲，产生的破片对人员具有杀伤作用，最大射程可以达到28 000 m，子弹能够穿透100 mm厚的装甲，单枚子弹的作用面积可以达到100 $m^2$，母弹内所有子弹的作用面积可以达到15 000 $m^2$。CBU-24式杀伤子母弹主要配用于A-4式、A-105式等飞机，属于子母航空炸弹，一枚母弹内装640或670枚BLU-26/B式杀伤子弹。此种子母弹是由飞机投放的，到达目标上空后，引信作用，引爆炸药，母弹内部子弹向目标射去。

为提高子弹的毁伤效果，子弹落点需要实现有规律的散布。子母弹打击目标时，要想使得子弹命中目标的概率达到最大，通常是使子弹达到最佳的散布状态。子弹的抛射因素及抛射机构决定子弹运动过程中的参数和子弹的抛射方式。就目前来看，抛射子弹的方式按照其动力源，可以分为主动抛射和被动抛射两种方式。其中，ATACMS对人员杀伤的子母弹采用被动抛射中的离心式抛射，此种抛射方式可以使子弹散布面积达到最大。反装甲末端敏感子母弹采用主动抛射中的活塞式抛射，这种抛射方式可以把所产生的化学能全部转化为子弹抛射时所需要的动能，此时体积较大数量不多的子弹在动能的作用下射向目标。

子母弹在保证远射程和大威力的同时，向着研制出既能增大毁伤面积又能保持命中精度的自动捕捉、自动跟踪的目标方向发展。在众多国家中，美国是最早研究末端敏感子弹的国家。此后，法国、德国、俄罗斯、瑞典等国家在末端敏感子弹药的研究方面进展很大，法国 ACED 155 mm 在敏感器的作用下，在目标斜距 100 m 处引爆；可以击穿 100 mm 厚的装甲，瑞典 BONUS 155 mm 在敏感器的作用下，在斜距目标 150 m 处上空引爆，108 mm 厚的装甲可以被击穿。美国耗资数十亿美元研制出 Skeet 航空布撒器。2003 年，美国在伊拉克战场上使用了 Skeet 和 SADARM 末端敏感子弹药对装甲部队进行了攻击，取得了卓越的效果，充分说明了末端敏感子弹药是迄今为止对付装甲最有效的武器之一。例如，法国和瑞典联合研制博尼斯敏感子弹。

由法国的地面武器集团及瑞典的博福斯公司共同合作研制的博尼斯敏感子弹口径为 155 mm，当使用 52 倍口径发射时，其射程可以达到 34 000 m。它是由安全引爆装置、反碰撞装置、引信、抛射装置、子弹、敏感器装置、母弹体、底排装置组成的。它是采用两片旋弧翼来实现稳定的，摒弃了采用减速伞的稳定方式，母弹到达目标区域上空约 1 000 m 处引信作用，抛射药被引燃将子弹从弹底射出，此时旋转制动器作用，降低了子弹的下降速度和旋转速度，其降落速度约为 45 m/s，自转速度为 15 r/s。在距离地面 175 m 上空敏感器开始作用，按照螺旋状对目标进行扫描，其中扫描最大直径为 175 m，扫描角为 30°，在探索到目标后，子弹引爆攻击顶部装甲，它可以穿透 100 mm 厚的装甲。

目前，智能化弹药已经成为全新的装备和技术领域。美国的 XM982 型制导炮弹、法国的 Pelican 制导炮弹以及德国的 Pzh200 制导炮弹，其射程为 50 ~100 km，圆概率误差 CEP 为 10 ~ 30 m，这些弹种都可以作为子母弹中的子弹。由于此种弹药具有射程远、价格相对低廉以及使用方便等优点，因此各国不惜重金研制。

经过多年发展，我国对于子母弹的研究，无论是在理论上还是在工程上，均取得了一定的成就。中国兵器工业 203 研究所以杨绍卿为首的研究员和他的研究小组成为我国智能弹药领域的先锋，他们征服了以末敏弹为代表的智能弹药的关键技术，同时，在末敏弹的研制中已经形成一套体系，经过分析、设计，运用仿真的方法后经过试验达到验收的标准等，从此我国跻身于美国、法国、德国、俄罗斯等少数可以自行研制出末敏弹的国家之列。

## 6.1.1 子母弹典型结构

如图 6.1.1 所示，典型子母弹主要是由弹体、引信、抛射药、推力板、支杆、子弹和弹底等部分组成的。弹体是盛装子弹的容器，通常称为母弹。在外形上，母弹基本上与普通榴弹相同或者接近。母弹的头部常采用尖锐的弧形，其目的是减小空气阻力，提高射程。但是，这样做的结果是难以在头部内腔部分装填子弹，因此只能使这部分容器空着。这样的结构必然使全弹的质心后移，从而影响弹丸的飞行稳定性。在这种情况下，为了保证子母弹的飞行稳定性，以及获得良好的射击精度，有些子母弹不得不采取措施，减小全弹的长度。母弹的内腔与普通榴弹有着明显差别：首先，应当尽量减薄母弹的壁厚，增大内腔容积，便于多装子弹；其次，为了便于将子弹从内腔中推出，内腔必须制成圆柱形；最后，由于子弹是从底部推出的，母弹底部都是开口的。

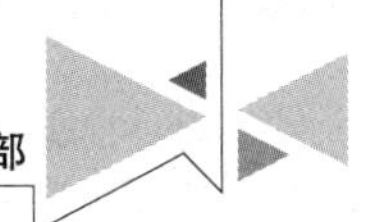

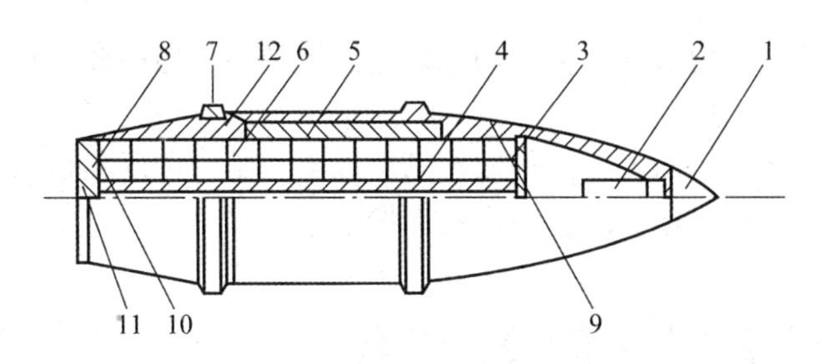


1—引信；2—抛射药管；3—推力板；4—支筒；5—衬筒；6—子弹(13 层，每层 8 个)；
7—弹带；8—弹底；9—弹体；10—剪断销；11、12—密封圈。

**图 6.1.1　美国 M404 型 203 mm 杀伤子母弹**

由于采用上述的弹体结构，弹带部分将会出现明显的强度不足现象。为了保证发射时的强度要求，在制造中，母体压制弹带部位一般都需要进行局部热处理，以提高母体材料的强度。

母弹的弹底材料通常与母体相同，均用炮弹钢制造。可以用螺纹、螺钉和销钉等与母体连接。采用螺纹连接时，对现有火炮膛线(右旋)，应采用左旋螺纹，以免发射时引起松动或旋下。螺纹圈数的多少取决于连接强度的要求，该连接强度对抛射压力有着很大的影响。螺纹圈数过多，相应地，抛射压力也高，在这种情况下，子弹将要承受很高的抛射压力，这可能引起子弹变形，从而影响子弹在抛出后的正常作用。如果圈数过少，则难以保证必要的连接强度。在一般情况下，常采用细牙螺纹，其总圈数不超过 4 圈。采用销钉连接时，其抛射压力较小，虽然可以避免子弹的受压变形，但其连接强度也低。

母弹的引信通常为机械时间引信，其工作时间与全弹道的飞行时间相当。抛射药一般装于塑料筒内，放置在引信下部。当子母弹飞行到目标上空时，引信按装定的时间发火，点燃抛射药。抛射药点燃后，依靠火药气体的压力推动推力板，破坏弹底的连接螺纹，打开弹底，并将子弹推出母弹弹体。为了减小子弹所受的推力板压力，在推力板与弹底之间设有支杆。支杆由无缝钢管制成，作用时将推力板的压力直接传递到弹底。如果弹底与弹体之间采用销钉连接，则因其强度较低，可以不用支杆，而直接用推力板经过子弹将弹底压开。

## 6.1.2　子母弹的作用过程

布雷子母弹用于向敌方坦克群行进或即将行进的地区布撒反坦克地雷，以阻止、延缓坦克部队行进的一种炮弹。杀伤子母弹主要用于完成对有生力量杀伤作用的一种炮弹。为了防止敌方坦克兵或步兵排除反坦克雷，布雷子母弹还可以同时装有起杀伤作用的子弹，与反坦克地雷混合撒布。反装甲子母弹中装有成型装药破甲子弹，在坦克群上空爆炸后释放出子弹，子弹分散飞行，攻击坦克的顶装甲。因为坦克的顶装甲比较薄，破甲子弹能够在直接命中后有效地击穿装甲并毁伤坦克内部。杀伤子母弹在目标上空爆炸后，释放出多个杀伤子弹，子弹落地后，再跳起到 1.2～1.8 m 高爆炸，起到的杀伤效果比普通榴弹高出 2～10 倍。

当发射后的子母弹飞抵目标上空时，母弹的时间引信作用，点燃抛射药，通过推力板和支杆将弹底打开，从而把子弹从弹底部抛出。此时，由于离心力的作用，将使子弹偏离母弹的弹道而散开。当子弹从母弹中抛出时，子弹的引信解脱保险，同时稳定带展开，以保持子弹的飞行稳定，并使子弹引信朝向地面。当子弹碰击地面时引信发火，子弹爆炸形成破片，杀伤敌人。

子母弹具有对目标覆盖面大、毁伤效率高等优点，是一种反集群目标的有效弹药。但子弹落在丛林和松软厚雪等地面时，不容易起爆。

## 6.2　子母弹战斗部的设计步骤

子母战斗部设计通常按如下步骤进行：

(1)估算子母战斗部的最佳散布。

(2)选择子战斗部的类型。

(3)确定子战斗部的最大数量。

(4)选择抛射方法。

(5)抛射系统设计。

(6)子战斗部设计。

(7)子战斗部的支撑结构设计。

(8)固位系统设计。

(9)障碍物排除方法设计。

(10)提出对引信的要求。

具体设计程序由设计师视具体情况而定。某些与性能有关的参数常在战术要求中提出。

## 6.3　子母弹子弹散布

在运用子母弹对敌方目标进行攻击时，子弹的散布规律将会直接影响到对敌方的毁伤程度，因此，在研究子母弹子弹运动特性中，针对子弹不同的抛射方式，建立正确，合理的子弹散布模型尤为重要。郑伟等通过考虑影响子弹散布主要因素，同时对子弹动力学模型进行建模，运用软件仿真进而得到散布图。许建胜建立了子弹在稳态扫描及击中装甲目标时的数学模型，并结合蒙特卡洛法仿真分析出影响子弹脱靶的原因是滚转角和爆炸成型弹丸的散布。焦志刚等分析子弹在筒内发射的运动规律并结合 Kane 方法建立了带火箭发动机的子弹在筒内的动力学模型，得到发动机的推力方向的随机性将会对子弹的散布造成影响。综合上述观点，对于有控子弹而言，除抛射技术外，子弹的总体方案以及所受的随机扰动也是影响落点的因素。

在以往的研究中发现，子弹的散布形状有圆环形、椭圆形等。在保证带伞并自旋子弹散布稳定性方面，还有需要进一步完善的地方，对于由伞等引起的扰动因素则没有完全考虑进来。针对子弹弹道中关于引起子弹散布的影响因素相关文献较少，如果不能将引起子弹散布的相关因素考虑进来，将无法获得子弹准确的散布情况。由于影响因素很多，不可能全部考虑，这就要求结合相关理论，用合理的方法找出主要因素对子弹散布模型进行分析。

对于带火箭发动机的子弹而言，当采用同一种大量的子弹对同一目标进行瞄准射击

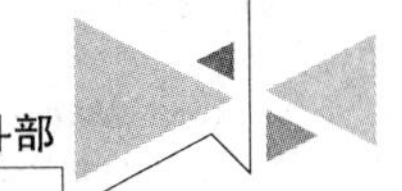

时，在任何情况下，这些子弹都不会命中同一目标，而是散布在目标的周围，所表述的此种情况被称为子弹的落点散布。通过分析，这种情况会发生主要由以下三种原因引起：

(1)子弹与子弹之间弹体参数(如弹长、弹重、弹径等)的微小不同具有随机性。

(2)子弹与子弹之间发射条件(如射角、初速、射向等)的微小不同具有随机性。

(3)子弹所受到干扰(如推力偏心、初始扰动、阵风、气动偏心等)的微小不同具有随机性。

对带火箭发动机的子弹而言，第三种原因成为研究的主要因素。

### 6.3.1　假设条件

子弹抛出后，仅受重力和空气阻力的作用，飞行过程中不受随机因素的干扰，子弹从发动机点火到击中目标的整个运动时间非常短暂，因此可以将这个阶段的子弹运动视为质点运动，并且始终在一个平面内运动。子弹在抛射过程中不考虑弹筒组合体转速的衰减，由于子弹距离目标上空的斜距较小，约 200 mm，所以未考虑横风以及纵风的影响，当时的气象条件满足炮兵标准气象条件，根据子弹药的飞行特点，在进行弹道分析和建模过程中遵循以下几个基本条件。

(1)标准气象条件，无风雨。

(2)地表面为平面。

(3)重力加速度的大小保持不变($9.8\ m/s^2$)，其方向始终铅直向下。

(4)科氏加速度为零。

(5)子弹在运动期间章动角为零。

(6)子弹是轴对称体。

(7)理想条件下，认为弹、筒都是刚性体且共轴、无偏心；弹、筒分离时，认为前定心带与后定心带轴向中点脱离弹筒组合体时，弹筒分离过程结束，弹的无控飞行开始；涡环伞伞绳为理想柔体，弹、筒分离时，弹筒组合体的“后坐”运动不受涡环伞及伞绳的影响。

(8)弹、筒分离时，由于弹筒组合体落速较低，因此弹在导向筒内运动时忽略筒所受到的气动阻力，在弹脱离弹筒组合体时开始考虑外弹道气动阻力。

(9)弹筒组合体的扫描运动是在无风的条件下进行的。

(10)忽略火箭发动机的燃气流对导向筒的冲击产生的摩擦影响。

(11)忽略由于推进剂质量的减小造成伞提供的拉力与重力不平衡，假设伞提供的拉力是被动力，拉力和重力在火箭弹在桶内发射阶段总能平衡。

(12)忽略推力偏心的不均衡引起的动载荷。

### 6.3.2　影响落点散布的因素

子弹从稳态扫描阶段进入点火发射阶段时，影响子弹落点散布的因素有：弹筒组合体的高度 $H_0$、下落速度 $v_1$、转速 $v_r$、扫掠角 $\alpha$、弹筒组合体扫描角 $\theta$、扰动角 $\varphi$ 以及子弹脱离弹筒组合体时受到的扰动等。其中，扫掠角 $\alpha$ 为扫描线在地面投影与 $x$ 轴方向的夹角；弹筒组合体扫描角 $\theta$ 为子弹筒轴向与竖直方向的夹角，与筒所受重力、伞的拉力等因素相

关；扰动角 $\varphi$ 为子弹脱离弹筒组合体时受到扰动与离开子弹轴向距离方向的夹角，与子弹脱离弹筒组合体时所受的力相关；扰动偏转角 $\Psi$ 是子弹扰动偏转之后弹轴方向在地面投影与 $x$ 轴方向的夹角。扫描高度受弹筒下落速度 $v_1$ 和弹筒扫掠角 $\alpha$ 影响。这些因素在计算过程中具有较大的不确定性，因此，在计算子弹落点散布时，将这些因素作为随机因素进行考虑。

如图 6.3.1 所示，可以看到一共有三个坐标系，其中 $O-xyz$ 为地面坐标系，空中自旋子母弹在扫描发现目标后，子弹的火箭发动机工作时，子弹在目标上空距离地面垂直高度为 $H$，即为图中 $A$ 点位置。若不考虑随机影响因素，子弹的理想落点用 $O'$表示，然而由于可以影响子弹落点的随机因素有很多，即子弹在多个扰动因素的影响下，运用蒙特卡洛法及角度的变换推导出子弹的落点并用 $O''$表示，两者连线 $O'O''$长度为 $r$，与 $x$ 轴正向夹角为扰动偏转角 $\Psi$，由图 6.3.1 中关系可得：

$$\begin{bmatrix} x' \\ y' \\ z' \end{bmatrix} = \begin{bmatrix} \cos\alpha & 0 & -\sin\alpha \\ 0 & 1 & 0 \\ \sin\alpha & 0 & \cos\alpha \end{bmatrix} \begin{bmatrix} x \\ y \\ z \end{bmatrix} + \begin{bmatrix} x \\ 0 \\ z \end{bmatrix} \tag{6.3.1}$$

$$\begin{bmatrix} x'' \\ y'' \\ z'' \end{bmatrix} = \begin{bmatrix} \cos\psi & 0 & -\sin\psi \\ 0 & 1 & 0 \\ \sin\psi & 0 & \cos\psi \end{bmatrix} \begin{bmatrix} x' \\ y' \\ z' \end{bmatrix} + \begin{bmatrix} S\varphi\cos\psi \\ 0 \\ S\varphi\sin\psi \end{bmatrix} \tag{6.3.2}$$

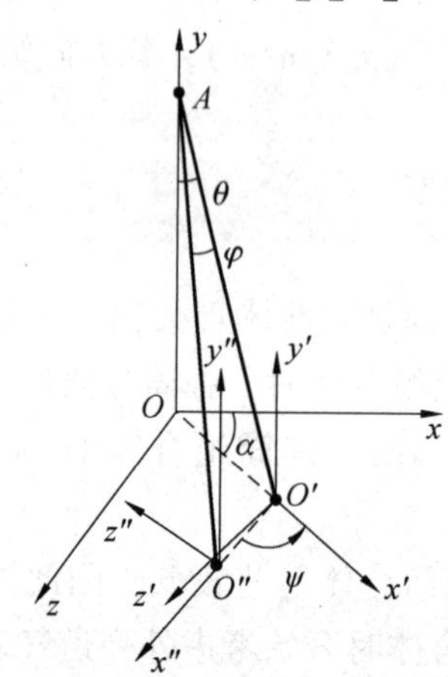


**图 6.3.1　子弹落点坐标图**

子弹实际落点坐标 $(x, z)$ 可分别表示为：

$$\begin{cases} x = \dfrac{S}{\sin\theta} + r\cos\psi \\ z = r\sin\psi \end{cases} \tag{6.3.3}$$

$$r = \frac{S}{\sin\theta}\varphi \tag{6.3.4}$$

子弹出筒后，无扰动情况下，与落点之间的斜距离用 $S$ 表示。几何关系为：

$$S = S_{1x} + S_{2x} \tag{6.3.5}$$

$$S = S_{1x} + v_{2x}t_3 \tag{6.3.6}$$

将式(6.3.4)代入式(6.3.1)得：

$$
\begin{cases}
x = S_{1x} + v_{2x}t_3 + \dfrac{S_{1x} + v_{2x}t_3}{\sin\theta}\varphi\cos\psi \\
z = \dfrac{S_{1x} + v_{2x}t_3}{\sin\theta}\varphi\sin\psi
\end{cases} \tag{6.3.7}
$$

根据上式可以确定出子弹的落点坐标($x$，$z$)。

### 6.3.3　随机数的生成方法

通过对影响子弹的散布因素的分析，文中主要采取均匀分布和正态分布。因此，只关心均匀分布随机数的生成及正态分布随机数的生成，当运用蒙特卡洛法模拟子弹多次射击试验时，一旦确定其中一组随机射击参数，其他射击组数射击参数将会随机被确认。初始参数生成流程如图 6.3.2 所示。

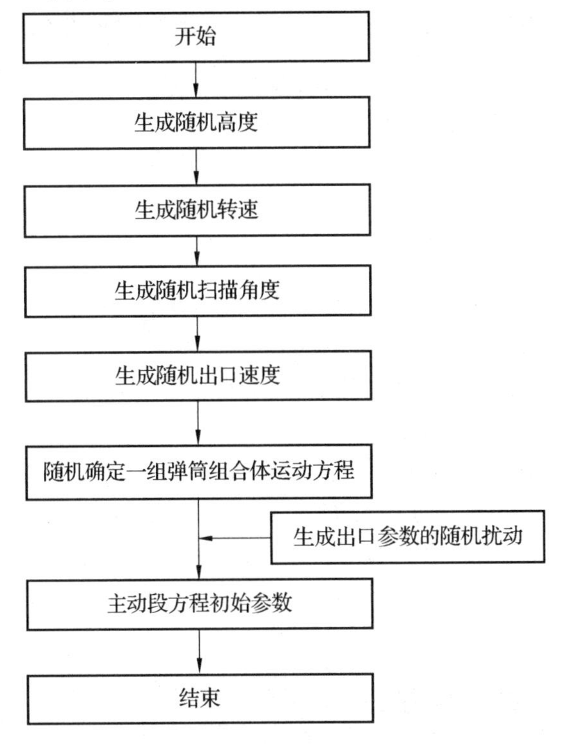


**图 6.3.2　初始参数生成流程图**

### 6.3.4　均匀分布随机数的生成

目前，很多计算机上均把[0，1]区间上均匀分布的随机数作为一种标准函数给出，可采用 MATLAB 仿真软件对生成随机数给出 RandStream 类函数，类函数对象的 Rand 方法被调用，从而生成[0，1]上均匀分布的随机数，也可以把类对象作为 Rand 函数的第一个输入。初始随机数产生有多重算法，尽可能避免了周期现象的存在，可以被当作真实的随机数使用。

### 6.3.5　正态分布随机数的生成

根据已知的均匀分布随机数，并且通过联合密度函数以及雅可比行列式的变换，则符合标准正态分布的随机数可以被推导出来，抽取经过 RandStream 类函数和 rand 函数生成的两个随机数 $x_1$、$x_2$，与此同时，$x_1$、$x_2$ 是在区间[0，1]内均匀分布的随机数，两者的联合密度函数为：

$$f(x_1,\ x_2)=\begin{cases}1, & x_1\in(0,\ 1),\ x_2\in(0,\ 1)\\ 0, & 其他\end{cases} \tag{6.3.8}$$

令

$$\begin{aligned} y_1 &= (-2\ln x_1)^{0.5}\cos 2\pi x_2 \\ y_2 &= (-2\ln x_2)^{0.5}\sin 2\pi x_2 \end{aligned} \tag{6.3.9}$$

因此，$y_1$、$y_2$ 两者相互独立并且满足 $N(0,\ 1)$正态分布的随机数。

根据式(6.3.6)得出的解，经过雅可比变换所得出的行列式为：

$$\frac{\partial(x_1,\ x_2)}{\partial(y_1,\ y_2)}=\begin{vmatrix} -y_1\mathrm{e}^{-\frac{y_1^2+y_2^2}{2}} & -y_2\mathrm{e}^{-\frac{y_1^2+y_2^2}{2}} \\ \frac{1}{2\pi}\frac{-y_2}{y_1^2+y_2^2} & \frac{1}{2\pi}\frac{-y_1}{y_1^2+y_2^2} \end{vmatrix} \tag{6.3.10}$$

由于 $x_1$、$x_2$ 两者相互独立且服从于在(0，1)上的均匀分布，因此所得的 $y_1$、$y_2$ 联合密度函数为：

$$f(y_1,\ y_2)=\frac{1}{\sqrt{2\pi}}\mathrm{e}^{-\frac{y_1^2}{2}}\times\frac{1}{\sqrt{2\pi}}\mathrm{e}^{-\frac{y_2^2}{2}} \tag{6.3.11}$$

$y_1$、$y_2$ 为相互独立且服从于标准正态分布 $N(0,\ 1)$的随机变量，根据 $N(0,\ 1)$正态分布所得到的随机数，再利用线性变换，可知：

$$z=\mu+\sigma y \tag{6.3.12}$$

最终均值为$\mu$、方差为$\sigma^2$ 的正态分布 $N(\mu,\ \sigma^2)$的随机数是由标准正态分布 $N(0,\ 1)$的随机数变换而成的，落速是空中自旋子母弹子弹进入稳态扫描过程中的弹筒组合体的下落速度，它会受到多种因素的影响，因此认为弹筒组合体的下落速度是服从于正态分布 $N(\mu,\ \sigma^2)$的随机变量。

### 6.3.6 概率偏差的计算方法

在射击情况下的纵方向上，弹丸实际的命中点偏离弹丸平均命中点的概率偏差，被称为距离概率偏差，记作 REP。在垂直于射击情况下的纵方向上，弹丸实际的命中点偏离弹丸平均命中点的概率偏差称为记为方向概率偏差，记作 DEP。对于二维随机变量 $X$、$Y$，以平均偏差为中心，以 $R$ 为半径，如果 $X$、$Y$ 出现在该圆中的概率为 50%，则称此圆的半径 $R$ 为圆周概率偏差，或称圆公算偏差，记作 CEP。CEP 为二维联合分布的一种数字表征。

### 6.3.7 落点散布分析

根据大量的火箭弹落点散布观察表明，空中自旋子母弹子弹落点相对于平均弹着点的坐标为平面上的二维随机变量，并且满足正态分布规律。若所选坐标轴与扩散主轴重合，坐标原点为平均弹着点，则落点坐标$(x,\ z)$有如下分布规律：

变换可知：

$$f(x,\ z)=\frac{\rho^2}{\pi E_x E_z}\mathrm{e}^{-2\rho\left(\frac{x^2}{E_x^2}+\frac{z^2}{E_z^2}\right)} \tag{6.3.13}$$

式中，$\rho$ 为常数，$\rho=0.477$；$E_x$ 为坐标 $x$ 的主概率偏差，通常称为子弹的距离中间误差；$E_z$ 为坐标 $z$ 的主概率偏差，通常称为方向中间误差。

$E_x$、$E_z$ 和均方差有如下关系：

$$E_x=\rho\sqrt{2}\sigma_x \tag{6.3.14}$$

$$E_z=\rho\sqrt{2}\sigma_z \tag{6.3.15}$$

由此可见，中间误差 $E_x$、$E_z$ 须是一个正数。

若令

$$\frac{x^2}{E_x^2}+\frac{z^2}{E_z^2}=1 \tag{6.3.16}$$

将会得到以距离中间误差和方向中间误差为半轴的等概率密度椭圆，并称其为单位扩散椭圆。

若令

$$\frac{x^2}{E_x^2}+\frac{z^2}{E_z^2}=16 \tag{6.3.17}$$

即

$$\frac{x^2}{(4E_x)^2}+\frac{z^2}{(4E_z)^2}=1 \tag{6.3.18}$$

将会得到以四倍的距离的中间误差和方向中间误差为半轴的等概率密度椭圆，由于落在这个椭圆以外的命中概率不过3%左右，因此也被称之为整扩散椭圆。

从式(6.3.8)可求得落在宽 $2E_x$ 的无穷长带中的命中概率 $P$ 为50%，而落在宽 $2E_z$ 的无穷长带中的命中概率 $P$ 也为50%。中间偏差的示意图如图6.3.3所示。

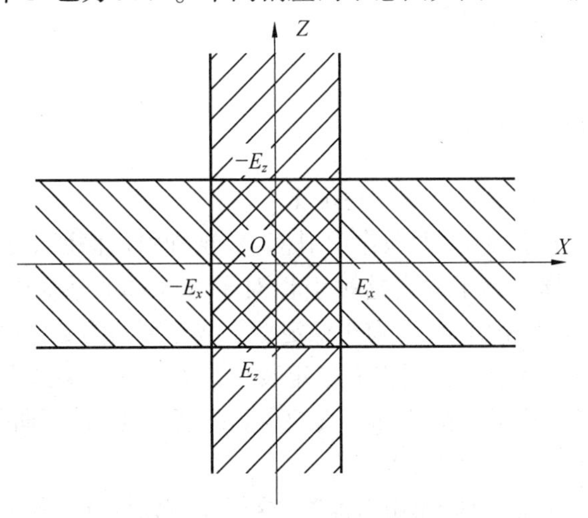


**图6.3.3　中间偏差示意图**

同理可知，落在以 $2E_x$、$2E_z$ 为边的矩形中的概率 $P$ 均为0.25，而落在宽 $8E_z(-4E_x,\ 4E_z)$ 的无穷长带中的命中率概率为99.3%，落在 $8E_z(-4E_x,\ 4E_z)$ 的无穷长带中的命中概率也为99.3%。

因此，$E_x$、$E_z$ 这两个量便比较好地描述了落点对于散布中心的偏差程度。为此，运用这两个量描述空中自旋子母弹子弹的散布。$E_x$、$E_z$ 与射程 $X$ 有很大关系，为方便起见，引入相对射程误差和方向偏差，记为

$$\gamma_x = \frac{E_x}{X}$$
$$\gamma_z = \frac{E_z}{X} \tag{6.3.19}$$

通常所说的方向散布记为 $\gamma_z$，射程散布记为 $\gamma_x$。

根据扩散椭圆的概念，若 $E_x=E_z$，则扩散椭圆变成了圆。在这种情况下引入圆中间偏差的概念。所谓圆中间偏差，就是命中概率为50%的扩散圆的半径，记为 $E_r$。$E_r$ 和 $E_x$、$E_z$ 有如下关系：

$$E_\gamma = 1.745\,6E_x = 1.745\,6E_z \tag{6.3.20}$$

同样，$E_r$ 也和射程有关，因此也引入相对圆中间误差 $\gamma_r$：

$$\gamma_r = \frac{E_r}{X} \tag{6.3.21}$$

通常所说的圆散布一般指 $\gamma_r$。

由于 $E_x \neq E_z$，于是往往引入圆概率偏差的概念。所谓圆概率偏差，就是把命中概率为50%的扩散椭圆换算为等面积的圆的半径，仍记它为圆概率偏差 $E_r$，则

$$E_x = \rho\sqrt{2}\sigma_x$$
$$E_z = \rho\sqrt{2}\sigma_z \tag{6.3.22}$$
$$E_r = 0.872\,8(E_x + E_z)$$

## 6.4 子战斗部设计

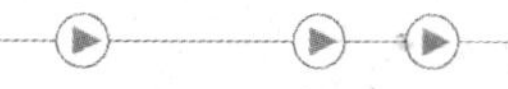

### 6.4.1 子战斗部的类型

子战斗部有两种类型：稳定型和非稳定型。

非稳定型子战斗部要求使用“万向作用引信”，这种引信保证不管子战斗部以什么方向击中目标，都能将它引爆。为了确定这种引信对子战斗部的适应性，应当作更深入的研究。如果可以使用“万向作用引信”，则非稳定型子战斗部乃为最佳类型。因为非稳定型子战斗部比稳定性的有许多优点：由于没有稳定装置，因此易于制造和装配，在限定的子母战斗部的体积内可以装更多的子战斗部。其缺点是除要求使用“万向作用引信”外，在子战斗部飞向目标的过程中将受到更大的阻力。

稳定型子战斗部不采用“万向作用引信”，这样就可以设计比较简单的引信。内爆子战斗部是在穿进目标以后爆炸，因此装较少的炸药就能达到满意的效果。这种子战斗部头部有穿甲结构和稳定装置，这将使子战斗部质量增加。

在稳定型子战斗部设计中，通常使用阻力管、阻力板、阻力伞和固定尾翼作为稳定装置。稳定结构必须同子战斗部装在一起，这会增加它们的质量和体积，致使装入的子战斗

部的数量减少。稳定型子战斗部的组装比较困难。如果稳定装置有释放机构，它必须有足够的强度，以便承受抛射加速度和空气动力。

### 6.4.2　子战斗部的数量

设计最佳的子母战斗部可以暂不考虑导弹对战斗部体积和质量的限制。子战斗部的数量根据杀伤概率所需要的数量决定。假设对导弹要求特定的杀伤概率，一般来说，是从条件杀伤概率所必需的子战斗部数量着手，即命中就是毁伤。

子战斗部能够装满子母战斗部的最大数量是子母战斗部的可用体积、可用质量、支撑结构及单个子战斗部的尺寸和质量的函数。对于某种结构来说，子战斗部的数量可以装满子母战斗部的许用空间，但战斗部的总质量可能小于许用质量。而对另一种结构来说，战斗部的总质量可能达到了许用质量，但子战斗部未必能装满许用空间。

为了严格地确定子战斗部的数量，必须以容积和质量为基础计算允许的子战斗部数量，对这两种数量进行比较，把较小的整数选作子战斗部的最大数量，只有这个数量才能满足体积和质量两者的要求。确定子战斗部的最大数量通常要参照规定的数据，例如给定的战斗部质量、重心及导弹限定的子母战斗部和子战斗部的可用空间，这样就把确定子战斗部的最大数量问题转化为几何关系问题。一旦选定了子战斗部的形状，其数量也就确定了。

### 6.4.3　子战斗部结构设计

1. 非稳定型子战斗部

壳体的厚度根据承受抛射力的结构要求而定。已经知道，对于质量2.25～2.7 kg，抛射初速为107 m/s的子战斗部，可用1.63 mm厚的铝板轧制成楔形板和外侧圆柱面，由焊接或熔接制成子战斗部的壳体。引信和装药口盖的安装卡环通常用铝材制造，并焊在壳体的表面上。引信口盖和装药口盖也可用铝材制造。

抛射管通常用钢材制造，一端封闭，另一端装法兰盘，抛射管装在子战斗部里面。法兰盘把发射药的爆发力传给子战斗部。“万向作用引信”的功能用于解除保险、起爆和自毁。把装药口盖拧在安装卡环上完成炸药的装填。抛射管、引信、装药口盖和两个卡环伸进子战斗部，占去一部分空间。

2. 稳定型子战斗部

最佳的稳定型子战斗部是一个定向稳定体，能把摆动角度的瞬态值减到较小的幅值，其形状应与战斗部舱段的集装条件相协调。子战斗部和稳定装置的强度应能承受发射力。在同样质量和尺寸翼面的条件下，固定尾翼加黏滞阻尼升降副翼比其他装置优越得多。经研究证明，用设计合理的阻力管或阻力板满足气动稳定性要求是可能的。

子战斗部壳体的形状除侵彻特性限制外，也受集束战斗部的可用空间给予子战斗部集装条件的限制。既然集束战斗部通常更受质量限制而不是体积限制，因而对于内爆型子战斗部，就转化为确定最佳侵彻特性问题。

根据稳定型子战斗部使用阻力管和阻力板的计算结果知道，这两种稳定结构研制成本低、周期短。计算分析指出，阻力板和阻力管都能对子战斗部起气动稳定作用。它们所产生的稳定性是否适当，取决于下列因素：

(1)使用的引信允许拦截目标时的最大偏航。

(2)抛射时固有的偏航影响。

(3)分析时忽略了阻力板或阻力管处于扰动涡区的事实。

(4)阻力结构引起的子战斗部速度下降。

选用这种稳定结构需做必要的试验研究。

固定尾翼用于稳定子战斗部是比较理想的。由于固定尾翼不利于包装，因此发展了折叠尾翼。

## 6.5 引爆要求

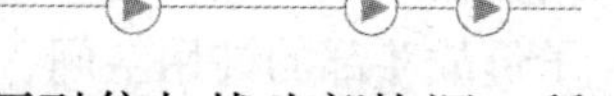

设计子母战斗部时，应为引信设计提供简明的数据资料，以便引信与战斗部协调。所需要的数据资料如下：

### 1. 对子母战斗部引信的要求

(1)子战斗部抛射速度。

(2)子战斗部的数量和散布。

(3)抛射系统类型。

(4)抛射装药类型(爆发式抛射)。

(5)子母战斗部设计图。

### 2. 对子战斗部引信的要求

(1)子战斗部类型。

(2)装药成分和装药量。

(3)子战斗部设计图。

## 6.6 设计资料归纳

设计过程结束后，应该归纳经过试验研究得出的全部数据和资料，包括如下项目：

(1)子母战斗部总质量。

(2)设计和安装图。

(3)炸药的成分、质量。

(4)装药金属比。

(5)子战斗部的数量、总质量、单个质量、设计尺寸和形状、抛射初速度、散布、壳体材料和厚度。

(6)抛射系统。

(7)支撑结构。

(8)子母战斗部在导弹内的安装系统。

(9)重心位置。

(10)武器系统的预期效率。

## 思考题

1. 子母弹战斗部的作用目标主要有哪些?
2. 简述子母弹的作用过程。
3. 简述子母弹战斗部的发展现状与趋势。

## 参考文献

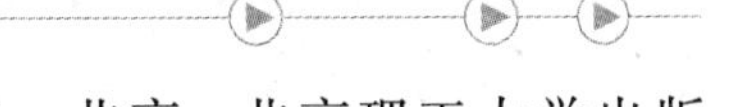

[1]张先锋，李向东，沈培辉，祖旭东. 终点效应学[M]. 北京：北京理工大学出版社，2017.
[2]杜宁. 空中自旋子母弹子弹散布模型研究[D]. 沈阳：沈阳理工大学，2017.
[3]贾希辉. 概率论与应用统计[M]. 北京：科学出版社，2001.
[4]曹登麟. 计算圆周概率偏差的方法[J]. 火控技术，1984(1)：26-32.
[5]杨绍卿. 火箭弹散布和稳定性理论[M]. 北京：国防工业出版社，1979.
[6]曹柏桢，凌玉崑，蒋浩征，等. 飞航导弹战斗部与引信[M]. 北京：中国宇航出版社，1995.
[7]卢芳云，李翔宇，林玉亮. 战斗部结构与原理[M]. 北京：科学出版社，2009.
[8]乔相信，宋万城，吴非. 子母弹子弹散布对目标毁伤概率的影响[J]. 火力与指挥控制，2012，37(12)：72-74.
[9]杨绍卿. 末敏弹系统理论[M]. 西安：陕西科学技术出版社，2009.
[10]杨绍卿. 火箭外弹道偏差与修正理论[M]. 北京：国防工业出版社，2011.
[11]杨绍卿. 灵巧弹药工程[M]. 北京：国防工业出版社，2010.
[12]王儒策，刘荣忠. 灵巧弹药的构造及应用[M]. 北京：兵器工业出版社，2001.

# 第7章 其他类型武器战斗部

常规战斗部除了破片战斗部、爆破战斗部、聚能装药战斗部、穿甲侵彻战斗部、子母弹战斗部之外，还有一些其他类型的战斗部，这些战斗部可以满足不同的作战需要。本章主要介绍云爆战斗部、碳纤维弹、激光武器和微波武器等几种新型战斗部的基本概况、作用原理和发展现状。

## 7.1 云爆战斗部

云爆战斗部是指以燃料空气炸药(Fuel Air Explosive，FAE)作为爆炸能源的战斗部，又称FAE战斗部。这是第二次世界大战后兴起的一种新型战斗部，其特点是燃料通过爆炸方式或其他方式均匀地分散在空气中，并与空气中的氧气混合成气-气、液-气、固-气、液-固-气等两相或多相云雾状混合炸药。在引信的适时作用下进行爆轰，形成“分布爆炸”，从而达到大面积毁坏目标的效果。

### 7.1.1 云爆战斗部作用原理

云爆战斗部经发射后投到目标上方，当离地约1.2 m时，第一个引信起爆，爆炸产物将战斗部中的液体或固体燃料抛散到空气中，并形成由液-气、固-气或固-液-气构成的燃料空气炸药。然后在云雾引信适时起爆下使其全部爆轰，由于云雾爆轰区相邻的爆炸冲击波区压力均很高，因此，在这两个区域内的软目标将受到不同程度的破坏。

燃料空气炸药或云爆剂主要由环氧烷烃类有机物(如环氧乙烷、环氧丙烷)构成。环氧烷烃类有机物化学性质非常活跃，在较低温度下呈液态，但温度稍高就极易挥发成气态。这些气体一旦与空气混合，即形成气溶胶混合物，极具爆炸性。并且爆燃时将消耗大量氧气，产生有窒息作用的二氧化碳，同时，产生强大的冲击波和巨大压力。燃料空气炸药主要是利用空气中的氧作为氧化剂，特别是碳氢化合物、铝粉等本身不含氧的燃料，它们只能依靠空气中的氧进行爆炸化学反应。然而常用的军用炸药则不同，它本身就包含足够的氧元素，例如，TNT分子中氧的质量分数为43%，所以它不需要空气中的氧就能进行爆炸化学反应。如以单位质量炸药爆炸时放出的能量来表示炸药的威力，那么燃料空气炸药释放的能量比 TNT 大得多，见表 7.1.1。由表可见，环氧乙烷的爆热约为 TNT 的 6 倍，除此之外，FAE 燃料的爆热值随碳氢化合物次序的增高而变大。值得指出的是，由于云雾液滴反应不完全以及部分液滴落地失效的损耗，FAE 燃料放出的能量低于表中的数值。试验表明，环氧乙烷装药的爆炸破坏效应等于 2.7 ~ 5.0 倍 TNT 当量，爆炸冲击波的作用面积比 TNT 大 40%，爆炸冲击波比冲量比 TNT 大得多。云爆武器除爆热大以外，还有下面几个优点。

**表 7.1.1　轧制均质钢板规格尺寸**

| FAE 燃料或炸药名称 | 爆热/($kJ \cdot kg^{-1}$) |
|---|---|
| 葵烷 | 47 301 |
| 煤油 | 42 697 |
| 环氧丙烷 | 33 069 |
| 铝粉(密度 0.6 ~ 1.5 $g/cm^3$) | 30 976 |
| 环氧乙烷 | 28 883 |
| TNT | 4 604 |

(1)云雾爆炸属于分布爆炸，例如，一枚子炸弹 BLU-73/B 的云雾区直径为 15 m，高为 2.4 m。一旦被引信起爆，就构成大面积的爆轰，使软目标受到严重的破坏。

(2)FEE 燃料抛散过程中，弥散的云雾不断下沉，并向低处扩展，从而流入堑壕和防御工事一类目标中，增大了破坏效应。然而，对其他弹药来说，破坏这类目标则比较困难。

(3)尽管云雾爆炸的超压不大，但是爆炸冲击波的作用时间较长，因此，冲击波比冲量较大，能够有效地摧毁一些软目标，例如飞机、集结部队、地雷等。

总之，FAE 武器属于大面积杀伤和破坏的新型武器，可弥补高能炸药武器的不足。

图 7.1.1 给出了不同装药类型形成的冲击波超压分布比较。云爆战斗部形成的高温、高压持续时间更长，爆炸时产生的闪光强度更大。试验表明，对超压来说，1 kg 的环氧乙烷相当于 3 kg 的 TNT 爆炸威力。其爆炸威力与固体炸药相比，可用图 7.1.2 中的曲线定性表示。由图可知，虽然其峰值超压不如固体炸药爆炸所形成的峰值超压高，但对应某一超压值(如 $A$ 点对应值)，其作用区半径远比固体炸药大(环氧乙烷在 $L$ 点，固体炸药在 $C$ 点)。

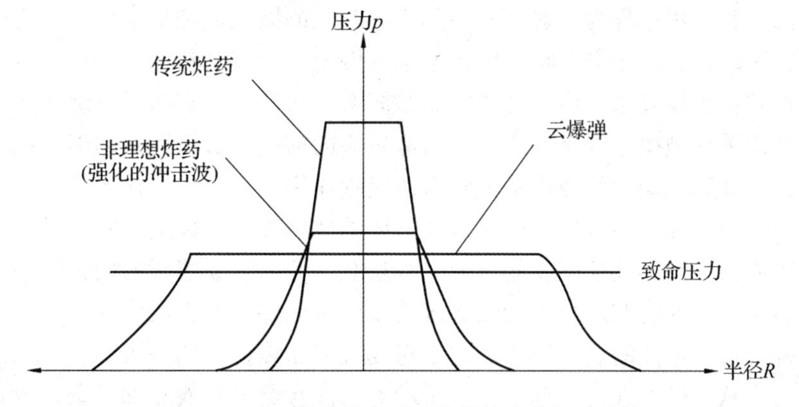


**图 7.1.1　不同装药类型形成的冲击波超压分布**

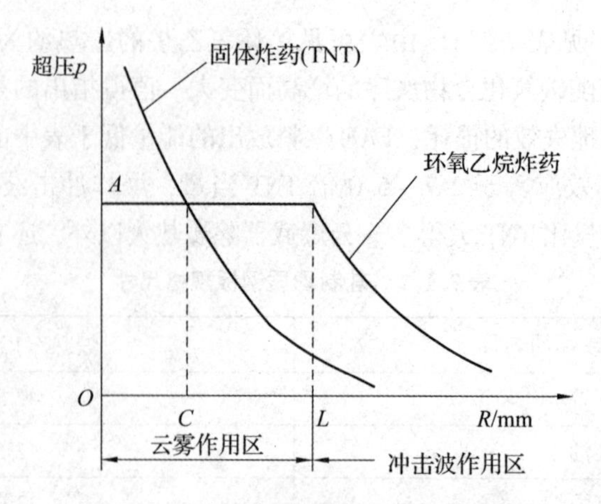


图 7.1.2　超压随距爆点距离的变化图

## 7.1.2　云爆战斗部典型结构

典型云爆战斗部主要由上端板、侧壁、燃料、下端板、传爆药柱、中心装药、缓冲柱组成，其结构如图 7.1.3 所示。其中，壳体组件是战斗部的承力结构，上、下端板较厚，以约束爆轰产物，侧壁采用薄壳结构，中心药管(内装中心装药)两端采用橡胶封堵，中间段为中心装药，其前端连接传爆药柱并采用雷管起爆，整体采用防泄漏密封设计。

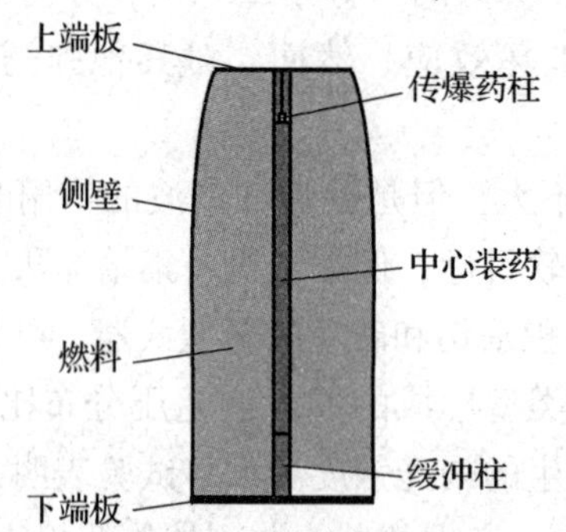


图 7.1.3　典型云爆战斗部结构示意图

按照起爆方式的不同，分为一次起爆型和二次起爆型，现阶段研究较多的为二次起爆型云爆战斗部，其作用过程为：首先战斗部中心装填的抛撒药在引信作用下起爆，产生的爆轰产物将云爆燃料抛撒分散在空气中，与空气混合，形成燃料空气炸药，当燃料空气云雾膨胀扩散达到理想爆轰条件后，通过控制系统对云雾进行二次起爆，形成大范围爆轰作用。云爆战斗部爆炸抛撒过程是形成可靠云雾爆轰的前提，云爆燃料的爆炸抛撒范围及分散雾化程度，对其爆轰能力和毁伤威力有着决定性作用。

二次型云爆战斗部是通过燃料空气炸药云团的体爆轰对目标进行毁伤的，所形成的燃料空气炸药密度为云爆剂装填密度的万分之一量级，其云雾覆盖区域内是燃料空气炸药爆轰区域，爆轰形成的冲击波压力分为云雾区内及云雾区外，云雾区内的压力表现为爆轰压力，云雾区外符合冲击波的衰减规律。因云雾爆轰超压峰值制约，因此，二次起爆云爆战斗部适用于对中软目标的毁伤。图 7.1.4 所示为二次起爆云爆战斗部云爆剂抛撒形成的燃料空气炸药云团，图 7.1.5 所示为燃料空气炸药云团起爆形成的爆炸火球。

图 7.1.4　云爆战斗部抛撒云团

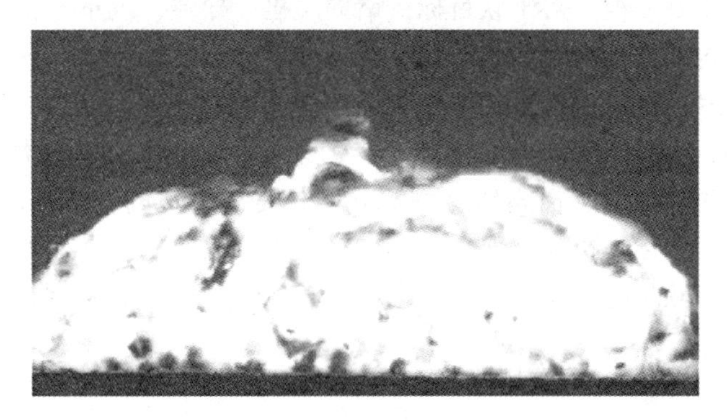

图 7.1.5　云爆战斗部爆炸火球

## 7.1.3　云爆战斗部的破坏效应

云爆战斗部对目标的爆炸破坏可分成两类加载，即爆炸超压加载和爆炸比冲量加载。前者指云雾爆轰波或空气冲击波的峰值超压直接破坏目标。这种依赖超压破坏的目标称为对爆炸超压敏感的目标，又称硬目标。其特点是目标的自振周期短，由爆炸比冲量引起破坏的目标与爆炸超压和作用时间的乘积有关。这种目标称为对爆炸比冲量敏感的目标，又称软目标。爆炸载荷对硬、软目标的破坏效应见表 7.1.2。

表 7.1.2　爆炸载荷对目标的破坏效应

| 目标 | 爆炸破坏载荷 | | 毁坏目标特性 | | 所用炸药 |
|---|---|---|---|---|---|
| | 超压 | 比冲量 | 硬 | 软 | |
| 坦克 | √ | | √ | | 高能炸药 |
| 加固建筑物 | √ | | √ | | 高能炸药 |
| 装甲运兵车 | √ | | √ | √ | 高能炸药 |
| 自行火炮 | √ | | √ | √ | 高能炸药 |
| 桥梁 | | | √ | √ | 高能炸药或燃料空气炸药 |
| 导弹 | √ | √ | √ | √ | 燃料空气炸药 |
| 飞机 | √ | √ | | √ | 燃料空气炸药 |
| 天线 | | √ | | √ | 燃料空气炸药 |

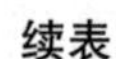

续表

| 目标 | 爆炸破坏载荷 | | 毁坏目标特性 | | 所用炸药 |
|---|---|---|---|---|---|
| | 超压 | 比冲量 | 硬 | 软 | |
| 汽车 | √ | √ | | √ | 燃料空气炸药 |
| 部队 | √ | √ | | √ | 燃料空气炸药 |
| 非加固建筑物 | √ | √ | | √ | 燃料空气炸药 |

由表7.1.2可知，不同类型的目标需要用不同的爆炸载荷进行破坏。例如，坦克本体与加固建筑物都属于硬目标，应该采用高爆压炸药或聚能破甲弹来对付，如果用FAE战斗部，那么效果就不好。但是对于软目标，诸如飞机、导弹、汽车等，云爆战斗部的破坏效果非常好。因为这些目标对爆炸超压和爆炸比冲量都很敏感。譬如汽车玻璃和车身受到爆炸超压的作用很易破坏，而汽车的翻转则与爆炸冲量的大小有关。

试验研究表明，燃料空气炸药的爆炸超压为几兆帕，是一般高能炸药的数千分之一，因此用它来摧毁坦克、火炮、加固建筑物等硬目标是不合适的。但是由于FAE的有效比冲量大，所以用它来毁坏飞机、导弹、汽车和轻型工事等软目标是很理想的。如果坦克等硬目标上配备天线等软目标系统，那么在燃料空气炸药的作用下也会受到破坏或失效。

### 7.1.4 主体战斗部结构设计

作为杀伤敌方目标的主要作战部件，主体战斗部的装药结构、主要零部件和形状尺寸应以满足威力性能为主。设计中采用了结构优化理论，并按相似和弹药模块理论，对55 kg燃料装药的主体战斗部原理样机进行了设计。

1. 整体型薄壳结构

战斗部主体结构采用圆柱形薄壁圆筒，有利于在中心装药爆炸驱动力作用下壳体破裂并抛撒燃料；设计的上、下端板较厚，提高了轴向的约束力，使燃料沿径向抛撒，形成大范围、轴对称的燃料空气混合物。薄壳结构有很多优点：可按等强度原则分布材料，合理选择结构尺寸；外形表面光滑，可减小空气阻力；结构简化，作用可靠性提高；装药集中，爆炸威力增大等。

2. 中心装药与周边辅助装药同时抛撒燃料技术

为使燃料抛撒均匀、云雾的覆盖面积增大，要求主体战斗部壳体尽可能薄，但由于主体战斗部是弹体的一部分而直接参与受力，为保证在生产、运输、使用和贮存过程中的安全性，又要求壳体壁厚增加，提高强度。解决上述矛盾的方法是在设计抛撒装药结构时，除了中心爆管外，在壳体内部还设计了均布的若干根周边辅助抛撒装药管，采用同时起爆技术，这样就增大了驱动能量，在壳体壁厚相对增大的情况下，保证了壳体均匀破裂，提高了燃料径向分布的均匀性和获得较大的云雾笼罩区域。

3. 优质碳素钢作为主体战斗部材料

试验结果表明，钢质壳体破裂比较均匀，云雾抛撒性较好，同时钢质壳体强度较高，能够满足战斗部在飞行、投掷等过程中的过载要求，以及勤务处理中的各种安全需要。主体战斗部上、下端板等选用低碳钢，而侧壁采用冷轧钢板卷制而成，中心和周边管采用无缝钢管制成。

### 7.1.5　爆炸威力试验大纲

试验前应编制试验大纲，一般包括：

(1)试验依据。

(2)试验目的。

(3)试验方案。

(4)试验条件。

(5)试验组织分工、技术保障和安全控制。

(6)参试设备名称及技术指标。

(7)被试品的技术状态。

(8)试验数据的录取和数据处理。

(9)试验结果和试验文件资料。

## 7.2　温压战斗部

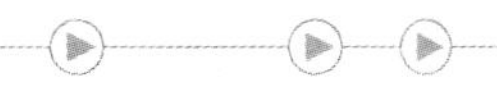

温压战斗部就是利用高温和高压造成杀伤效果的弹药，也被称为“热压”武器。它是在云爆战斗部的基础上研制出来的，因此温压战斗部与云爆战斗部具有一些相同点和不同点。

相同之处是温压战斗部与云爆战斗部采用同样的燃料空气爆炸原理，都是通过药剂和空气混合生成能够爆炸的云雾：爆炸时都形成强冲击波，对人员、工事、装备可造成严重杀伤；都能将空气中的氧气燃烧掉，造成爆点区暂时缺氧。

不同之处是温压战斗部采用固体炸药，而且爆炸物中含有氧化剂，当固体药剂呈颗粒状在空气中散开后，形成的爆炸杀伤力比云爆战斗部更强。在有限的空间里，温压战斗部可瞬间产生高温、高压和气流冲击波，对藏匿地下的设备和系统可造成严重的损毁。另一个不同之处在于云爆战斗部多为二次起爆，第一次起爆把燃料抛撒成雾状，第二次起爆则把最佳状态的云雾团激励为爆轰反应，而温压战斗部一般采用一次起爆，实现了燃料抛撒、点燃、云雾爆轰一次完成。

温压战斗部是在燃料空气炸药的基础上研制出来，在某些方面有传统的战斗部难以比拟的毁伤效果，温压战斗部爆炸时，主要通过产生的高热效应和高压冲击波对目标产生毁伤作用，目前对于温压战斗部毁伤威力评估的研究也主要集中在热效应、冲击波毁伤、破片毁伤和窒息作用方面。温压战斗部使用的是温压炸药，和传统的炸药相比，温压炸药中包含大量燃料和特殊的氧化剂，在引爆时药剂在空气中大面积扩散，从周围空气中吸取大量的氧气，剧烈燃烧并向四周辐射大量热量，同时产生持续的高压冲击波。温压战斗部主要通过高压冲击波和高热效应产生毁伤作用；温压战斗部爆炸时，壳体在内部压力作用下解体产生破片作用；爆炸时大量吸取周围空气造成局部缺氧和产生的一氧化碳、二氧化碳等有毒气体造成窒息作用。

## 7.3 碳纤维弹

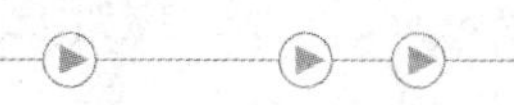

### 7.3.1 碳纤维弹作用原理

碳纤维炸弹装填经过特殊处理的碳丝，当前大多采用导电性能良好的石墨纤维。该石墨纤维是用含碳量高的人造纤维或合成纤维在特定的工艺条件下碳化得到的，具有低密度、高弹性模量、高强度、低热膨胀、高导电性和能反射雷达波、耐高温等突出特点。从导电机理来说，由于石墨晶体同层中的高域电子可以在整个原子平面层中活动，故石墨具有良好的层向导电导热性质。合成纤维中石墨微晶元的相邻原子内外层轨道有不同程度的重叠，而最外层电子轨道重叠的程度最大，这样晶体中电子不再局限于某个特定的原子，而是可以由一个原子转移到相邻的原子上去，电子可以在整个晶体中运动，即电子的公有化。电子的公有化程度越高，则晶体的导电性能越好。

碳纤维弹的作用过程是，弹体炸开、旋转并释放出若干个小的罐体；每个小罐均带有一个小降落伞，打开后使得小罐减速并保持垂直；在设定的时间之后，罐内小型爆炸装置起爆，使小罐底部弹开，释放出石墨纤维线团；石墨纤维在空中展开，互相交织，形成网状。石黑纤维有强导电性，当其搭在供电线路上时即产生短路，造成供电设施受损，难以修复。有的碳纤维弹采用反跳装置，先使子弹触地，再弹起一定高度后，散开纤维丝，形成合理布设。

### 7.3.2 碳纤维弹的应用

典型的碳纤维弹有美国的 BLU-114/B，它是一种装在集束武器内的子弹药，外形很像一个易拉罐，体积比“可口可乐”易拉罐大一倍，罐内装有大量经过处理的石墨丝。石墨丝比人的头发丝还细，具有极强的导电能力。电站或变电网络的高压线一旦被石墨丝缠上，瞬间即可造成电网短路，烧毁电力设备，导致停电。因为石墨炸弹对人没有直接的伤害作用，所以有的国家也称 BLU-114/B 炸弹为软炸弹。一枚碳纤维弹可以摧毁一个城市的供电电网，致使整个城市用电中断。

## 7.4 激光武器

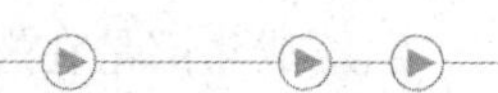

### 7.4.1 激光武器概述

激光武器是直接利用光能、热能、核能等外部能量(如光照加热、放电、化学反应或核反应)来激励物质，使其产生受激辐射，形成强大的方向集中、单色性好的光束辐射能量来摧毁目标、杀伤人员的一种武器。

激光武器按激光发射功率大小，可分为低功率激光武器和高能激光武器；按搭载平台，可分为陆基(地面、车载)激光武器、海基(舰载)激光武器、空基(机载)激光武器及天基(星载)激光武器；按功能，可把高能激光武器分为战术激光武器、战区激光武器及战略激光武器。低功率激光武器主要用于致眩、致盲作战人员的眼睛，干扰或毁损光电传感器。战术高能激光武器主要用于对付近程战术弹道导弹、巡航导弹、无人机、直升机及地面或空中发射的迫击炮弹、火箭弹。机载激光武器主要用于摧毁助推段的战略弹道导弹和战术弹道导弹，同时具有拦截低轨卫星、巡航导弹及战斗机的能力。

激光武器应用于空间攻防、导弹攻防和信息攻防作战，能够有效干扰和致盲光学侦察、导弹预警和遥感类卫星，能够拦截在助推段飞行中的导弹，还能够攻击敌方信息链路或节点。军事大国和发达国家把激光武器作为防空防天体系的重要组成部分，并成为反导、反卫星及破坏敌方信息源，争夺制海权、制空权、制天权及制信息权的重要手段。例如，激光武器是美国国家导弹防御(NMD)和战区导弹防御(TMD)系统的基本装备。

与火炮、导弹武器等相比，激光武器具有独特优点：

(1)反应迅速。以光速或接近光速的速度传输电磁能量，并直射目标，无须计算射击的提前量，瞄准即能命中，目标难以躲避。

(2)攻击精度高。可将聚焦的狭窄光束精确地对准某一方向，选择攻击目标群中的要害目标，甚至攻击某一目标中的要害部位或薄弱部位。激光武器如果不考虑地形限制，不管来袭目标或攻击目标在何方位，只要发现目标，便可进行360°全向攻击。

(3)抗电磁干扰能力强。激光传输不受外界电磁波的干扰，目标难以利用电磁干扰手段避开激光武器的射击。对于激光武器系统本身来说，只要做好电磁屏蔽防护，即使在强电磁环境中，也能保证内部电子元器件不被破坏，保障系统正常工作。

(4)转移火力快。激光束发射时无后坐力，可连续射击，能在很短的时间内转移射击方向，是拦截多目标的理想武器。

(5)作战效费比高。只要能源充足，不存在再装填或补给问题，具有良好的效费比。

### 7.4.2　激光武器毁伤原理

激光武器利用强激光束，在目标表面产生极高的能量密度，使其受热、燃烧、熔融、雾化或汽化，并产生爆炸波，以杀伤人员或摧毁目标。

高能激光武器硬杀伤破坏目标的机理是基于烧蚀、热冲击、热应力和辐射等多种效应的综合作用。

烧蚀效应：激光照射使目标在瞬间产生高温高压，目标被照射部分迅速熔化、汽化，产生凹坑或穿孔，甚至发生热爆炸。

热冲击效应：受激光照射，目标在熔化、汽化过程中向外喷射，极短时间内给目标以极大的反冲力，在目标内部产生热冲击波，使之损伤或断裂。

热应力效应：目标受激光照射部分迅速升温，引起目标局部范围内材料力学性质发生变化，导致目标出现坍塌、断裂。

辐射效应：激光照射使目标材料快速汽化，并在其表面形成等离子体云，等离子体云可辐射紫外线、X射线，能够损伤破坏目标内部的电子器件和电路。

## 7.5　微波武器

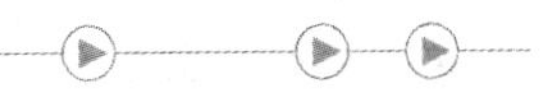

### 7.5.1　微波武器原理与作用

未来战争将是信息化的高科技战争，作战双方的指挥、控制、通信、情报系统以及武器系统本身均离不开信息技术的支持，制信息权将成为战争获胜的重要保证。在战场上，地面、空中和空间的各个信息系统、信息节点通过信息链路构成网络。高功率微波(HPM)武器由于其自身具有的独特性能，将成为战场信息战中最为有效的攻击性手段之一。

微波武器是利用定向发射的高功率微波束毁坏电子设备和杀伤有生力量的一种定向能武器。一般由微波发生器、天线、定向微波发射装置、控制系统等组成。微波发生器用于产生微波电磁脉冲，天线将微波波束聚成方向性极强、能量极高的窄波束，定向微波发射装置将电子束的能量转换为微波能量。

微波武器主要分为单次使用的微波弹和重复频率的微波炮两种类型。微波弹分为常规炸药激励和核爆激励两种。目前主要研究的是常规炸药激励的微波弹。通过在炸弹或导弹战斗部上加装电磁脉冲发生器和辐射天线的方式来构成高功率微波弹，利用炸药爆炸压缩磁通量的方法把炸药能量转换成电磁能，再由微波器件把电子束能量转换为微波脉冲能量，并由天线发射出去。重复频率的微波炮由能源系统、重复频率加速器、高效微波器件和定向能发射系统构成，可产生多脉冲微波输出。多脉冲重复发射微波炮可使用普通电源，能够进行再瞄准，也可以多次打击同一目标。

微波武器的工作原理是将高功率微波源产生的微波经高增益定向天线向空间发射出去，形成高功率、能量集中且具有方向性的微波射束，使之成为一种杀伤破坏性武器。它通过在特殊设计的高功率微波器件内，电子束与电磁场相互作用，产生高功率的电磁波。这种电磁波经低衰减定向发射装置变成高功率微波波束发射，到达目标表面后，经过“前门”(如天线、传感器等)或“后门”(如小孔、缝隙等)进入目标的内部，干扰、致盲或烧坏电子传感器，或使其控制线路失效，也可能烧坏其结构。

### 7.5.2 微波武器的应用

微波武器可用于攻击卫星、导弹、飞机、舰艇、坦克、通信系统以及雷达、计算机设备，尤其是指挥通信枢纽、作战联络网等重要的信息战的节点和部位，使目标遭受物理性破坏，并丧失作战效能，达到不能修复的破坏程度。根据微波武器的作用方式，其杀伤作用主要体现在以下几个方面：

1. 杀伤人员

当微波低功率照射时，可使导弹、雷达的操纵人员、飞机驾驶员以及炮手、坦克手等产生生理功能紊乱，出现烦躁、头痛、记忆力减退、神经错乱以及心脏功能衰竭等症状，导致武器系统失控；当微波高功率照射时，人的皮肤灼热，眼白内障，皮肤内部组织严重烧伤甚至致死。

2. 破坏各种武器系统中的电子设备

当微波的功率密度为0.01 ~ 1 $W/cm^2$ 时，可以干扰相应频段的雷达、通信、导航设备的正常工作；为0.1 ~ 10 $W/cm^2$ 时，可使武器、通信、预警、雷达系统设备中的电子元器件失效或烧毁；为10 ~ 100 $W/cm^2$ 时，微波辐射形成的瞬变电磁场可使金属表面产生感应电流，通过天线、导线、电缆和各种开口或缝隙耦合到卫星、导弹、飞机、舰艇、坦克、装甲车辆等内部，破坏各种敏感元件，导致系统出现误码、记忆信息抹掉等。强大的高功

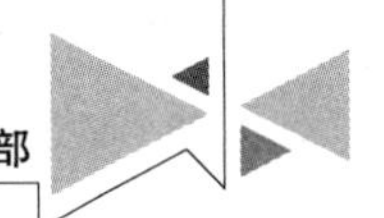

率微波辐射会使整个通信网络失控。如果辐射的微波功率足够高，则武器装备外壳开口与缝隙处可以出现电离，从而变成良导体，短时间内使目标受高热而破坏，甚至能够提前引爆导弹中的战斗部或装药。

3. 攻击隐形武器

隐形武器除了具有独特的气动外形设计、减少雷达反射波之外，更重要的是采用吸波材料吸收雷达探测的电磁波。如美国B-2隐身轰炸机，机体采用吸波材料，机体表面涂有吸波涂料。高功率微波的强度和能量密度要比雷达微波高几个数量级，它产生的脉冲频带远远超过吸波涂层的带宽，足以抵消这种隐身效果。高功率微波武器攻击隐身飞机，轻者致使机毁人亡，重者甚至使飞机即刻熔化。高功率微波武器还能破坏反辐射导弹的制导系统，使导弹跟踪偏离制导航向。

与传统的武器相比，高功率微波武器能够以光速对电子系统进行全天候攻击；利用最少的目标特征信息对目标进行攻击；在特定的作战等级上进行外科手术式的打击(毁伤、中断、性能下降)；没有严重的传输问题；产生的附带损伤很小；具有方向性，但又有一定的覆盖范围，能攻击多目标，简化瞄准和跟踪；采用电源供电，“弹仓”大，作战成本低；峰值功率高，也可实现高平均功率，可攻击多种目标。

高功率微波武器的出现，在一定程度上可以认为是电子战向更深层次的发展，其特点是攻击性更加突出，范围更广，并能对设备和人员造成不同程度的杀伤。

## 思考题

1. 简述云爆战斗部的作用原理。
2. 燃料空气炸药指的是什么？与普通炸药相比，具有哪些典型特征？
3. 简述碳纤维弹的作用原理。
4. 简述激光武器的作用原理。
5. 简述微波武器的作用原理。

## 参考文献

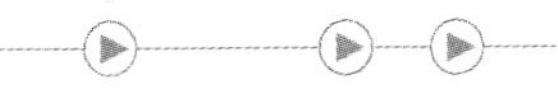

[1]曹柏桢，凌玉崑，蒋浩征，等. 飞航导弹战斗部与引信[M]. 北京：中国宇航出版社，1995.

[2]卢芳云，李翔宇，林玉亮. 战斗部结构与原理[M]. 北京：科学出版社，2009.

[3]王志军，尹建平. 弹药学[M]. 北京：北京理工大学出版社，2005.

[4]GJB 5412—2005，燃料空气炸药(FAE)类弹种爆炸参数测试及爆炸威力评价方法[S]. 北京：中国标准出版社，2005.

[5]赵志国，李建，赵海平，李亚宁，肖伟，马含. 某二次起爆型云爆战斗部防窜火技术研究[J]. 弹箭与制导学报，2021，41(5)：123-128.

[6]王世英，计冬奎. 二次起爆云爆战斗部的发展趋势[C]. OSEC首届兵器工程大会论文集，2017：325-328.

[7]畅博，王世英．二次起爆型云爆战斗部爆炸抛撒过程及毁伤作用[J]．战术导弹技术，2016(6)：111-117.

[8]张梦姝．温压战斗部爆炸场地震波测试方法研究[D]．南京：南京理工大学，2017.

[9]郭学永，解立峰，张陶，惠君明．整体型云爆战斗部静爆试验研究[J]．弹道学报，2006(4)：68-71+75.

# 第8章 战斗部装药

战斗部一般装填高爆速、高爆压的混合炸药或高威力混合炸药，而且对装药质量提出了严格的要求，以确保战斗部的威力、长期储存和使用安全性能。

1. 保证战斗部装药具有足够的威力

不同用途的战斗部对爆炸威力有不同的要求。例如，聚能战斗部是利用高速聚能射流侵彻装甲。为了提高破甲威力，战斗部爆炸后应该形成一条均匀、细长、连续的高速金属射流。因此这种战斗部不仅装填高爆速、高爆压的混合炸药，而且装药应该对称性好、结构均匀、密度大。据美国资料报道，聚能战斗部的侵彻能力有一半以上取决于生产工艺和质量的控制。又如爆破战斗部是利用爆炸冲击波的作用来破坏目标的，一般装填高威力混合炸药，并且尽量多装药，以提高战斗部的爆破威力。又如破片战斗部依靠一定动能的有效破片毁伤目标，因此它所用的炸药、装药密度、药量和起爆方式都要与战斗部的壳体结构、材料、壁厚等相匹配，以便获得更多的有效破片和更大的杀伤面积。由此可见，战斗部装药对不同的目标应发挥足够大的威力。

2. 保证战斗部装药作用可靠

战斗部装药应该在预定的时间和空间爆炸，绝对不允许出现早炸、半爆或熄爆的情况。例如，反跑道战斗部只有在侵彻一定深度后爆炸，才能得到最佳的破坏效应。因此，引信的延时控制、传爆序列的可靠性和装药质量都必须满足规定的技术要求。

3. 保证战斗部装药使用安全

由于战斗部都装填高爆速、高爆压或高威力炸药，它们的机械感度和爆轰感度都较大，因此容易发生爆炸事故。事实上，国内外曾经发生多起意外爆炸事故。所以，对战斗部装药的使用安全都给予高度重视。战斗部在装药、加工、运输、贮存和发射的环境条件中应当是安全的。为了从根本上解决这个问题，美国、法国等从20世纪70年代开始研制低易损炸药。现在已有几种产品装备了部队。

4. 保证战斗部装药的经济性

现代战争弹药消耗很大，需要巨大的军事费用，因此战斗部装药的原材料应当立足于国内，尽量降低生产成本。

总之，在战斗部装药生产开始之前，必须根据上述要求，结合产品的特点统筹规划、制订正确的生产工艺，以确保产品质量。本章主要介绍常规战斗常用的炸药性能和装药成型技术等问题。

## 8.1 战斗部常用炸药的性能

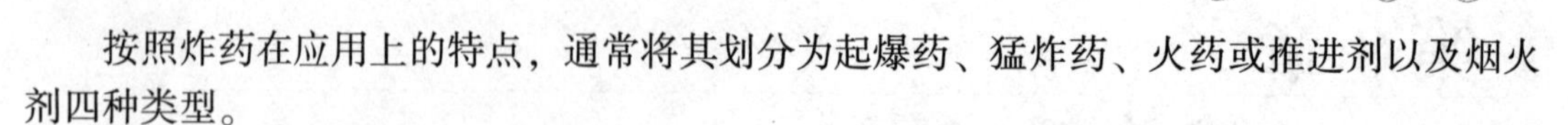

按照炸药在应用上的特点，通常将其划分为起爆药、猛炸药、火药或推进剂以及烟火剂四种类型。

起爆药：主要用作激发猛炸药爆轰的引爆剂，所以国外又称其为初级炸药(Primary Explosives)。它们具有敏感度高(很弱的外界作用，如加热、针刺、摩擦、撞击等作用下很容易引发爆炸)、爆炸成长到最大爆速所需的时间短等特点。因此可用来制造各种起爆器材，如雷管、火帽、点火装置等。常用的起爆药有雷汞、叠氮化铅等。

猛炸药：又称次发炸药(Secondary Explosives)，与起爆药相比，它们要稳定得多，只有在相当强的外界作用下才能发生爆炸(通常要用起爆药的爆炸作用来激发其爆轰)。然而，一旦起爆，它们就具有更高的爆轰速度和更强的破坏威力，因此军事上常用这类炸药装填炮弹和军工爆破器材等。常用的单质炸药有梯恩梯(TNT)、黑索金(RDX)、特屈儿(Tetryl)、奥克托今(HMX)等。常用的高猛混合炸药有熔铸混合炸药，如B炸药(64RDX/36TNT)等。

火药或推进剂：主要指用来发射枪弹或炮弹及用来发射火箭的推进剂，以及用来作点火药和延期药的黑火药等。

烟火剂：通常由氧化剂、有机可燃物或金属粉及少量黏合剂混合而成。军事上主要利用其速燃效应，如照明弹中的照明剂、烟幕弹中的烟幕剂、燃烧弹中的燃烧剂，以及曳光剂、信号剂等。

### 8.1.1 炸药的性能术语

1. 炸药的感度

在外界作用下，炸药发生爆炸的难易程度称为感度。外界作用的形式很多，如机械撞击、摩擦、热、冲击波、静电火花等，因此，相应的炸药感度定义为撞击感度、摩擦感度、热感度、冲击感度、静电火花感度等。各种感度数值的大小表示炸药爆炸的危险程度。如HMX的撞击感度为100%，而TNT则为4%～8%，所以，在机械撞击的作用下，HMX炸药比TNT容易爆炸。然而，由于炸药对各种感度的敏感程度不相同，所以不能根据一种感度的数值来排列炸药危险性的顺序。

2. 炸药的爆速

爆轰波在炸药中传播的速度称为炸药的爆速，它的大小与炸药性质及装药密度有关。密度越大，爆速越高。因此，给出炸药的爆速时，应当指出对应的密度，否则毫无意义。

3. 炸药的做功能力(威力)

炸药的做功能力是指炸药的爆炸产物对周围介质所做的总功，简称炸药的威力。炸药爆炸时释放的能量越大，其威力越大。一般以铅铸扩大的体积表示威力的大小，单位为$cm^3$，并将TNT炸药的威力作为标准，其他炸药则用TNT当量表示。

4. 炸药的安定性

在一定条件下，炸药保持其物理、化学性能不发生超过允许变化范围的能力称为炸药的安定性。其又可细分为物理安定性、化学安定性、热安定性、水解安定性。例如，TNT装药长期贮存时发生的渗油性、尺寸胀大等属于物理安定性；662炸药遇水会产生水解现象是水解安定性。测定安定性的方法是将炸药置于有代表性的气候条件下，定期监测其性能，同时记录气象条件，观察炸药外观变化。但是，这种方法周期太长。为了缩短测定时间，一般采用加速贮存试验方法，即以较高的温度和湿度加速炸药变质，监测其性能变化，用动力学方法外推至常温，预估其使用寿命。

5. 炸药的相容性

炸药的相容性是指炸药与其他材料(包括炸药)混合或接触时，体系的物理与化学性能和原组成相比，不发生超过允许变化范围的能力。其还可细分为内相容性(混合炸药中各组分之间的相容性)和外相容性(炸药与接触材料之间的相容性)。

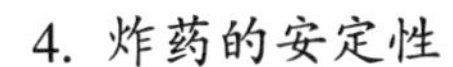

## 8.1.2　战斗部常用炸药的性能

炸药通常满足以下几种性能。

1. 爆炸性能好

炸药爆炸性能可以使用爆速、爆压、爆热、威力等指标进行度量。

2. 安全性能好

为了满足战斗部装药使用安全的战术技术要求，必须对炸药的安全性能作出严格的规定，即炸药在制造、加工、运输、贮存和发射的环境刺激下不发生燃烧或爆炸反应。为此，应对战斗部所用炸药的感度、安定性和相容性进行全面测试，作出综合评估。

3. 成型性能好

炸药应该容易成型，并能适用于不同的装药工艺，诸如压装法、注装法等。

4. 危害性小

危害性包括炸药的毒性和爆炸灾害。毒性是指炸药蒸气和粉尘等对人体的危害，如长期与TNT接触可使人体皮肤变黄，重者能引起白内障等职业病。爆炸灾害是指炸药发生燃烧和爆炸事故所造成的危害。

5. 经济性好

由于战争期间炸药的消耗量极大，因此要求炸药的原材料来源充足，制备工艺简单，成本低廉，否则就失去应用价值。

把几种战斗部常用的炸药按上述性能分类，并作成表8.1.1。由表中数据可知，TNT的爆炸性能比RDX和HMX差得多，因此不能单独用于导弹战斗部。尽管RDX和HMX炸药的爆炸性能在军用炸药中居领先地位，但是，由于它们的机械撞击感度和摩擦感度大，而且成型性能差，因此也不能单独使用。由此可见，导弹战斗部很难采用单质炸药。当前导弹战斗部都用RDX与TNT组成的混合炸药，或以RDX、HMX为基的炸药和热固性浇注混合炸药。

表 8.1.1 战斗部常用炸药的性能

| 性能 | | 黑索金(RDX) | 奥克托今(HMX) | 梯恩梯(TNT) |
|---|---|---|---|---|
| 一般性能 | 外观与颜色 | 片状淡黄色 | 无色细结晶 | 无色细结晶 |
| | 结晶密度/$(g\cdot cm^{-3})$ | 1.65 | 1.816 | 1.902 |
| | 熔点/℃ | 80.9 | 204.1 | 278 |
| | 溶解性 | 易溶于丙酮、苯、甲苯，微溶于乙醇和水 | 溶于丙酮，微溶于苯、甲苯 | 易溶于丙酮，不溶于甲醇、乙醇 |
| 爆炸性能 | 爆速/$(m\cdot s^{-1})$ [密度$\rho$/$(g\cdot cm^{-3})$] | 6 942 ($\rho$=1.637) | 8 639 ($\rho$=1.767) | 9 110 ($\rho$=1.89) |
| | 爆压/GPa | 18.91 | 33.9 | 39.5 |
| | 爆热/(kJ·kg) | 4 396 | 5 405 | 5 677 |
| | 威力/[$cm^{-3}$·(10 g)] | 300 | 480 | 468 |
| | 爆容/($dm^{-3}$·kg) | 730 | 900 | |
| 安全性能 | 撞击感度/% | 4~8 | 72~80 | 100 |
| | 摩擦感度/N | 353 | 135 | |
| | 冲击波感度/mm | 394 | 6.17 | |
| | 电火花感度/J | 0.19 | 0.12 | 0.099 |
| | 热安定性 | 150 ℃缓慢分解 | 200 ℃开始分解 | 好 |
| | 物理安定性 | 含杂质时易渗油 | 好 | 好 |
| | 化学安定性 | 日光照射会变红 | 好 | 好 |
| 装药成型性能 | 注装工艺 | 高于熔点 20 ℃时，长期加热不分解，适合注装法 | 不能单独注装，但与适量的 TNT 混合后，可以注装成型 | 不能单独注装，但与适量 TNT 混合后，可以注装成型 |
| | 压装工艺 | 30 ℃以下呈脆性，50~70 ℃呈塑性，易压装成型 | 撞击、摩擦感度均大，不能压装，但钝化后可压装成型 | 撞击感度特别大，不能压药，但钝化后可压装成型 |
| 危害性 | 毒性 | TNT 蒸气和粉尘均有毒，粉尘最大允许浓度为 0.5 $mg/m^3$ | 具有中等程度的毒性，粉尘最大允许浓度为 1.5 $mg/m^3$ | |
| | 爆炸危害 | 属于中等威力破坏级，大药量燃烧时易转为爆轰 | 是高威力破坏级，较多药量燃烧时，很易转为爆轰 | 是高威力破坏级，燃烧时易转为爆轰 |
| 备注 | | 成本较低 | 成本较高 | 成本高昂 |

## 8.2　战斗部常用炸药的装药方法

装药方法的选择与战斗部类型、装填炸药的性能、药室形状及产品的战术技术要求有关。常用的装药方法有注装法(包括块装法)、真空振动注装法、压装法和热固性浇注成型法。

压装法是弹药装药中被广泛采用的装药方法之一，具有使用的炸药广、生产周期短、爆轰感度大等优点。压装成型法是将颗粒状或片状炸药倒入成型模具或药室内，然后放上冲头在压机上加压成型，使散状炸药变成具有一定形状、密度和机械强度以及尺寸精确的装药，如图8.2.1所示。这种方法的优点是可以对RDX、HMX一类高熔点、高威力的炸药经过钝化后直接加压成型，因而可使RDX的含量超过95%。除此之外，压装药柱的爆轰感度大，有利于完全爆轰，因此传爆系列的药柱几乎都是压装成型的。压装法还可用于装填聚能战斗部和药室形状简单的战斗部。

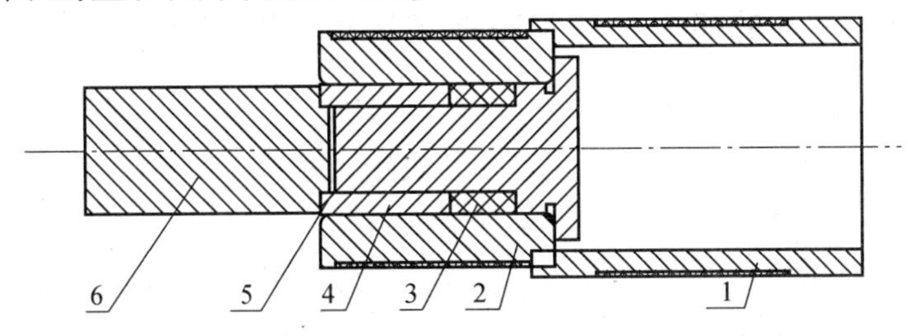


1—退料筒；2—模体(模套)；3—成型药柱(环形)；4—上冲(冲头)；5—下冲(底冲)；6—退料杆。

**图8.2.1　压装成型示意图**

压装模具是压装生产中重要的工艺装备。由于压装药柱的密度是不均匀的，随着药柱尺寸的增大，不均匀性更显著，这对精密装药和爆轰性能要求高的装药来说是必须考虑的问题。

对于精密装药来说，解决合理和稳定的爆轰波形，是产品战术技术指标的可靠保证。为解决压药密度均匀性问题，首先要确定压药模具的总体方案。若采用双向压机设备，模具的设计较简单；而对于单向压机的情况，应采用双向压药模具，以保证药柱密度的均匀性。

双向压药模具是根据单向压机双向压药的工艺方法确定的。该工艺方法的实质是将双向压药改为二次压药的方法。第一次压制先使上冲(或下冲)运动后，将垫块撤离，进行第二次压制，使下冲(或上冲)运动，最终使下冲、药柱及上冲三者的高度达到定位柱高度。

### 8.2.1　上、下冲、模体尺寸确定

药柱退模后的高度回弹尺寸 $\Delta h$ 和径向回弹尺寸 $\Delta D$ 的确定。

压制过程中，经过最高压力的保压阶段后，由于退模卸载的原因，药柱会弹性膨胀变形。生产实践证明，该变形在高度和径向都存在，即“回弹”。对于不同的炸药和不同的密度，它们的回弹度是不同的。对于JH-2装药：

(1)对于圆柱形药柱，药柱密度为1.69～1.71 g/cm$^3$，双向压药，高度回弹尺寸见式(8.2.1)：

$$\Delta h=(0.0335\sim0.0345)h \tag{8.2.1}$$

径向回弹尺寸见式(8.2.2)：

$$\Delta D=(0.002\sim0.003)D \tag{8.2.2}$$

药柱密度为1.67～1.68 g/cm³时，高度回弹尺寸见式(8.2.3)：

$$\Delta h=(0.029\sim0.03)h \tag{8.2.3}$$

径向回弹尺寸见式(8.2.4)：

$$\Delta D=(0.002\sim0.003)D \tag{8.2.4}$$

(2)对于锥台形(锥度为14°)药柱，药柱密度为1.69～1.71 g/cm³，双向压药，高度回弹尺寸见式(8.2.5)：

$$\Delta h=\Delta h_1=(0.0335\sim0.0345)h \tag{8.2.5}$$

径向回弹尺寸见式(8.2.6)：

$$\Delta D=(0.003\sim0.004)D \tag{8.2.6}$$

式中，$h$为药柱高度尺寸，mm；$D$为药柱直径尺寸，mm。

## 8.2.2 上、下冲的高度尺寸和整体结构尺寸确定

上冲高度$h_1$尺寸是由上冲与模体内孔的配合段$h_{10}$以及上冲压药时的运动距离$h_{11}$确定的，此两段之和便为上冲的高度$h_1$尺寸。其表达式见式(8.2.7)：

$$h_1=h_{10}+h_{11} \tag{8.2.7}$$

对于单向和双向压药，一般情况下，上冲的整体结构形状为台阶状，如图8.2.2所示。对于不同炸药，上冲的高度$h_1$尺寸最终通过工艺试验确定。

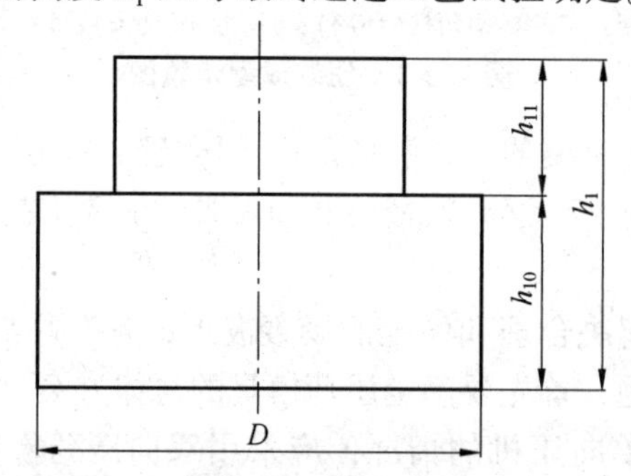


图8.2.2 上冲结构

图8.2.2中$h_{10}$段为上冲与模体内孔的配合段。其长度尺寸为：

$$H_{10}=(0.6\sim0.7)h_1 \tag{8.2.8}$$

对于下冲的形状，一般情况下，其结构形状为圆柱状，如图8.2.3所示。

$$h_2=(0.3\sim0.5)h \tag{8.2.9}$$

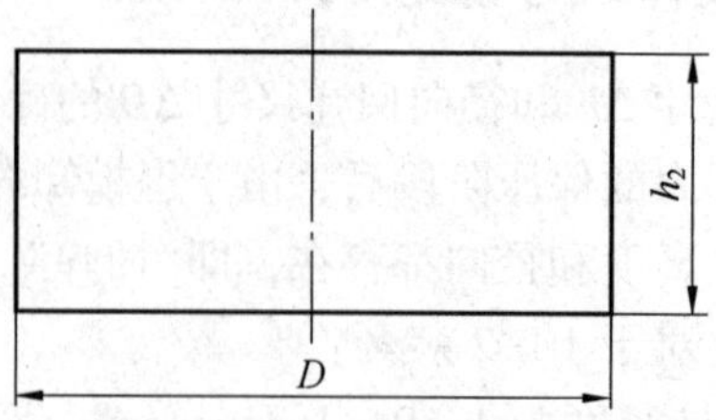


图8.2.3 下冲结构

## 8.2.3　模体尺寸的确定

(1)模体(也称模套)的高度尺寸 $H$ 是由上冲 $h_1$、下冲 $h_2$ 之和，再加上药柱的高度尺寸 $h$ 减去药柱退模后的回弹尺寸 $\Delta h$ 的差确定的。

$$H=(h_1+h_2)+(h-\Delta h) \tag{8.2.10}$$

(2)模体的内孔 $D_1$ 尺寸由药柱 $D$ 尺寸减去径向回弹量 $\Delta D$ 即可得到。

$$D_1=D-\Delta D \tag{8.2.11}$$

(3)模体外径 $D_2$ 尺寸的确定。

模体外径 $D_2$尺寸一般是根据经验进行设计的，原则上只要保证强度和刚度即可。通常情况下，单边厚度约为药柱直径(最大直径)的30%，取整数。

$$D_2=2\times(0.3D)+D \tag{8.2.12}$$

上、下冲和模体组合后如图 8.2.4 所示。

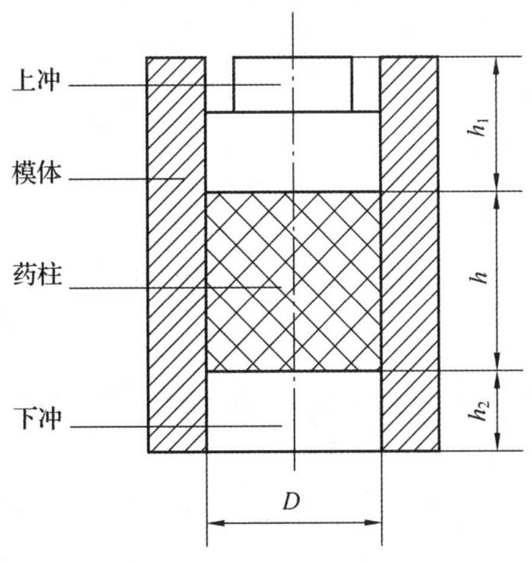


图 8.2.4　模具组合

## 8.2.4　模体与上、下冲配合间隙的确定

在压药过程中，上、下冲在很高的压力作用下将产生弹性变形。如果其配合间隙选择过小，可能会产生“啃模”现象，造成模具的报废。如果其配合间隙选择过大，压出的药柱可能会产生飞边，无法保证产品的质量；同时，在退模的过程中，也有可能产生爆炸事故。通过大量的生产实践经验，模体与上、下冲的配合间隙一般控制在 0.06～0.08 mm 较为合适。

## 8.2.5　模体型腔的设计

在设计模体型腔时，一般成型段的高度尺寸为药柱的高度，成型段必须具有 0.5°左右的拔模斜度，型腔内的表面粗糙度一般不低于 $Ra0.2$ μm。

## 8.2.6　双向压药模具垫块的确定

双向压药过程示意图如图 8.2.5 所示。图 8.2.5(a)所示为第一次压药；图 8.2.5(b)所示为撤掉双向压药垫块后进行第二次压药。图中双向压药垫块高度尺寸是决定药柱密度分布均匀性的关键零件。药柱密度和药柱高度不同，压药垫块高度尺寸是不同的。通过大量试验，得到一个经验公式，即药柱密度在1.69～1.71 g/cm³范围内，其高度尺寸为：

$$n=0.1h \tag{8.2.13}$$

式中，$n$为压药垫块高度尺寸，mm。

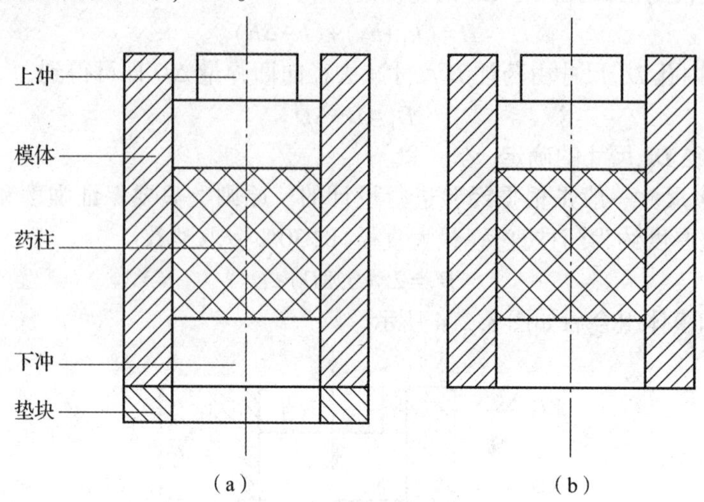


**图8.2.5 双向压药垫块**

(a)第一次压药；(b)第二次压药

## 8.3 战斗部装药和装药方法选择的基本原则

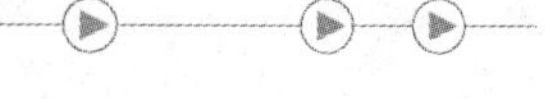

战斗部的发展和装药技术的改进与运载导弹的发展有关。当代战争要求导弹命中率高、速度快、射程远、威力大和安全可靠性高。这是战斗部装药和装药方法选择的依据。

### 8.3.1 选择战斗部装药的基本原则

1. 战斗部的安全性和生存能力应居首位

近20多年来，美国和一些其他国家的弹药在贮存、运输和使用过程中发生了多次爆炸事故。此外，在几次战争中，由于弹药的易损性而引起燃烧、爆炸、殉爆等意外事故，这使武器的生存能力变成迫切问题。在20世纪80年代，美国把提高弹药威力作为首位策略转为把发展低易损性弹药(Low Vulnerability Ammunition, LOVA)放在第一位，即把研究弹药的安全性或生存能力作为当前的首要任务。

战斗部的生存能力实质上就是炸药的安全性。研究表明，如果选用低易损性炸药来装填战斗部，那么整个武器系统的安全性或生存能力可以得到很大的提高。所以，战斗部装药选择的原则是，尽量采用低感度的单质炸药或混合炸药，只有这样，战斗部才能经得住各种恶劣的环境刺激。

2. 保证战斗部有足够大的爆炸威力

在满足低易损性炸药的条件下，应根据战斗部的用途、攻击目标的特点选用高威力混合炸药或高爆速、高爆压混合炸药。对于大面积毁坏目标的战斗部，应考虑装填环氧丙烷

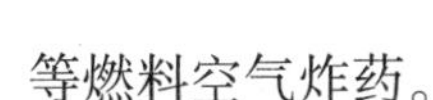

等燃料空气炸药。

3. 原材料可自给

所用炸药的原材料立足于国内，并且要成本低、毒性小和成型性能好。

### 8.3.2 战斗部装药方法选择的基本原则

装药方法的选择应保证战斗部装药的质量，满足产品的技术要求。此外，要考虑战斗部类型、药室形状、炸药性质等因素。一般来说，对于药室形状简单，并且装药量小的战斗部，可选用压装成型工艺，否则宜采用注装法；对于大型战斗部，由于装药量大，可用块装法工艺。对于固相含量大的混合炸药，应选用真空振动注装法。对于装药尺寸和强度要求高的战斗部，则选用热固性浇注成型工艺。

## 8.4 战斗部安全性评估试验

随着现代高性能武器系统的快速发展，战斗部装药在各种条件下的安全性成为十分重要的研究课题。战斗部安全性评估试验包括跌落试验、慢速烤燃试验、快速烤燃试验、枪击试验、殉爆试验、破片撞击试验、射流试验等。

根据战斗部特点确定技术状态，试样尺寸一般应不小于 $\phi$120 mm×300 mm，装药量一般应不小于 5 kg。试验试样为带壳装药，装药工艺及密度同实际使用状态一致。壳体一般为圆筒结构，材料和厚度尽量与战斗部装药壳体一致。端盖一般用不少于三扣的螺纹连接。试样结构如图 8.4.1 所示，由炸药样品、圆筒外壳、端盖三部分组成。

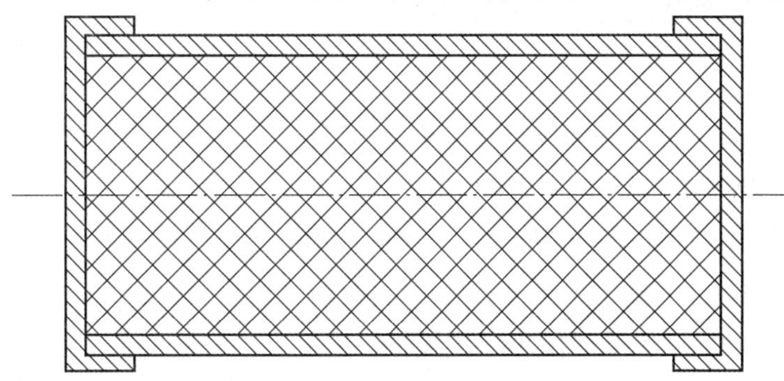

图 8.4.1 试验试样结构图

### 8.4.1 跌落试验

1. 试验目的

考核战斗部装卸过程中偶然跌落后的安全性。

2. 试验条件和要求

试验场地要求：跌落试验场地为符合要求的混凝土地面，长不小于 6 m，宽不小于 2.5 m，表面平整，便于观察，应有试验安全保障措施。

跌落高度：根据整体战斗部装卸情况确定，一般不小于 2 m。

3. 试验结果评定

如战斗部正常跌落后未发生燃烧或爆炸，则判定战斗部能够满足偶然跌落的安全性要求。

### 8.4.2 慢速烤燃试验

1. 试验目的

评估试验战斗部受到慢速烤燃时的装药安全性能。

2. 试验条件和要求

试验应在有防护装置的靶场进行，风力不大于两级。

3. 试验结果评定

几种反应类型的判别标准如下：

(1)爆轰反应，试验发生爆响，壳体被炸成许多破片飞散，见证板上出现许多大小空洞。

(2)爆燃反应，试验发生爆响，一个或两个端盖被冲飞，并且侧壁壳体破裂成大块，见证板有穿孔。

(3)燃烧反应，试验发生爆响，一个或两个端盖被冲飞，但是侧壁壳体无破裂。

(4)未发生剧烈反应：试样未发生爆响且无明显变形。

试验后，通过见证板的破坏情况和试样的反应现象以及冲击波超压测量结果判断其反应类型，试样不发生比燃烧更剧烈的反应为合格。

### 8.4.3 快速烤燃试验

1. 试验目的

评估试验战斗部受到快速烤燃时的装药安全性能。

2. 试验条件和要求

试验应在有防护装置的靶场或野外空旷无人的地方进行，风力不大于两级。

3. 试验结果评定

几种反应类型的判别标准同慢速烤燃判别标准。

试验后，通过见证板的破坏情况和试样的反应现象以及冲击波超压测量结果判断其反应类型，试样不发生比燃烧更剧烈的反应为合格。

### 8.4.4 枪击试验

1. 试验目的

评估试验战斗部受到子弹射击时的装药安全性能。

2. 试验条件和要求

环境温度为(25±10)℃，试验应在有防护装置的靶场或野外空旷无人的地方进行。

3. 试验结果评定

几种反应类型的判别标准如下：

(1)爆轰反应：见证板被大量小破片穿孔，冲击波超压达到全部装药爆轰的水平。

(2)部分爆轰反应：见证板上有部分小破片和部分较大块破片穿孔。冲击波超压达到大部分装药爆轰的水平。

(3)爆炸反应：见证板主要是大块破片穿孔，冲击波超压达到少量装药爆轰水平，可能有反应或未反应炸药被抛出。

(4)爆燃反应：冲击波超压在很低的水平，密闭壳体破裂成大块。

(5)燃烧反应：见证板没有破片穿孔。无冲击波超压，密闭壳体有破裂。

试验后通过见证板的破坏程度以及冲击波超压测量结果判断试样反应类型，试样不发生比燃烧更剧烈的反应为合格。

### 8.4.5 殉爆试验

1. 试验目的

测定爆轰反应从一发弹药(主发战斗部)向另一发弹药(被发战斗部)传播的可能性。

2. 试验条件和要求

环境温度为(25±10)℃，试验应在有防护装置的靶场进行。

3. 试验结果评定

几种反应类型的判别标准同枪击试验判别标准。

试验后，通过见证板的破坏程度和被发战斗部的反应程度以及冲击波超压测量结果判断被发战斗部反应类型，试验得出其50%殉爆距离、最小不爆距离。

### 8.4.6 破片撞击试验

1. 试验目的

考核战斗部受到高速(2 530±90) m/s 破片撞击时的反应情况。

2. 试验条件和要求

环境温度为(25±10)℃，试验应在有防护装置的靶场或野外空旷无人的地方进行。

3. 试验结果评定

几种反应类型的判别标准同枪击试验判别标准。

试验后，通过见证板的破坏程度和试样的反应程度以及冲击波超压测量结果判断试样反应类型，试样不发生比燃烧更剧烈的反应为合格。

### 8.4.7 射流试验

1. 试验目的

考核战斗部受到聚能装药射流冲击时的反应情况。

2. 试验条件和要求

环境温度为(25±10)℃，试验应在有防护装置的靶场或野外空旷无人的地方进行。

3. 试验结果评定

几种反应类型的判别标准同枪击试验判别标准。

试验后，通过见证板的破坏程度和试样的反应程度以及冲击波超压测量结果判断试样反应类型，试样不发生比燃烧更剧烈的反应为合格。

## 思考题

1. 简述战斗部常用炸药的性能。
2. 简述战斗部装药质量提出的要求。
3. 设计 $\phi$80 mm×80 mm 压药模具。
4. 简述试样安全性评估试验原理。
5. 简述试样安全性评估试验项目名称。

## 参考文献

[1]张宝平，张庆明，黄风雷. 爆轰物理学[M]. 北京：兵器工业出版社，2001.
[2]曹柏桢. 飞航导弹战斗部与引信[M]. 北京：宇航工业出版社，1995.
[3]姜庆禄. 压装装药双向压药的模具设计[J]. 兵工自动化，2013，32(1)：93-96.
[4]GJB 8018—2013，地地常规导弹整体爆破弹头试验规程[S]. 北京：中国标准出版社，2013.

# 第9章 战斗部试验

战斗部是弹药毁伤目标或完成既定战斗部任务的核心部件，某些弹药(如普通地雷、水雷等)仅由战斗部单独构成。战斗部品种繁多，在战斗部研制、定型，老产品改进设计定型和生产交验的不同阶段中，战斗部试验始终作为考核产品战术技术性能的不可缺少的重要环节、手段和最主要的依据。实践统计证明，一个新产品的研制成功，试验测试工作一般占总时间的60%以上。一个善于设计试验方案，灵活应用或制作试验设备和仪器，能敏锐地观察试验现象，深刻地分析试验结果，并能准确地处理试验数据的科技人员，无疑会取得较高的工作效率，获得较大的科技成果。

在战斗部研制过程中，理论分析和计算固然非常重要，但对于战斗部设计者来说，了解战斗部性能试验的一般原理和方法，也是必不可少的。因为前者可以了解战斗部性能参数的内在联系，从而优选最佳方案；而后者则是用来考核设计方案合理性和可行性的重要手段。

关于战斗部威力试验程序，除正式定型产品有明确的生产、验收和靶场试验条件外，对于设计、研究过程中的试验，并无固定的程序。通常要根据试验目的和要求具体安排。为了节约经费，在保证能获取所需数据的前提条件下，应尽可能减少试验次数。

## 9.1 战斗部试验用技术条件与技术标准

各项弹药靶场试验除符合产品图有关规定外，首先必须执行有关的国家军用标准(GJB)；如果没有国家军用标准，则执行国家标准(GB)；若未制定国家标准，则执行部级标准(如WJ、YJ等)。

此外，国外弹药的靶场试验规程和技术标准也可作为我们的参考依据，在实际应用时，可相应地参考这些文件规范。

## 9.2 靶场试验安全性

战斗部安全性是战斗部产品设计的重要任务之一，并贯穿于产品研制、生产的各个阶段。战斗部及其零部件尤其是带火炸药的部件，具有非常敏感的特性，但在一定条件下又有相当稳定的安定性。只有具备既工作可靠又工作安全的性能，才能使其在战术使用条件下完成杀伤敌人、毁伤目标的任务，并且经过长期贮存仍不失其使用性能。

靶场试验中较多的安全事故，往往由于某些人为的因素，如试验时忽视安全工作，试验人员疏忽大意，违背靶场试验操作规程和技术安全规定所致。例如，未按产品图规定做出了不正常装配；当底火、延期装置火工品等出现“迟发火”时，以为是“瞎火”，在指挥人员现场处理不当的情况下，造成炮手烧(炸)伤亡事故；射击前未清理和查看炮膛、测压器(放入式)未回收而留膛，或减装药射击后有未燃尽的底火密封纸片，又经多发积累留膛，或射击前炮口上插入的校靶镜未卸除等，使发射的弹丸在膛内运动受阻，或弹丸变形卡膛或膛压陡升造成局部胀膛或膛炸；射击场区混乱情况下，非安全区域内人员未撤离或未隐蔽妥当，或测试人员在炮口前方工作未撤离时就装填，在误发射击口令或偶然击发机构被启动的情况下，最容易导致人员无辜受伤、器材损坏，甚至发生炮弹或破片击中人员而导致其死亡等严重事故。这些事故同样造成恶劣后果和影响。靶场试验安全工作不容忽视。

## 9.3 战斗部威力试验常用的设备

随着科学技术的发展，战斗部威力试验时所使用的仪器设备也随之有了很大的变化，不仅功能增多，测试精度提高，而且广泛地采用了计算机技术。

在战斗部试验时，同一种仪器可测得多种战斗部威力参数，而同一参数又可以由多种仪器测得，本节主要介绍一些常用的测试设备。

进行战斗部威力试验时，为了保证安全，除需要特殊的试验场地外，还要使用一些设备。试验设备可分为两大类：一类是测试装置，另一类是测试仪器。试验设备分类如图 9.3.1 所示。

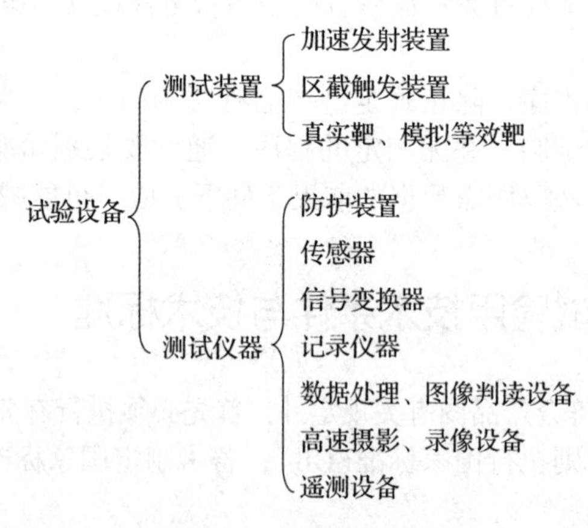


**图 9.3.1　试验设备分类**

战斗部威力试验分为静态试验和动态试验，下面分别介绍战斗部试验常用设备。

### 9.3.1　加速发射装置

静态试验时，将战斗部固定在支架上，沿某一个或多个方向设置区载触发装置、信号传感器、真实靶或等效靶等。测试仪器安装在具有防护功能的掩体内或在安全距离以外的仪器室内。引爆战斗部后，测定威力参数。

动态试验是先赋予战斗部一定的运动速度，当击中目标或距目标一定距离(脱靶量)时，将其引爆，测定威力参数。由于动态试验较复杂，通常以静态试验为主，只有在必须进行动态试验才能取得相应数据时才采用动态试验。例如聚能装药战斗部动破甲威力参数测定等。其中，脱靶量就是在靶平面内，弹丸的实际弹道相对于理论弹道的偏差，由此可见，脱靶量就是靶平面内的误差，它是评价武器性能的一个重要参数。脱靶量的测量对于鉴定和评估性能起着至关重要的作用，是靶场测量任务的核心内容之一。

动态试验时，战斗部运动速度是借助于加速发射装置获得的。动态试验时，可以用原武器系统的发射装置，如发射筒、发射管、发射架、载机等；有时也可用简化的发射装置代替，例如火箭撬，助推发动机等。

1. 火箭撬

火箭撬是一种由火箭发动机驱动，在专门轨道上滑动的运行试验平台。试验时将战斗部或连同模拟弹体一起固定在火箭撬上，待加速到预定速度时，由阻尼装置减速或刹车，瞬间将战斗部或带战斗部的弹体释放，滑离火箭撬，飞向目标靶。典型火箭撬结构如图9.3.2所示。主要可以分为两层：上层为舱段，被试验品安装在舱段内，如图9.3.2中构件1所示；下层为撬车主体和火箭发动机系统，如构件4和构件5所示；上、下层之间通过前、后两组减震器系统连接，如图9.3.2中构件2和构件3所示；下层通过两对滑靴与铁轨连接，如图9.3.2中构件6所示。

1—舱段(被试验品(如小卫星)一般安装在舱段内)；2—前减震器系统(由若干某型号的减震器组成)；3—后减震器系统(由若干某型号的减震器组成)；4—火箭发动机系统(由若干不同信号的火箭发动机构成)；5—撬车主体；6—滑靴(连接撬车与铁轨)。

**图9.3.2　火箭撬结构图**

采用火箭撬的优点是可以保证战斗部命中目标。有时也可将目标要害部件或目标等效靶安装在火箭撬上，而将战斗部安装在轨道旁的固定位置上。当火箭撬经过时，引爆战斗部，测定破坏效果。采用这种方式时，要注意同步和对火箭撬的防护。

对于小型战斗部的动态威力试验，还经常采用加速火箭助推发动机，用钢丝绳导向，如聚能装药战斗部的动破甲试验。

2. 杀伤元素的加速装置

为了研究战斗部单个杀伤元素，例如预制破片对目标靶的损伤效果，有时采用炸药加速装置、火药加速装置(如弹道枪等)、压缩气体加速装置等。

除上述两种加速手段外，还有聚能装药、电磁驱动等加速装置。

### 9.3.2 电子测时仪与区截装置

电子测时仪是用来测量时间间隔的仪器，配用区截装置或一些简单的附加装置，在兵器试验测试技术中应用很广，是一种必不可少的仪器。该仪器使用简便，获得数据迅速，但只能测量某一距离间隔的时间或平均速度，并且该距离间隔不能过短，否则会带来较大的误差。尽管如此，在试验测试技术中还是广泛应用。它可用来测量各种弹丸飞行速度、破片飞散速度、炸药爆炸冲击波波头速度、炸药爆轰速度、聚能装药金属流速度、爆炸成型弹丸速度等。总之，有关速度及时间间隔的量，都可设法测量。

标识长度区间两端点的装置，称为区截装置，习惯上简称为靶，长度区间的起点叫Ⅰ靶，终点叫Ⅱ靶。靶的形式很多，有铜丝网靶、线圈靶、铝箔靶、梳状靶、光幕靶、天幕靶、激光靶等。

### 9.3.3 战斗部威力试验时的安全防护装置

战斗部试验时，信号电缆、电源线、测试仪器及现场工作人员均应予以保护。如果条件允许，信号线和电源线最好铺设在地下电缆沟槽或管道内。仪器尽可能放置在战斗部作用威力范围以外。有时为了防止电干扰和便于观测，必须将仪器设在离战斗部爆炸点较近时，则应有可靠的防护措施。

### 9.3.4 高速摄影机

高速摄影是一门用摄影方法记录高速运动过程和变化现象以供研究和分析的科学技术。它以0.001 s的曝光时间或者每秒拍摄1 000幅以上的拍摄频率对各种高速目标进行拍摄。人们通过对拍摄的胶片进行逐幅分析，也可以慢速放映进行研究。炮弹飞行的弹道、炸药的爆炸和火花放电现象等都能够利用高速摄影进行分析研究。在现代兵器的研究和生产中，高速摄影是至关重要的科学技术，凡是测量高速运动物体和高速变化现象的摄影装置，都叫作高速摄影机。

高速摄影机自从19世纪中叶问世后，一直和兵器的研究与生产保持着非常密切的联系。它是由英国最先研制成功的，英国皇家兵工厂就成功地利用火花作光源，研究和测量了炮弹飞行姿态。自此以后，高速摄影技术逐渐被各国应用到枪炮弹、导弹、火箭、飞机和空间飞行器等各种兵器领域。其中，美国一直处于领先地位，其所研制的Photo-sonics 1W型16 mm摄影机多应用在拍摄导弹和火箭等高速飞行目标的初始弹道轨迹和姿态等方面。美国的Hycan 16 mm摄影机和日本的16HD型摄影机是用来测量枪弹、炮弹、火箭、导弹和鱼雷等的飞行轨迹和姿态的。而英、苏联合研制的变像管摄影机非常先进，被应用在尖端武器的研制中。我国著名高速摄影技术创始人龚祖同教授在东京第13届国际高速摄影和光子学会议上首次提出采用自聚焦纤维作微透镜板发展高速网格摄影机。这种网格摄影机将摄影机推向了一个新的水平，并被广泛应用在现代兵器的研究和生产当中。

除此之外，X 射线摄影机、电子束摄影机、高速电视摄影机、高速全息摄影机和高速瞬时摄谱仪等，也都适用于现代兵器靶场。

现代高速摄影技术是以光学、精密机械学、光子学、光电子学、电子学和光化学等诸学科的最新成就为基础的。它们在许多科学技术领域，特别是在兵器科学技术方面，已经是非常重要的测试工具。

高速摄影测量采用多个高速摄影机对目标的运动影像进行同步采集，通过解析多高速摄影机同步拍摄的图像，就可以得到目标在三维世界中的位置变化情况。在对高速运动的弹丸进行测速时，用高速相机代替普通相机，分别布置在 2 个不同的位置对爆炸成型弹丸等的飞行过程进行拍摄，还原出爆炸成型弹丸在三维世界中的位置，实现对爆炸成型弹丸位置变化的跟踪，并根据高速摄影机的拍摄帧频计算出爆炸成型弹丸的速度。

采用高速摄影机拍摄得到的二维图像可以认为是对三维空间的一个透视转换，通过两个不同角度拍摄的图像，就可以还原三维空间的分布情况。如图 9.3.3 所示，设物空间坐标系为 $OXYZ$，点 $P(X, Y, Z)$ 为空间内一点，$S_1$、$S_2$ 分别为两部高速摄影机，$O_1x_1y_1$、$O_2x_2y_2$ 为高速摄影机 $S_1$、$S_2$ 成像的像平面坐标系。

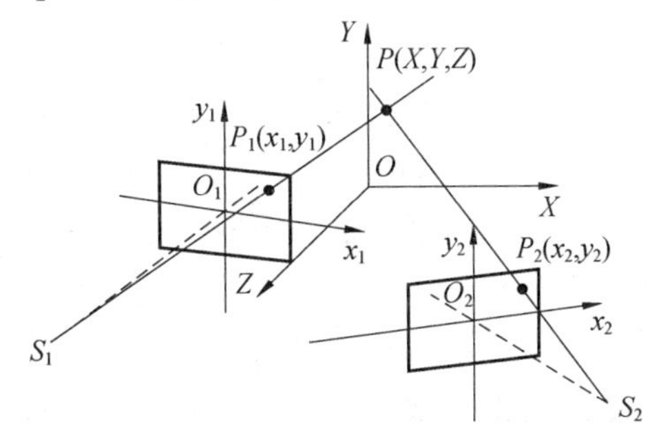


**图 9.3.3　测量原理**

现以 $S_1$ 为例进行说明，设 $P$ 在 $S_1$ 的像平面 $O_1x_1y_1$ 上的坐标为 $P_1(x_1, y_1)$，$S_1$ 在物空间坐标系中的坐标为 $(X_{S_1}, Y_{S_1}, Z_{S_1})$，在不考虑镜头畸变的情况下，$P_1$ 和 $P$ 的变换关系为：

$$\begin{aligned} x_1 &= -f_1 \frac{a_{11}(X - X_{S_1}) + b_{11}(Y - Y_{S_1}) + c_{11}(Z - Z_{S_1})}{a_{13}(X - X_{S_1}) + b_{13}(Y - Y_{S_1}) + c_{13}(Z - Z_{S_1})} \\ y_1 &= -f_1 \frac{a_{12}(X - X_{S_1}) + b_{12}(Y - Y_{S_1}) + c_{12}(Z - Z_{S_1})}{a_{13}(X - X_{S_1}) + b_{13}(Y - Y_{S_1}) + c_{13}(Z - Z_{S_1})} \end{aligned} \tag{9.3.1}$$

式中，$f_1$ 为高速摄影机 $S_1$ 的焦距；$a_{11}$，$a_{12}$，…，$c_{13}$ 是与高速摄影机姿态相关的参数。

同理，$P$ 在 $S_2$ 中有：

$$\begin{aligned} x_2 &= -f_2 \frac{a_{21}(X - X_{S_2}) + b_{21}(Y - Y_{S_2}) + c_{21}(Z - Z_{S_2})}{a_{23}(X - X_{S_2}) + b_{23}(Y - Y_{S_2}) + c_{23}(Z - Z_{S_2})} \\ y_2 &= -f_2 \frac{a_{22}(X - X_{S_2}) + b_{22}(Y - Y_{S_2}) + c_{22}(Z - Z_{S_2})}{a_{23}(X - X_{S_2}) + b_{23}(Y - Y_{S_2}) + c_{23}(Z - Z_{S_2})} \end{aligned} \tag{9.3.2}$$

在目标的两个像坐标 $(x_1, y_1)$、$(x_2, y_2)$ 已知的情况下，就可以很方便地求解出 $(X, Y, Z)$，即点 $P$ 的坐标。

### 9.3.5 脉冲 X 光摄影仪

对于很多高速现象，可以用一般的光学高速摄影技术来记录它的全过程，但对于有些高速现象，其往往伴随着一般光线难透射的气体生成物或微粒，有的被测物自身产生强烈的炽光，也有的高速现象在不透明物体的内部，这样普通光学高速摄影机就难以胜任。对于这样的高速现象，就可以用 X 光高速摄影技术来解决。因为 X 光具有穿透不透明物质的性能，同时不受被测物自身强光的影响。因此，X 光高速摄影技术在箭弹、引信测试技术中具有重要的地位，它可用来研究：

(1)拍摄战斗部爆炸过程，观察其物理现象。

(2)测量破片初速。

(3)测量炸药爆速。

(4)拍摄聚能装药破甲弹药型罩闭合过程及金属射流的诸参数等。

聚能射流的成型过程涉及药型罩材料微元的压垮、闭合及射流的形成、拉伸、侵彻等复杂作用过程，其作用过程通常在数百微秒以内，并且伴随爆炸产物、火光等飞散过程。传统的观察手段很难获取聚能射流的作用过程。随着灵巧弹药的发展，爆炸成型弹丸(EFP)的应用越来越广泛，国内外均对其投入大量资金进行研究。除广泛地采用二维或三维数值计算外，因其成型机理复杂且影响因素众多，完全依靠数值计算获得的装药和罩结构匹配与实际情况尚有一定的差距。虽然人们在不断地更新和完善计算方法，但是到目前为止，很大程度上还依赖于试验来最后验证 EFP 的形态，进而改善装药结构。爆炸成型弹丸除具有理想的气动力外形来保证其飞行稳定性外，还应具有较大的初速和较小的速度衰减，对目标有足够的侵彻能力和后效。爆炸成型弹丸形成过程的试验观测对于其结构的优化设计至关重要。

利用脉冲 X 光摄影的方法来研究聚能射流或 EFP 的成型过程是目前主要技术之一。

### 9.3.6 压电式传感器

压电式传感器的工作原理是以某些电介质的压电效应为基础的。当晶体受力发生变形时，它们的相对两面上发生异号电荷，这种现象称为压电效应。具有压电效应的物体称为压电材料。一般晶体都有压电效应，只是有强弱之分而已。压电晶体可以分为单晶体和多晶体两类，其中石英晶体等属于单晶体，压电陶瓷等属于多晶体。与上述现象相反，若晶体处于电场中，晶体就伸长或缩短，这种现象称为逆压电效应或电致伸缩效应。

## 9.4 破片战斗部威力试验

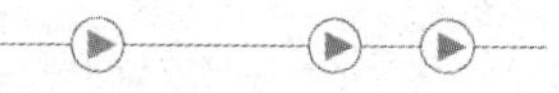

杀伤、爆破弹是主攻弹药的一种，其依赖爆炸冲击波超压增强和破片冲击动能对有生力量、碉堡等防御工事进行杀伤与爆破摧毁。杀伤爆破弹威力试验有两部分内容：一部分是产品设计论证阶段的有关性能及威力摸底试验；一部分是产品设计定型、生产交验阶段的威力试验，该阶段威力试验要严格遵照国军标方式方法及战术技术指标来考核。其中，设计论证阶段的性能及威力摸底有关试验主要有破片破碎性试验、破片速度和速度分布试

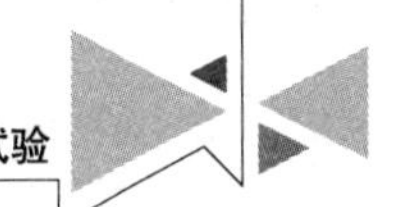

验、破片空间分布试验、爆破威力与杀伤威力扇形靶试验等。设计定型、生产交验阶段主要进行扇形靶试验与杀伤爆破威力综合试验等。综合威力试验一般仅在大口径产品上进行。

### 9.4.1　破碎性试验

破碎性试验也称破片质量分布试验，它主要用来评定和研究杀爆战斗部破片的数量以及按其质量分布的规律，在此基础上可以分析、改善战斗部结构，改善壳体或预制破片的材料、尺寸与炸药种类、质量等参量的匹配关系。通过破碎性试验可进一步分析研究弹丸爆炸后破片的形状、预制破片的变形情况，测量破片在空气中飞行时的迎风面积，以及在不同速度时的空气阻力系数。破碎性试验是评定杀伤威力、计算杀伤面积所不可缺少的重要试验内容之一。

破碎性试验的目的是回收弹丸爆炸后的破片并按质量分组获取破片质量分布。目前破碎性试验主要有爆破沙坑和爆破水井两种方法。

### 9.4.2　破片速度分布试验

战斗部爆炸后，壳体逐渐膨胀。当膨胀到一定程度时，产生裂缝，部分爆轰产物开始逸出，膨胀速度减慢并逐渐碎裂成具有一定初速的破片。破片的初速直接影响着破片的作用距离和碰击目标的速度，影响着对目标的毁伤效果，所以破片初速是杀伤威力的重要参数之一，是计算杀伤面积、评定杀伤威力所不可缺少的因素。由于起爆位置的影响，以及不同横截面上炸药和金属质量的不同，战斗部破片的初速大小沿轴向不同位置而不同，具有一定的分布规律。所以，对于破片初速的测量，不应只测量战斗部某一位置处的破片初速，而应测量破片沿轴线的速度分布。战斗部越大，破片初速沿轴线的变化越大。

### 9.4.3　破片空间分布试验

由于战斗部的几何形状不是球对称体，加上战斗部结构上的固有特点如炸药形状、装填和起爆方式等不同，弹壳厚薄不均匀等因素的影响，使战斗部破片在空间的分布不均匀。为了评估战斗部破片的杀伤作用，必须要知道战斗部破片的飞散分布规律，以便为研究和改进战斗部结构及提高杀伤威力提供试验数据。

战斗部爆炸后，初始位置的破片各自按着一定的方向飞散。向前、后飞散的破片较稀疏(约占10%)。所谓破片的空间分布，是指空间各个位置上破片的分布密度。战斗部为轴对称体，通常将空间分为若干个环绕战斗部轴的球带，认为同一球带上的破片密度相等。如果能够测出距炸点一定距离的球面上各球带的破片密度，就得到了破片的空间分布。根据破片的初速和速度衰减，计算出不同破片的飞行距离后，则可以计算出离爆炸点任意距离、任意位置上的破片的密度。

为了得到破片空间分布规律，目前国内外普遍采用球形靶或长方形靶试验方法来测量榴弹破片的空间分布。

### 9.4.4　扇形靶试验

扇形靶试验是测定战斗部在静止(落角 $\theta_0=90°$，落速 $v_c=0$)情况下爆炸时，破片的密集杀伤半径。而目前对扇形靶试验中的疏散杀伤面积、密集杀伤面积以及总杀伤面积应用较少。密集杀伤半径的定义是：在一定距离的圆周上，平均一个人形靶上(立姿、高 1.5 m、宽 0.5 m)有一块击穿 25 mm 松木靶板的破片时，则此距离即为密集杀伤半径。试验时通常是设置 6 个不同距离、圆心角为 60°(或 30°)的扇形靶面。对于口径大于等于 76 mm 的战斗部，分别为 10 m、20 m、30 m、40 m、50 m 和 60 m 共 6 个距离；对于 76 mm 以下的战斗部，则分别为 4 m、8 m、12 m、16 m、20 m 和 24 m 共 6 个距离，靶板高为 3 m，每一距离的靶板的靶长为 30°圆心角所对应的弧长。靶板的材料为松木(外国为针叶松)，靶板厚为 25 mm。这种靶板的强度大致与动物的胸腹腔强度相同。

## 9.5 爆破战斗部威力试验

为了测定爆破战斗部(弹丸)的威力，通常要进行爆破威力对比试验和生物杀伤及测定冲击波超压试验。爆破威力是用爆破战斗部爆炸后弹坑容积的大小来评定的。由于爆破坑容积的大小不仅取决于爆破战斗部的威力，还与土壤的性质、爆破战斗部埋入深度以及弹轴对地面的相对位置有关，因此，测定爆破战斗部爆破威力的爆破坑试验通常是进行对比试验，试验时，应保证弹丸爆炸条件的一致性。

## 9.6 聚能装药战斗部威力试验

聚能装药战斗部是依靠装药爆炸的聚能效应将药型罩挤压锻造形成射流、杆流、爆炸成型弹丸(EFP)对装甲目标、混凝土硬目标等进行侵彻的，战斗部着靶速度对侵彻影响较小。但战斗部着靶姿态、风帽变形将直接影响射流、杆流、爆炸成型弹丸对目标侵彻攻击角度和炸高，直接与侵深大小有关。另外，战斗部旋转运动达到一定转速时，将影响射流和杆流的形成品质，易出现离散现象，降低侵彻效果。此外，较大的着靶角(法向角大于 75°时)易出现弹丸跳飞和引信作用可靠性、瞬发性(灵敏度)不良现象，都影响侵彻效果。

破甲弹性能与威力试验一般分为三类，即静破甲试验、动破甲试验、破甲后效试验。

(1)静破甲试验：采用裸体或带壳聚能装药战斗部，在设定的炸高条件下，将聚能装药战斗部静态放置在靶块上进行静态或者旋转条件下起爆装药，通过靶块穿孔情况分析判断装药结构、射流、杆流性能参数是否合理达标的一系列试验，达到筛选、优化装药结构的目的。

(2)动破甲试验：采用模拟装甲靶板或混凝土靶块目标，在一定的着靶条件下以实弹射击的方式测定聚能装药战斗部对目标侵彻情况，判定战斗部是否符合战术技术指标要求的试验。

(3)破甲后效试验：射流、杆流战斗部都有靶后效指标要求，因此该类产品采用光、电影像等方法用静态或动态进行靶后射流、杆流飞散角、后效靶侵彻效果试验，考核是否达标。

## 9.7　EFP速度测量的高速摄影试验

爆炸成型弹丸(EFP)技术是从聚能破甲技术中分离出来的一个分支。它是由大锥角、球缺形等药型罩在爆轰波作用下形成的，整个质量全部用于侵彻装甲目标，后效大，其速度为1 500 ~3 000 m/s；对炸高和旋转不敏感，大大地提高了弹药的毁伤效能。在对EFP研究时，它的速度特别是成型过程是研究者们最为关注的问题。由于EFP速度高并且形成速度快，因此经常在研究时采用计算机模拟的方法仿真EFP的成型效果，在试验时采用3 ~4个塑料网线靶及试验回收的方法来观察成型效果。试验时，将塑料网线靶间隔一定距离安装摆放，高温下的EFP穿过网靶时，塑料网会熔化而留下近似EFP的形状，通过留下的形状判断EFP形成过程。采用传统的塑料网线靶、天幕靶不但费用高，而且不能实现准确观测。一些学者还会采用脉冲X光摄影法，此种方法在试验中要得到较好的图片比较困难，并且可靠性不高，成本相当高昂，还不便携带。

高速摄影机具有测量精度高、直观、可靠、便于携带等优点，已被广泛应用于各类兵器测试中，如炮弹、火箭等物体运动速度和运动姿态测量。利用高速摄影机观测EFP形貌，并且利用跟踪标记点法可以测量EFP的速度等参量。

### 9.7.1　试验方法和试验条件

1. 网靶测试系统原理

网靶是由靶体、铜丝等组成，在实际的速度测量中，经常使用网靶。靶体框的四边是绝缘的，在绝缘的靶体框上有接线柱，铜丝在接线柱上回绕成一个金属网，运用电子仪器测量引线是否为闭合的回路。网靶结构如图9.7.1所示。

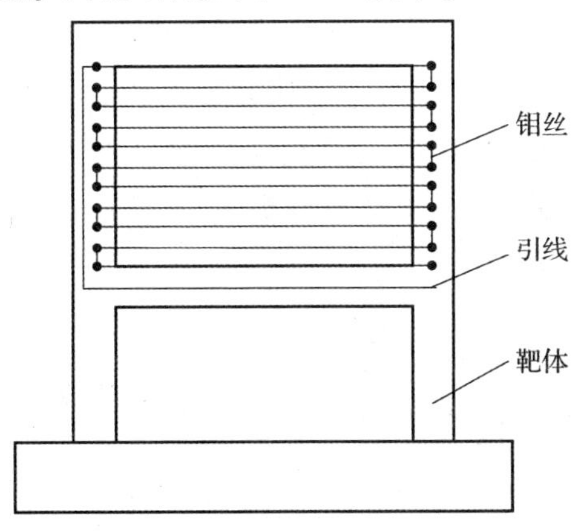


**图9.7.1　网靶结构示意图**

测试时，将两个相同的网靶立于弹道线上，靶面与射击方向垂直。在聚能效应的作用下，药型罩锻造成的高速EFP通过第一个网靶后，铜丝会被切断，此时将会产生电信号，测时仪开始计时。通过第二个网靶时，铜丝将会被切断，产生第二个电信号，测时仪停止计时。测量两网靶之间的距离，再根据测时仪所记录的时间可以计算出EFP的速度。运用此种方法只能计算出EFP的速度，而不能测量出EFP的尺寸，更不能观测出它的形貌。

2. 高速摄影测试原理及方法

针对上述问题，本节提出高速摄影机与网靶相结合的测试系统。高速摄影机设在垂直于弹道侧面距离网靶一定距离的掩体里，在靶道另一侧布置白色背景布，用云台调节高速摄像机的高低与方向。将笔记本电脑与高速摄像机相连进行参数设置，根据距离选用适当的远摄变焦镜头，用触发开关对摄影机进行触发控制。由于野外无法使用市电，试验采用自备发电机供电。连接完成后，打开计算机软件，调整云台角度，使得靶机在取景中心位置，根据当时的天气条件以及综合情况调节各个参数，使在图像中可以清晰看到背景布。拍摄参数：$F=2.8$；$f=55\ 000$ fps；分辨率：640×608 ppi；曝光时间：10 μs；可拍摄时间为3.18 s。触发方式为前触发，即触发后会记录3.18 s的视频，因此准确把握触发点至关重要。将高速摄影上的触发线与网靶上的引线连接。当EFP切断钼丝时，电信号传输到高速摄影机中，触发开始记录。高速摄像机安装现场如图9.7.2所示。

图9.7.2　掩体中的高速摄像机

试验采用球缺形药型罩、EFP战斗部固定装置、高速摄像机、网靶，采用GPS定点。试验场地布置如图9.7.3所示。图中$D$为EFP战斗部发射装置，$N$为形成的EFP，$C$为网靶，$F$为背景幕，$P$为高速摄影机，$M$为计算机。

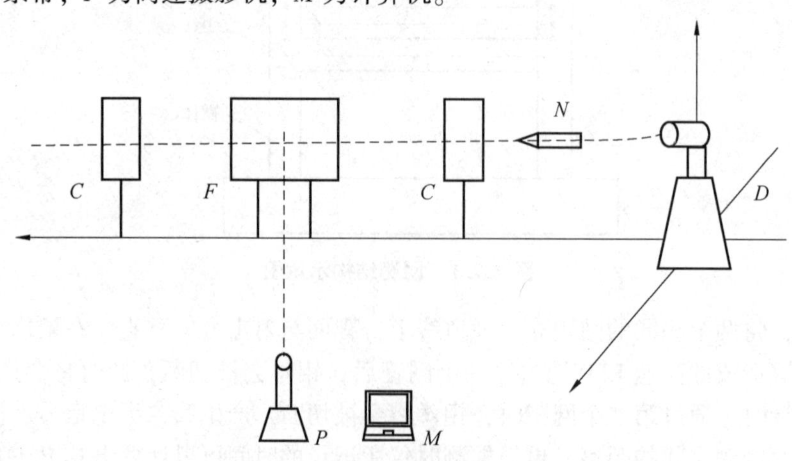


图9.7.3　试验场地布置示意图

## 9.7.2　试验验证

首先设定比例尺，单击“Calibrate”，在待测量的图片上单击参照水平标尺的起始点，如图 9.7.4 所示。在待测的图片上单击参照标尺的第二点，如图 9.7.5 所示。在弹出的对话框中输入参照标尺的实际尺寸，系统将自动算出当前视频单位像素代表的实际尺寸，如图 9.7.6 所示。然后激活快速测量中的“Active”，选择两点法的测量方式。最后在同一张照片中选择 EFP 飞行过程中的一点及飞行一段距离后的一点，确定后将在“Result”中显示出测量结果，如图 9.7.7 所示。

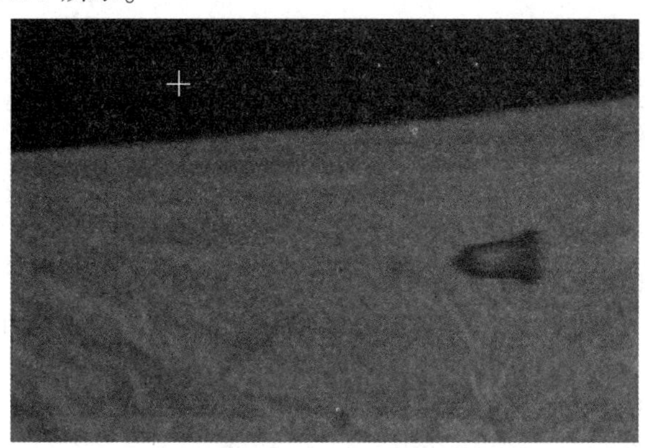

**图 9.7.4**　标尺的起始点

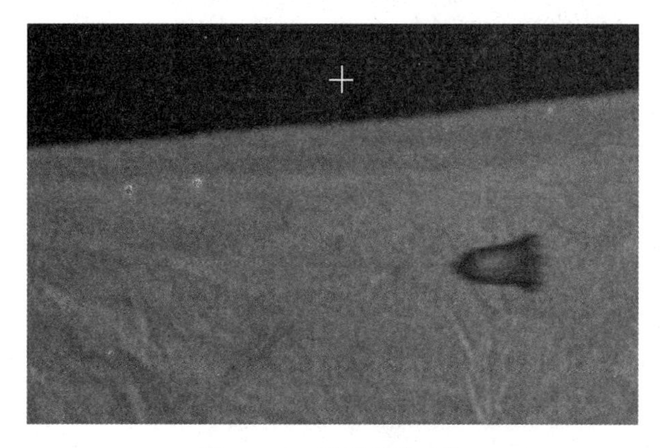

**图 9.7.5**　标尺的第二点

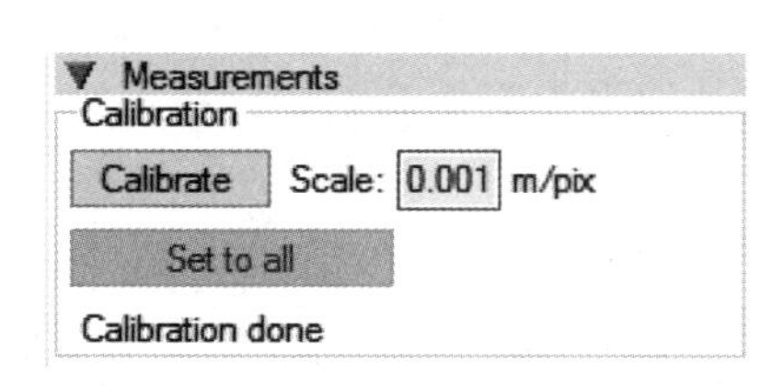


**图 9.7.6**　单位像素代表的实际尺寸

Result:　d= 0.4878 m; s= 2065.2739 m/s

a= 180.0000 deg; as= 762065.501

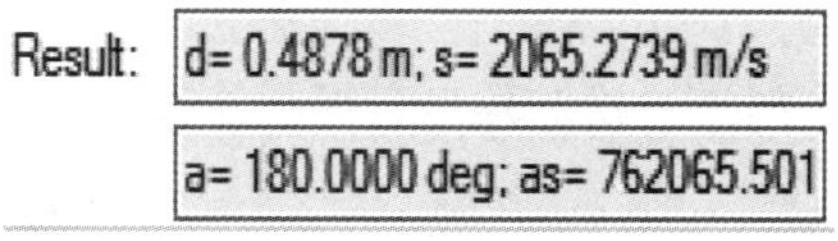

**图 9.7.7**　弹丸速度测试结果

运用软件中的自动跟踪标记法，以弹丸为设定的标记点，自动跟踪弹丸轨迹，轨迹越长，所测得的弹丸速度越准确。以其中一发 EFP 为例，运用软件中的两点法可以测量 EFP 的速度，在“Result”中显示如图 9.7.7 所示结果，同时可以观测出 EFP 的飞行姿态。

### 9.7.3 结论

通过对EFP战斗部测试试验表明，运用高速摄影机与网靶结合的方式可以测量高速飞行体的速度。与塑料网靶及试验后回收的方法相对比，运用高速摄影机能更准确地观测出EFP的形貌，操作简单，同时可以降低试验成本，为类似试验提供一定的参考依据。

## 9.8 云爆战斗部威力试验

云爆战斗部对目标的破坏主要是由云爆战斗部爆炸所形成的冲击波超压和比冲量引起的。云爆战斗部的云雾尺寸和引信引爆时间是云爆战斗部的重要参数。

关于冲击波超压随距离的变化和比冲随距离的变化，可以借助冲击波压力测量系统测得。云雾尺寸和引信引爆时间借助高速摄影方法测得。

测量爆炸冲击波压力最常用的传感器有压电式和压阻式。

压电式传感器的优点是灵敏度高、线性好、运用范围宽、承受过载能力强、易于小型化、固有频率高、高频测量性能好等；缺点是抗干扰能力差、温度影响大。

### 9.8.1 试验条件

1. 试验场地

试验场地应满足下列要求：

(1)地面平坦，视野开阔，在冲击波测量要求范围内无障碍物，地面硬度适应试验要求。

(2)试验场区相对湿度为20%～80%，风速小于3 m/s。

2. 试验保障

试验场区配备控制室、测量室(或测试车)，以满足测试仪器的可靠工作环境，提供安全掩体，以保证参试人员的安全。对有破片的云爆战斗部，要对测试线路提供保护设施。

3. 被试品

应满足试验技术要求，有效数量不少于3个。

### 9.8.2 云爆战斗部的布置

云爆战斗部安放高度与战斗部设计的爆高相同。如果没有爆高约定，按照以下准则确定：

(1)对于一次起爆型云爆战斗部，有

$$H_F = 0.35Q_F^{1/3} \tag{9.8.1}$$

式中，$H_F$为战斗部安放高度，单位为m；$Q_F$为战斗部装药的预估TNT当量，单位为kg。

(2)对于二次起爆型云爆战斗部，有

$$H_F = 0.8m_F^{0.14} \tag{9.8.2}$$

式中，$H_F$为战斗部安放高度，单位为m；$m_F$为战斗部装填燃料的质量，单位为kg。

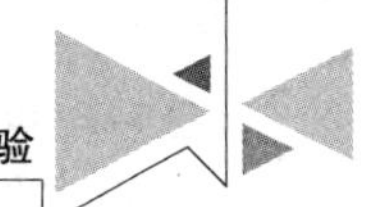

### 9.8.3 测试系统的现场标定

1. TNT 标准装药

TNT 标准装药符合以下要求：

(1)装药形态：TNT 裸炸药，球形或长径比为 1∶1 的圆柱状。

(2)装药密度：平均密度为 1.57～1.6 g/cm³。

(3)单次药量：不少于 1 kg。

2. TNT 装药的安放

对标定用 TNT 装药的安放，应符合以下要求：

(1)安装高度：

$$H_{TNT} = 0.4m_{TNT}^{1/3} \tag{9.8.3}$$

式中，$H_{TNT}$ 为 TNT 装药安放高度，单位为 m；$m_{TNT}$ 为 TNT 装药量，单位为 kg；

(2)安装支架：木质或其他一次性使用的轻质托弹架。

(3)起爆位置：对球形装药，在中心起爆；对圆柱形装药，在轴线的一端起爆。

3. 爆心与测点的相对位置

在标定前，先对云爆战斗部爆炸的压力场进行预估，然后按被标定的压力传感器测量 TNT 爆炸的超压与云爆战斗部爆炸的超压近似相同的原则，来确定 TNT 炸药布置点与被标传感器的距离。如果压力传感器布置在一条测线上，而且云爆战斗部的装药量较小，则压力传感器可同时标定；如果云爆战斗部的装药量较大，可以采用相同的多个药量对测线上布放的压力传感器分别进行标定。如果压力传感器布置在两条测线上，可以采用相同的多个药量对测线上布放的压力传感器分别进行标定。

4. 标定试验次数与顺序

标定试验的次数与顺序按照以下原则进行：

(1)传感器的数目为 6～12 个时，标定试验至少进行 6 次，试验开始进行 2 次，试验中间进行 2 次，试验最后进行 2 次。

(2)传感器数目大于 12 个时，标定试验至少进行 3 次，试验开始进行 1 次，试验中间进行 1 次，试验最后进行 1 次。

### 9.8.4 云爆战斗部 TNT 当量计算

本节介绍传感器数目不小于 12 个的情况。

1. 单发云爆战斗部 TNT 当量计算

通过单发云爆战斗部爆炸实测峰值超压来计算 TNT 当量的方法和过程如下：

(1)单发云爆战斗部爆炸试验。

在第一条测线上大致均匀分布的不同半径 $R_j$($j$=1，2，…，$m$；$m$≥6)上，分别测得 $m$ 个冲击波峰值超压 $Q_j$($j$=1，2，…，$m$；$m$≥6)，代入已确定系数的 TNT 炸药公式(9.8.4)，得到至少 $m$ 个 TNT 当量值 $Q_j$($j$=1，2，…，$m$；$m$≥6)，可用式(9.8.5)求出平均 TNT 当量 $\overline{Q}_{11}$，用式(9.8.6)求标准不确定度 $\sigma_{11}$。

$$\Delta p_m = \alpha_1 \frac{Q^{1/3}}{R} + \alpha_2 \left(\frac{Q^{1/3}}{R}\right)^2 + \alpha_3 \left(\frac{Q^{1/3}}{R}\right)^3 \tag{9.8.4}$$

式中，$\Delta p_m$ 为冲击波峰值超压，$10^5$Pa；$Q$ 为 TNT 当量，kg；$R$ 为冲击波到达距离，m；$\alpha_1$、$\alpha_2$、$\alpha_3$ 为系数。

$$\overline{Q}_{11} = \frac{1}{m}\sum_{j=1}^{m} Q_j \tag{9.8.5}$$

$$\sigma_{11} = \left[\frac{1}{m(m-1)}\sum_{j=1}^{m}(Q_j - \overline{Q}_{11})^2\right]^{1/2} \tag{9.8.6}$$

所以，利用第一条测线上测得的峰值超压确定的 TNT 当量为：

$$Q_{11} = \overline{Q}_{11} \pm \sigma_{11} \tag{9.8.7}$$

式中，$Q_{11}$ 为第一条测线上测得的峰值超压确定的 TNT 当量，kg；$\overline{Q}_{11}$ 为第一条测线上测得的峰值超压确定的 TNT 当量的平均值，kg；$\sigma_{11}$ 为第一条测线上测得的峰值超压确定的 TNT 当量的标准不确定度，kg。

按照与第一条测线同样的计算方法，得到第二条测线上的平均 TNT 当量 $\overline{Q}_{12}$ 和标准不确定度 $\sigma_{12}$，则第二条测线上测得的峰值超压确定的 TNT 当量为：

$$Q_{12} = \overline{Q}_{12} \pm \sigma_{12} \tag{9.8.8}$$

式中，$Q_{12}$ 为第二条测线上测得的峰值超压确定的 TNT 当量，kg；$\overline{Q}_{12}$ 为第二条测线上测得的峰值超压确定的 TNT 当量的平均值，kg；$\sigma_{12}$ 为第二条测线上测得的峰值超压确定的 TNT 当量的标准不确定度，kg。

(2)极差法确定标准不确定度。

从式(9.8.7)和式(9.8.8)可以看出，对于一发爆炸试验，利用两条测线实测峰值超压确定的 TNT 当量相当于 4 个值，即

$$\begin{aligned} Q_1 &= \overline{Q}_{11} + \sigma_{11} \\ Q_2 &= \overline{Q}_{11} - \sigma_{11} \\ Q_3 &= \overline{Q}_{12} + \sigma_{12} \\ Q_4 &= \overline{Q}_{12} - \sigma_{12} \end{aligned} \tag{9.8.9}$$

其平均值为

$$\overline{Q}_1 = (Q_{11} + Q_{12})/2 \tag{9.8.10}$$

标准偏差采用式(9.8.11)计算：

$$s(\overline{x}) = (Q_{\max} - Q_{\min})/d_k \tag{9.8.11}$$

式中，$s(\overline{x})$ 为标准偏差；$Q_{\max}$ 为 TNT 当量的最大值；$Q_{\min}$ 为 TNT 当量的最小值；$d_k$ 为极差法的系数，其与样本量 $k$ 的关系在表 9.8.1 中给出。

**表 9.8.1　极差法的系数 $d_k$**

| $k$ | 2 | 3 | 4 | 5 | 6 | 7 | 8 | 9 | 10 |
|---|---|---|---|---|---|---|---|---|---|
| $d_k$ | 1.13 | 1.69 | 2.06 | 2.33 | 2.53 | 2.70 | 2.85 | 2.97 | 3.08 |

极差法确定的标准不确定度用式(9.8.12)计算：

$$\sigma_f = s(\bar{x}) / \sqrt{k} \tag{9.8.12}$$

式中，$\sigma_f$ 为极差法确定的标准不确定度；$s(\bar{x})$ 为标准偏差；$k$ 为样本数量。

(3)式(9.8.3)引入的标准不确定度计算。

置信度为0.95时，利用TNT爆炸试验确定的式(9.8.4)引入云爆战斗部爆炸TNT当量的相对标准偏差为：

$$\frac{s_T}{\bar{Q}} = 2 \times \xi\% \tag{9.8.13}$$

假设测量值在允许误差极限范围内的概率分布为均匀分布，则利用式(9.8.4)引入云爆战斗部爆炸TNT当量的标准不确定度为：

$$\sigma_T = s_T / k_T \tag{9.8.14}$$

式中，$\sigma_T$ 为使用式(9.8.4)计算TNT当量引入的标准不确定度；$k_T$ 为概率分布的置信因子，此处 $k = \sqrt{3}$ 。

(4)合成标准不确定度。

合成标准不确定度 $\sigma_c$ 用式(9.8.15)计算：

$$\sigma_c = \sqrt{\sigma_f^2 + \sigma_T^2} \tag{9.8.15}$$

(5)扩展不确定度。

置信水平为0.95时，扩展不确定度 $u_1$ 用式(9.8.16)计算：

$$u_1 = 2\sigma_c \tag{9.8.16}$$

(6)单发TNT当量。

对单发云爆战斗部爆炸TNT当量计算结果用式(9.8.17)表述：

$$Q_1 = \overline{Q_1} \pm u_1 \tag{9.8.17}$$

2. 多个云爆战斗部装药战斗部爆炸试验TNT当量的计算

如果用 $N$ 个相同云爆战斗部试验来评价爆炸威力，那么按照9.5.4节提供的步骤和计算方法分别求出第 $i(i=1, 2, \cdots, N)$ 个云爆战斗部的TNT当量，用式(9.8.18)表示：

$$Q_i = \overline{Q_i} \pm u_i \tag{9.8.18}$$

式中，$Q_i$ 为第 $i$ 个云爆战斗部的爆炸TNT当量；$\overline{Q_i}$ 为第 $i$ 个云爆战斗部的两条测线上的平均TNT当量；$u_i$ 为第 $i$ 个云爆战斗部的爆炸TNT当量的扩展不确定度。

$N$ 个云爆战斗部爆炸TNT当量的可能值为 $\overline{Q_1}+\mu_1, \overline{Q_1}-\mu_1, \overline{Q_2}+\mu_2, \overline{Q_2}-\mu_2, \cdots, \overline{Q_i}+\mu_i, \overline{Q_i}-\mu_i$ 。其算术平均值 $\bar{Q}$ 用式(9.8.19)计算，标准不确定度用式(9.8.20)计算，扩展不确定度用式(9.8.16)计算。

$$\bar{Q} = \frac{\sum_{i=1}^{N} \overline{Q_i}}{N} \tag{9.8.19}$$

$$\sigma\left[ = \frac{1}{2N(2N-1)} \sum_{i=1}^{N} (\overline{Q_i} \pm u_i - \bar{Q})^2 \right]^{1/2} \tag{9.8.20}$$

$N$ 个云爆战斗部爆炸 TNT 当量测量结果的最终表述用式(9.8.21)表示：

$$Q = \overline{Q} \pm u(\text{kg TNT}) \tag{9.8.21}$$

3. 云爆战斗部的比当量计算

每一发云爆战斗部爆炸 TNT 当量测量结果的最终表述式(9.8.18)与云爆战斗部装药质量 $m_F$ 之比，即为每发云爆战斗部爆炸的比当量 $q_i$。

$$q_i = (\overline{Q_i} \pm u_i)/m_F \tag{9.8.22}$$

$N$ 发云爆战斗部爆炸 TNT 当量测量结果的最终表述式(9.8.21)与云爆战斗部装药量 $m_F$ 之比，即为此种云爆战斗部爆炸测量结果的综合比当量 $q$。

$$q = (\overline{Q} \pm u)/m_F \tag{9.8.23}$$

## 9.8.5　TNT 当量计算

本节介绍传感器数目为 6 ~ 12 个的情况。

1. 单发云爆战斗部爆炸 TNT 当量计算

(1)单发云爆战斗部爆炸试验。在一条测线上大致均匀分布的 $m$ 个不同半径 $R_j(j=1, 2, \cdots, m; m \geqslant 6)$ 上，分别测得冲击波峰值超压 $\Delta p_{mj}(j=1, 2, \cdots, m; m \geqslant 6)$，代入已确定系数的 TNT 炸药式(9.8.4)，得到 $m$ 个 TNT 当量值 $Q_j(j=1, 2, \cdots, m, m \geqslant 6)$。利用式(9.8.24)求出平均 TNT 当量 $\overline{Q_1}$，并利用式(9.8.25)求出标准不确定度 $\sigma_1$。

$$\overline{Q_1} = \frac{1}{m}\sum_{j=1}^{m} Q_j \tag{9.8.24}$$

$$\sigma_1 = \left[\frac{1}{m(m-1)}\sum_{j=1}^{m} (Q_j - \overline{Q_1})^2\right]^{1/2} \tag{9.8.25}$$

(2)用式(9.8.14)计算标准不确定度。

(3)用式(9.8.15)计算合成标准不确定度。

(4)用式(9.8.16)计算扩展不确定度。

(5)对单发云爆战斗部爆炸 TNT 当量，用式(9.8.26)最终表述：

$$Q_1 = \overline{Q_1} \pm u_1 \tag{9.8.26}$$

2. 多发云爆战斗部爆炸 TNT 当量的计算

如果用 $N$ 个相同云爆战斗部试验来评价爆炸威力，那么按照上述提供的步骤和计算方法分别求出第 $i(i=1, 2, \cdots, N)$ 个云爆战斗部的 TNT 当量，用式(9.8.27)表示：

$$Q_i = \overline{Q_i} \pm u_i \tag{9.8.27}$$

式中，$Q_i$ 为第 $i$ 个云爆战斗部的爆炸 TNT 当量；$\overline{Q_i}$ 为第 $i$ 个云爆战斗部的两条测线上的平均 TNT 当量；$u_i$ 为第 $i$ 个云爆战斗部的爆炸 TNT 当量的扩展不确定度。

$N$ 个云爆战斗部爆炸 TNT 当量的可能值为 $\overline{Q_1}+\mu_1, \overline{Q_1}-\mu_1, \overline{Q_2}+\mu_2, \overline{Q_2}-\mu_2, \cdots, \overline{Q_i}+\mu_i, \overline{Q_i}-\mu_i$。其算术平均值 $\overline{Q}$ 用式(9.8.28)计算，标准不确定度用式(9.8.29)计算，扩展不确定度用式(9.8.16)计算。

$$\overline{Q} = \frac{\sum_{i=1}^{N} \overline{Q_i}}{N} \tag{9.8.28}$$

$$\sigma = \left[\frac{1}{2N(2N-1)}\sum_{i=1}^{N}(\overline{Q_i} \pm u_i - \overline{Q})^2\right]^{1/2} \tag{9.8.29}$$

$N$ 个云爆战斗部爆炸 TNT 当量测量结果的最终表述用式(9.8.30)表示：

$$Q = \overline{Q} \pm u(\text{kg TNT}) \tag{9.8.30}$$

3. 云爆战斗部爆炸的比当量计算

云爆战斗部爆炸的比当量按照9.8.4节的步骤和方法进行计算。

### 9.8.6 试验结果的评定

云爆战斗部爆炸威力的评定采用实测的综合比当量参数 $q$ 和扩展不确定度 $u$ 来表述，比威力 $q$ 大，说明燃料的爆炸威力较高；$u$ 较小，说明燃料的爆炸稳定性较好。

### 9.8.7 试验报告

试验报告的主要内容包括以下方面：

(1)试验目的。

(2)试验内容。

(3)试验程序。

(4)试验条件。

(5)试验场地布局。

(6)试验结果，包含数据记录表格、计算表格、实测波形。

(7)试验结果评定。

### 9.8.8 传感器的布置

1. 自由场型传感器

1)位置

传感器布置位置应符合以下要求：

(1)布置在以战斗部地面零点(即战斗部在地面的投影点)为中心的地面放射线上，保证每个测量半径上有效的测量数据不少于1个。

(2)在20~500 kPa峰值超压范围内，至少有6个不同测量半径上布置有传感器。

① 当传感器的数目大于6个少于12个时，可将传感器布置在一条测线上。

②当传感器数目大于12个时，可以分成两条测线布置，测线夹角为60°~90°，并使相同半径上的测点数不少于2个。

2)安装

每个测点上的传感器安装必须符合以下要求：

(1)传感器固定在体积小、流线型好的支架上，支架在压力传感器敏感部位的后面，并且与传感器的敏感部位相距20 cm以上。

(2)传感器离地面的高度不大于20 cm。

2. 壁面传感器

1)位置

位置同自由场型传感器。

2)固定

传感器布置位置应符合以下要求：

(1)传感器固定在表面平整、直径不小于20 cm的钢板中心。$H_F = 0.8m_F^{0.14}$。

(2)传感器敏感部位的表面与钢板表面平齐。

(3)钢板表面与地面基本平齐并贴实。

3. 测试仪器和记录设备

试验所用的冲击波压力传感器可选择自由场型和壁面型两类压力传感器，传感器、适配器在试验前经计量检定机构超压范围内的动态标定测量，经检定合格，并在有效期内，其性能指标满足：

(1)固有频率：200～500 kHz；

(2)上升前沿：<5 μs；

(3)线性度：≤0.5%。

试验所用记录仪器应为合格产品，试验前须经计量检定机构检定合格，并在有效期内，其性能指标满足：

(1)单通道采样速率：不低于1 Ms/s；

(2)单通道记录长度：不小于120 ks；

(3)AD分辨率：不小于8 bit。

## 9.9 子母战斗部的开舱、抛撒试验

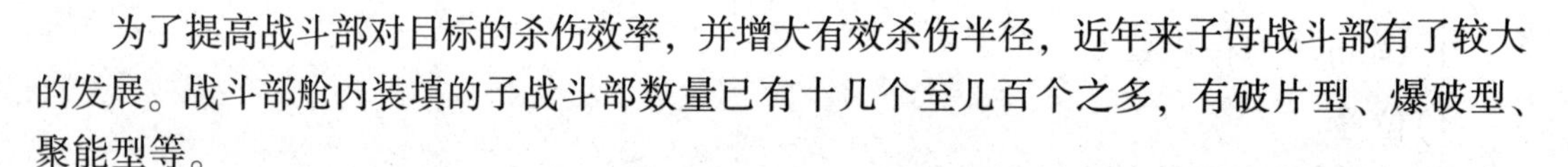

为了提高战斗部对目标的杀伤效率，并增大有效杀伤半径，近年来子母战斗部有了较大的发展。战斗部舱内装填的子战斗部数量已有十几个至几百个之多，有破片型、爆破型、聚能型等。

子母战斗部的开舱高度、子战斗部的抛撒面积和落点分布直接影响子母战斗部的有效杀伤半径和破坏威力，因此需对开舱和子战斗部抛撒落点进行测量。可采用高速摄影、遥测以及人工寻找落点等方法。

## 9.10 战斗部试验数据的处理

通过战斗部威力试验，可得到大量的数据，从这些数据中提取出有用的信息，归纳出内在的规律，找出数据之间的关系是进行试验的主要目的。必须指出的是，试验方法的正确性和测量数据的准确性是其基本前提。

## 9.10.1　试验数据的分类和特征参数

1. 试验数据的分类

试验数据可以按不同的方法分类。

(1)按数据是否可以用单位量测来分，例如：穿甲的深度、穿孔的大小、有效破片的数量等。还有一种是不能以单位量测的，例如：导弹命中目标的概率、单发导弹对目标的毁伤概率、目标的易损程度等。前者可通过取大致位置(算术平均值)和数据分散程度(标准差)来表征，后者则需用统计的方法来表征。

(2)按数据是否随时间改变而分。一种是不随时间改变，可重复测量的数据(静态数据)，例如装甲板上所留下的破孔，其大小就可以反复多次测量；另一种是随时间而变化的数据(动态数据)，如距离云爆弹爆炸中心某一距离处的冲击波超压值等。

2. 试验数据的特征参数

表征静态试验数据的特征参数主要是样本算术平均值和标准偏差(或称均方根误差)。

## 9.10.2　试验数据的处理

通过战斗部威力试验，可以得到一系列数据，例如，在测试破片速度衰减时，通过沿某一方向所设置的不同距离上的网靶或光电靶可测得不同的飞行时间，若已知各网靶之间的距离，即可计算破片飞过各靶间的平均速度 $v_1$，$v_2$，$v_3$，…。又如，在测量战斗部爆炸冲击波超压时，在距爆心不同距离处放置传感器，测得超压峰值 $\Delta p_1$，$\Delta p_2$，$\Delta p_3$，…。试验数据处理的任务是确定数据之间的函数关系。处理试验数据常采用的方法有列表法、图示法和经验公式法。

1. 列表法

一般有两种表格：一种是原始记录表，一种是函数表。原始数据表应包括试验目的、试验内容、试验日期、环境条件、使用仪器、原始数据、测试数据、计算结果、测试人员和负责人。

在函数表中应列入自变量与因变量之间的对应值，例如破片速度测试结果见表9.10.1。

**表9.10.1　破片速度**

| 网靶距爆心的距离/m | 平均速度/($m \cdot s^{-1}$) |
|---|---|
| 3 | 2 200 |
| 8.5 | 1 910 |
| 13.5 | 1 520 |
| 18 | 740 |

列表法的优点是简便，数据易于比较。缺点是不能给出函数关系，变量多时难以表示。

2. 图示法

将列表法中的变量与自变量之间的关系绘制在坐标纸上，就是图示法。绘图时，应选择坐标，适当分度，否则难以表示出函数关系。

图示法的优点是直观，对最大、最小、转折、奇异等一目了然。缺点是不能进行数学分析。

3. 经验公式法

不仅可用图示法表示各参量试验数据之间的关系，还可以用与图示法相对应的经验公式法来表示。针对图形特点选择某一解析几何关系，如双曲线、指数曲线、幂函数曲线、对数曲线等。

其在很大程度上依靠经验，并反复试选，即如果某种公式不满意，可再试配另一种。如果仍难以判断属于哪一种类型，也可采用回归分析法。

## 思考题

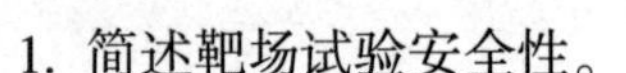

1. 简述靶场试验安全性。
2. 简述战斗部试验用技术条件与技术标准。
3. 简述战斗部威力试验常用的设备及分类。
4. 简述试验数据的分类和特征参数。
5. 简述处理试验数据常采用的方法。

## 参考文献

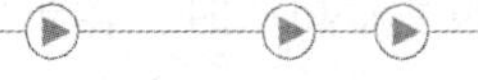


[1]张国伟，徐立新，张秀艳．终点效应及靶场试验[M]．北京：北京理工大学出版社，2009.

[2]畅里华．电炮加载下靶板的高速摄影技术研究[J]．应用光学，2008，29(1)：27-30.

[3]任远华，李克明．一种测试杀伤破片平均飞散速度的新型仪器[J]．兵工自动化，1982，1(1)：82-88.

[4]张建生，吕青，孙传东，等．高速摄影技术对水中气泡运动规律的研究[J]．光子学报，2000，29(10)：952-955.

[5]汪斌，张光升，高宁，等．高速摄影技术在水下爆炸气泡脉动研究中的应用[J]．含能材料，2010，18(1)：102-106.

[6]孟湘红，刘培志．空间交会定向战斗部引信系统的时间匹配特性研究[J]．现代引信，1997，19(1)：17-21.

[7]武存浩，杨嘉陵，臧曙光，等．鸟撞高速摄影试验与过程研究[J]．北京航空航天大学学报，2001(3)：332-335.

[8]丁佳．火箭撬系统动力学建模和振动载荷研究[D]．南京：南京航空航天大学，2013.

[9]焦志刚，杜宁，贺玉民，范祎，杨莹．EFP 速度测量的高速摄影试验研究[J]．火力与指挥控制，2018，43(6)：180-183.

[10]焦志刚，杜宁，范龙刚，黄维平．弹丸脱靶量及速度测量的高速摄影试验[J]．火力与指挥控制，2017，42(11)：191-194.

[11]曹柏桢，凌玉崑，蒋浩征，等. 飞航导弹战斗部与引信[M]. 北京：中国宇航出版社，1995.

[12]GJB 5412—2005，燃料空气炸药(云爆战斗部)类弹种爆炸参数测试及爆炸威力评价方法[S]. 北京：中国标准出版社，2005.

# 附 录

## 附录1　声速 $C$ 随高度 $y$ 变化的数值

| y/m | 0 | 100 | 200 | 300 | 400 | 500 | 600 | 700 | 800 | 900 |
|---|---|---|---|---|---|---|---|---|---|---|
| 0 | 341. 3 | 340. 7 | 340. 4 | 340. 0 | 339. 6 | 339. 2 | 338. 9 | 338. 5 | 338. 1 | 337. 7 |
| 1 000 | 337. 3 | 337. 0 | 336. 6 | 336. 2 | 335. 8 | 335. 5 | 335. 1 | 334. 7 | 334. 3 | 333. 9 |
| 2 000 | 333. 5 | 333. 2 | 332. 8 | 332. 4 | 332. 0 | 331. 6 | 331. 2 | 330. 9 | 330. 5 | 330. 1 |
| 3 000 | 329. 7 | 329. 3 | 328. 9 | 328. 5 | 328. 2 | 327. 8 | 327. 4 | 327. 0 | 326. 6 | 326. 2 |
| 4 000 | 325. 3 | 325. 4 | 325. 0 | 324. 6 | 324. 3 | 323. 9 | 323. 5 | 323. 1 | 322. 7 | 322. 3 |
| 5 000 | 321. 9 | 321. 5 | 321. 1 | 320. 7 | 320. 3 | 319. 9 | 319. 5 | 319. 1 | 318. 7 | 318. 3 |
| 6 000 | 317. 9 | 317. 5 | 317. 1 | 316. 7 | 316. 3 | 315. 9 | 315. 5 | 315. 1 | 314. 7 | 314. 3 |
| 7 000 | 313. 9 | 313. 5 | 313. 1 | 312. 6 | 312. 2 | 311. 8 | 311. 4 | 311. 0 | 310. 6 | 310. 2 |
| 8 000 | 309. 8 | 309. 4 | 309. 0 | 308. 5 | 308. 1 | 307. 7 | 307. 3 | 306. 9 | 306. 5 | 306. 1 |
| 9 000 | 305. 6 | 305. 2 | 304. 8 | 304. 4 | 303. 9 | 303. 5 | 303. 2 | 302. 8 | 302. 4 | 302. 1 |
| 10 000 | 301. 8 | 301. 5 | 301. 2 | 300. 9 | 300. 7 | 300. 4 | 300. 2 | 300. 0 | 299. 8 | 299. 6 |
| 1 100 | 299. 4 | 299. 3 | 299. 2 | 299. 0 | 298. 9 | 298. 8 | 398. 8 | 298. 7 | 298. 7 | 298. 7 |
| 12 000 ~ 31 000 | | | | | | | | | | |
| 注：声速 C 的单位 m/s。 | | | | | | | | | | |

## 附录2　1943 年阻力定律的 $C_{xon}$–$Ma$

| Ma | 0 | 1 | 2 | 3 | 4 | 5 | 6 | 7 | 8 | 9 |
|---|---|---|---|---|---|---|---|---|---|---|
| 0. 7 | 0. 157 | 0. 157 | 0. 157 | 0. 157 | 0. 157 | 0. 157 | 0. 158 | 0. 158 | 0. 159 | 0. 159 |
| 0. 8 | 0. 159 | 0. 160 | 0. 161 | 0. 162 | 0. 164 | 0. 166 | 0. 168 | 0. 170 | 0. 174 | 0. 178 |
| 0. 9 | 0. 184 | 0. 192 | 0. 204 | 0. 219 | 0. 234 | 0. 252 | 0. 270 | 0. 287 | 0. 302 | 0. 314 |
| 1. 0 | 0. 325 | 0. 334 | 0. 343 | 0. 351 | 0. 357 | 0. 362 | 0. 366 | 0. 370 | 0. 373 | 0. 376 |
| 1. 1 | 0. 378 | 0. 379 | 0. 381 | 0. 382 | 0. 382 | 0. 383 | 0. 384 | 0. 384 | 0. 385 | 0. 385 |

续表

| Ma | 0 | 1 | 2 | 3 | 4 | 5 | 6 | 7 | 8 | 9 |
|---|---|---|---|---|---|---|---|---|---|---|
| 1.2 | 0.384 | 0.384 | 0.384 | 0.383 | 0.383 | 0.382 | 0.382 | 0.381 | 0.381 | 0.380 |
| 1.3 | 0.379 | 0.379 | 0.380 | 0.377 | 0.376 | 0.375 | 0.374 | 0.373 | 0.372 | 0.371 |
| 1.4 | 0.370 | 0.370 | 0.39 | 0.368 | 0.367 | 0.366 | 0.365 | 0.365 | 0.364 | 0.363 |
| 1.5 | 0.362 | 0.361 | 0.359 | 0.358 | 0.357 | 0.356 | 0.355 | 0.354 | 0.33 | 0.353 |
| 1.6 | 0.352 | 0.350 | 0.349 | 0.348 | 0.347 | 0.346 | 0.345 | 0.344 | 0.353 | 0.353 |
| 1.7 | 0.342 | 0.341 | 0.340 | 0.339 | 0.338 | 0.337 | 0.336 | 0.335 | 0.334 | 0.333 |
| 1.8 | 0.333 | 0.332 | 0.331 | 0.330 | 0.329 | 0.328 | 0.327 | 0.326 | 0.325 | 0.324 |
| 1.9 | 0.323 | 0.322 | 0.322 | 0.321 | 0.320 | 0.320 | 0.319 | 0.318 | 0.318 | 0.317 |
| 2.0 | 0.317 | 0.316 | 0.315 | 0.314 | 0.314 | 0.313 | 0.313 | 0.312 | 0.311 | 0.310 |
| 3.0 | 0.270 | 0.269 | 0.268 | 0.266 | 0.264 | 0.263 | 0.262 | 0.261 | 0.261 | 0.260 |
| 4.0 | 0.260 | 0.260 | 0.260 | 0.260 | 0.260 | 0.260 | 0.260 | 0.260 | 0.260 | 0.260 |

注：当 $Ma<0.7$ 时，$C_{xon}=0.157$，$C=C_{on}=341.2$ m/s。

## 附录 3　名称解释

1. 炮弹 cartridge；artillery round

供火炮射击用的弹药。通常由弹丸、药筒、发射装药和底火等组成。

2. 主用弹 main cartridge

用于直接毁伤目标的炮弹。如杀伤爆破弹、穿甲弹、纵火弹等。

3. 杀伤弹 fragmentation projectile

以弹丸的破片杀伤有生力量和毁伤目标的炮弹。

4. 爆破弹 blast projectile

以弹丸的炸药装药爆炸产生的爆轰波和冲击波超压破坏目标的炮弹。

5. 杀伤爆破弹 high explosive projectile

兼有杀伤和爆破作用的炮弹。

6. 底部排气弹 base bleed projectile

弹丸尾部装有燃烧时排出燃气的装置，使弹丸飞行中弹底阻力减小，以增加射程的炮弹。

7. 底凹弹 hollow base projectile

利用弹底的底凹结构来改善弹形、减小阻力、增加射程的炮弹。

8. 远程全膛弹 full-bore assisted projectile

弹丸具有良好的空气动力外形，弹体外形主要由弧形部和船尾部组成，弹丸长径比较大的炮弹。

9. 榴霰弹 shrapnel shell

弹丸内装有钢珠、钢柱、钢箭等预制杀伤元件，用于杀伤有生力量的炮弹。

10. 混凝土破坏弹 concrete-piercing projectile

用于破坏钢筋混凝土目标或坚实的砖石结构建筑物的炮弹。

11. 复合增程弹 compound assisted projectile

提高弹丸的断面密度，采用底排减阻技术或采用火箭增程、冲压发动机等两种或两种以上增程技术的增程炮弹。

12. 穿甲弹 armor-piercing projectile

主要依靠弹丸的动能或比动能穿透装甲、毁伤目标的炮弹。

13. 普通穿甲弹 common armor-piercing projectile

用优质合金钢制作弹体的适口径穿甲弹。

14. 脱壳穿甲弹 armor-piercing discarding sabot projectile

弹丸飞离炮口后，在一定距离上弹托分离的穿甲弹。

15. 增速穿甲弹 gain velocity armor-piercing projectile

用火炮发射并以火箭发动机增速的穿甲弹。

16. 穿甲爆破弹 armor-piercing high-explosive projectile

兼有穿甲和爆破作用的炮弹。

17. 穿甲纵火弹 armor-piercing incendiary projectile

装有纵火剂，穿甲后有一定纵火作用的穿甲弹。

18. 破甲弹 high explosive antitank(HEAT)projectile

以聚能效应形成的金属射流穿透装甲目标的炮弹。

19. 多用途破甲弹 multipurpose high explosive antitank projectile

兼有杀伤或纵火等作用的破甲弹。

20. 爆炸成形侵彻体 explosively formed penetrator(EFP)

利用聚能炸药装药的作用，把金属药型罩锻造成一个似高速弹丸，其外弹道具有飞行稳定性，最后以其动能侵彻装甲目标的弹药。又称为爆炸成形弹丸。

21. 碎甲弹 high explosive plastic projectile

利用炸药在装甲表面爆炸产生爆轰波，装甲内形成应力波，使装甲背面崩落呈碟形破片的炮弹。

22. 纵火弹 incendiary projectile

弹体内装有燃烧剂(或纵火元件)，爆炸后对目标具有纵火作用的炮弹。

23. 杀伤纵火弹 fragmentation incendiary projectile

兼有纵火作用的杀伤弹。

24. 杀伤爆破纵火弹 high explosive incendiary projectile

兼有杀伤、爆破和纵火作用的炮弹。

25. 火箭增程弹 rocket-assisted projectile

装有火箭发动机，用于增加弹丸射程的炮弹。

26. 末敏弹 terminal sensing projectile

在外弹道末段，能够自主地搜索、探测，直至命中并毁伤目标的弹药。

27. 末制导炮弹 terminally guided projectile

利用炮弹自身制导装置，在外弹道末段将弹丸导向目标的炮弹。其制导装置有激光末段制导、红外末段制导和毫米波末段制导等。

28. 炮射导弹 gun shooting guided missile

用火炮发射的一种有控弹药，能自主地导引攻击目标的一种弹药。

29. 特种弹 special projectile

利用特种效应完成特定战术任务的炮弹。如照明弹、干扰弹、电视侦察弹等。

30. 发烟弹 smoke projectile

弹丸内装有发烟剂，着发爆炸或空爆后能形成烟幕屏障或信号烟幕的炮弹。

31. 照明弹 illuminating projectile

弹丸内装有照明剂，在夜间利用其点燃后发出不同波长的强光来观察目标的炮弹。

32. 宣传弹 leaflet projectile

用于散发宣传品的弹。

33. 电视侦察弹 artillery launched TV

装有电视摄像和发送装置，通过拍摄图像对战地进行侦察、监视和观测的特种弹。

34. 战场监视弹 battle field monitoring shell

装有传感器用于远距离监测战场情况的特种弹。

35. 诱饵弹 decoy round

用产生的假目标信息来引诱导弹或探测器偏离或错判为真目标的特种弹。

36. 干扰弹 window projectile

能释放干扰物或产生干扰源的特种炮弹。

37. 箔条干扰弹 countermeasure chaff shell

以箔条作为干扰物，诱骗制导系统、探测器或使雷达发生漫反射的炮弹。

38. 红外干扰弹 infrared chaff shell

以红外诱饵炬产生的红外辐射能量，对红外探测器等起干扰作用的炮弹。

39. 电磁干扰弹 electromagnetic chaff shell

以产生的电磁波对电信号起干扰作用的炮弹。

40. 三无弹射弹 jet-shot without flash、smoke and noise

发射时，近似无声、无光、无烟的一种炮弹。适用于近距离杀伤有生力量或完成其他战斗任务。

41. 炸点指示弹 bursting point marker projectile

用爆炸产生的烟光效应来指示炸点位置的炮弹。

42. 校靶弹 harmonize cartridge

用于校检火炮与瞄准系统的惰性弹。专供航空炮校靶和试射用。

43. 定装式炮弹 fixed cartridge

弹丸与装药药筒结合为一个整体，发射药量不可调整，发射时一次装填的炮弹。

44. 分装式炮弹 separated cartridge

弹丸和装药药筒(或药包)未结合，发射药量可调整，发射时需分别装填的炮弹。

45. 药包分装式炮弹 separate loading cartridge

弹丸、发射药包和点火具未结合，发射时需分别装填的炮弹。

46. 旋转稳定式炮弹 spin-stabilized cartridge

用陀螺旋转稳定原理，依靠膛线的切向力矩赋予弹丸高速旋转保持飞行稳定的炮弹。

47. 尾翼稳定式炮弹 fin-stabilized cartridge

依靠尾翼产生的气动力保持飞行稳定的炮弹。

48. 超口径炮弹 super-caliber cartridge

弹丸直径大于发射该弹的火炮口径的炮弹。

49. 适口径炮弹 full bore cartridge

弹丸直径同发射该弹的火炮口径相适应的炮弹。

50. 次口径炮弹 subcaliber cartridge

飞行弹体、弹芯直径小于发射该弹的火炮口径的炮弹。

51. 无后坐炮弹 recoilless cartridge

用无后坐力炮发射的炮弹。

52. 迫击炮弹 mortar cartridge

配用于迫击炮，通常为从炮口装填，靠重力下滑动能击发底火而发射的炮弹。

53. 高射炮弹 antiaircraft cartridge

用高射炮发射，攻击空中目标的炮弹。

54. 航空炮弹 aircraft cartridge

用航空炮发射，主要用于攻击空中目标，也可攻击地面或水上目标的炮弹。

55. 舰(岸)炮弹 navy cartridge

用舰(岸)炮发射，用于攻击海上、空中和地面目标的炮弹。

56. 前装式炮弹 muzzle loading cartridge

发射时由炮口装填的炮弹。又称前膛炮弹。

57. 后装式炮弹 breech-loading cartridge

发射时由炮管后面装填的炮弹。又称后膛炮弹。

58. 雷弹 mine shell

以炮弹和火箭弹为载体，内装一定数量的反坦克地雷、反步兵地雷，发射后，在预定的高度开舱抛射出去，用于直接命中坦克等硬目标或未命中目标落地时成为地雷构成爆炸性障碍的弹药。

59. 装填性能 loading and discharging performance

弹药或其部件(药筒、弹壳)与其发射的武器之间进行反复装、退的性能。通常用射弹不卡弹或药筒(弹壳)不被破坏时所能达到的最大反复装填次数表示。

60. 填装物 filler

装入弹体(弹头壳、战斗部壳体)中满足某种战术技术要求的所有制品(或零部件)的集合。

61. 装填物质量 mass of filler

(1)弹体(弹头壳、战斗部壳体)内装填炸药的质量。

(2)弹体(弹头壳、战斗部壳体)内装填的零部件质量之和。

62. 装填物相对质量 relative mass of filler

表征弹丸(头)或战斗部装填物质量与其直径立方关系的特征量。

63. 装填容积 loading volume

弹体(弹头壳、战斗部壳体)或药筒(弹壳)盛装装填物的空间。

64. 装填条件 condition of charge

决定膛压、初速等内弹道参量的膛射弹药参量。如弹丸(头)质量、发射装药量、规格品号等。

65. 装填密度 charge density

火药装药量与药室容积或燃烧室容积之比。

66. 装药密度 loading density

装药弹(雷)体内，单位体积中所含炸药、烟火药的质量。

67. 装填系数 charge mass ratio

装填物质量与弹丸(头)或战斗部质量之比。

68. 体积装填系数 volumetric loading coefficient

推进剂装药的起始体积与燃烧室容积之比。

69. 截面装填系数 cross-section loading factor

推进剂装药的横截面面积与燃烧室内横截面面积之比。

70. 弹形系数 coefficient of ignorance

弹丸(头)或火箭弹外形特性对阻力影响的系数。它是弹药设计的重要参数，对同一阻力定律而言，弹形系数小，阻力就小。

71. 弹道系数 ballistic coefficient; coefficient of trajectory

弹丸(头)或火箭弹特征(弹形、弹径及弹丸或弹头质量)对弹道影响的综合系数。与弹形系数及阻力定律有关。

72. 破片 fragment

弹药爆炸后弹体自身形成的自然碎片或预置在弹体内的杀伤元。

73. 预制破片 preformed fragment

依据对目标的可能作用效果，为杀伤弹药预先设计制作的成形破片零件。

74. 半预制破片 preengraved fragment

采用预先在弹体的内、外表面或炸药外表面刻制沟槽等方法，在弹药爆炸后产生的所期望尺寸、形状、质量和数量的破片。

75. 有效破片 effective fragments

具有不低于毁伤目标要求的最小能力的破片。

76. 纵向飞散破片 vertical flying fragments

沿弹顶、弹底方向在台锥范围内飞散的破片。

77. 侧向飞散破片 side flying fragment

沿弹丸侧向球缺范围内飞散的破片。

78. 杀伤破片 killing fragments

对目标杀伤能力具有不低于规定要求的有效破片。

79. 有效杀伤破片 killing fragments

在一定范围或距离内，具有不低于杀伤、毁坏目标所必需的最小能力的破片。

80. 碟形破片 dished fragment

碎甲弹与装甲接触爆炸后，由层裂效应形成的呈碟形的破片。

81. 有效破片数 number of effective fragments

有效破片的数量。

82. 杀伤 kill；lethal

杀伤破片对生物的致死、致残或对非生物目标的毁坏。

83. 杀伤作用 killing effect

破片毁伤有生目标的功能。

84. 杀伤元 fragmentation element

对目标具有杀伤能力的预制破片、半预制破片及弹体爆炸自然形成的破片的统称。

85. 杀伤力 killability；killing power

破片对有生目标的毁伤能力。

86. 杀伤半径 killing radius；damage effect distance

弹药爆炸后，从爆点中心至具有满足一定杀伤概率处的最大距离。对杀伤弹，该距离称为破片杀伤半径；对爆破弹，该距离称为冲击波杀伤半径。

87. 密集杀伤半径 impact radius of whole number of shots

弹药爆炸后，从爆点中心至一定距离的扇形靶上，每一块标准人形靶上平均被一块破片击穿(未穿者二片算一片穿透)，此距离为扇形靶试验的密集杀伤半径。

88. 疏散杀伤半径 impact radius of half number shots

弹药爆炸后，从爆点中心至一定距离的扇形靶上，每一块标准人形靶上平均被半块破片击穿，此距离为扇形靶试验的疏散杀伤半径。

89. 最大杀伤半径 maximum killing radius

杀伤破片对目标具有毁伤能力的最大距离。

90. 杀伤面积 killing zone

球形靶试验中，弹丸或战斗部爆炸后，目标受到毁伤的概率为 1 的面积。

91. 杀伤标准 killing standard；lethal criterion

评定破片杀伤能力参数指标或判据。

92. 侵彻深度 penetrating depth

侵彻最深点至介质表面的直线距离。

93. 侵彻行程 penetrating travel

侵彻体在介质中运动的轨迹的长度。

94. 侵彻距离 penetrating distance

侵彻体侵入介质的进入点与终止点之间的距离。

95. 后效侵彻 residual penetration

穿甲弹或破甲弹的飞行弹体或金属射流穿透规定装甲靶板之后，再对其后的介质进行侵彻的能力。

96. 爆破 demolition

利用炸药的爆炸能量对目标进行破坏。

97. 爆破作用 blasting action

炸药的爆轰产物和冲击波对介质或目标破坏的一种功能。

98. 爆破力 blasting force

炸药的爆轰产物和冲击波对介质或目标的破坏能力。

99. 爆坑 crater

弹药在近地面爆炸后所形成的凹坑。

100. 标准型爆坑 standard crater

爆破弹在土壤中爆炸形成的半径等于深度的爆坑。

101. 减弱型爆坑 weak crater

爆破弹在土壤中爆炸形成的半径小于深度的爆坑。

102. 加强型爆坑 major crater

爆破弹在土壤中爆炸形成的半径大于深度的爆坑。

103. 穿甲作用 armor piercing effect

穿甲弹或飞行弹体用其动能侵彻或穿透装甲的功能。

104. 比动能 specific energy

(1)破片碰击目标的动能与其碰击面积的数学期望值之比。

(2)碰击目标时，弹丸动能与其横截面面积之比或脱壳穿甲弹的飞行弹体的动能与其横截面面积之比。

105. 断面比能 specific energy cross section

弹头单位横截面面积所具备的动能。

106. 穿甲系数 armor-piercing coefficient

计算穿甲弹极限穿透速度时，表征靶板性质、弹丸结构特征等的修正系数。

107. 极限穿透速度 limiting velocity of penetration

穿甲弹穿透规定装甲靶板的穿透概率为90%的最小着速。

108. 临界速度 critical velocity

穿甲弹穿透规定装甲靶板的穿透概率为50%时的着速。

109. 穿透 piercing

穿甲弹、破甲弹或爆炸成形侵彻体着靶后，在靶板背面有穿孔的现象。

110. 破甲作用 effect

破甲弹金属射流以其动能侵彻或穿透装甲的一种功能。

111. 炸高 standoff

(1)弹药爆炸时，炸点对目标(空中、地面、水面等)的距离。

(2)近炸引信和时间引信对目标作用时，炸点对目标的距离。

112. 有利炸高 favorable standoff(distance)

(1)弹药爆炸时，对应最佳战术效果的炸高(距)。

(2)破甲弹爆炸时，对应最大破甲深度的破甲炸高。

113. 破甲炸高 armor-penetrating standoff

破甲弹破甲时，药型罩口部端面至装甲表面的距离。

114. 药型罩 liner

具有特定形状的金属件，是破甲弹形成金属射流或爆炸成形侵彻体的零件。

115. 金属射流 metallic jet

聚能装药爆炸后，药型罩内层形成高于压垮速度的高速金属流。

116. 金属射流头部速度 velocity of metallic jet

侵彻目标前金属射流前端的速度。

117. 金属射流断裂 breakup of metallic jet

金属射流在运动中出现的不连续现象。

118. 压垮速度 collapsing velocity

炸药爆轰产物以很高的压力冲量作用于药型罩，使药型罩变形并向其几何轴线闭合的速度。

119. 杵体 slug

药型罩闭合时，外层金属形成小于压垮速度的金属体。

120. 飞溅 splashing

弹丸或金属射流碰击装甲瞬间，由碰击处飞散出金属碎片或残渣的现象。

121. 装药 charge；loading

依据规定功能需要，按照一定的工艺要求，将一定量的火药、炸药、烟火药及火工品药剂等填充到弹药有关零部件中的操作过程或最终结果。

122. 炸药装药 explosive charge

装入弹体内满足规定战术技术要求的炸药制品。

123. 炸药装药安全性 safety of explosive charge

射击或碰击目标时，弹丸或战斗部在最大过载情况下，炸药装药未经起爆不发生爆炸的性能。

124. 炸药装药爆炸完全性 complete explosion of explosive charge

弹丸、战斗部传爆系列中各爆炸元件依次适时起爆，激活炸药装药，能被完全起爆，并使炸能量完全释放的性能。

125. 聚能装药 shaped charge

为集中炸药爆轰能量，在一端采用特定凹陷或在凹陷表面放置药型罩，而在另一端起爆并使爆炸能量汇聚的装药。

126. 自锻破片装药 self-forging fragment charge

带有金属药型罩(半球形、球缺或大锥角)，爆炸后能形成破片或破片束的装药。

127. 发射装药 propelling charge

满足一定弹道性能要求，由发射药及必要的元部件按一定结构组成，用于发射的组件。

128. 全装药 full charge

射击时，使弹丸获得产品图样规定的最大初速的发射装药。

129. 强装药 super charge

进行弹药性能试验或火炮系统强度试验时，用提高制式发射药药温或改变其装药规格、品号的方法，获得最大设计膛压的发射装药。

130. 定装式装药 fixed charge

药筒与弹丸结合成一体，其装药量不可调整的发射装药。

131. 全定装药 full fixed charge

射击时，使弹丸获得一个固定最大初速的定装药。

132. 减定装药 reduced fixed charge

射击时，使弹丸获得的初速小于固定最大初速的定装药。简称减装药。

133. 分装式装药 separate charge

射击时，弹丸和发射装药分别装填的发射装药。简称分装药。

134. 药筒分装药 separate charge incartridge case

置于药筒中的分装式发射装药。

135. 药包分装药 separate charge in bags

置于药包中的分装式发射装药。

136. 变装药 unegual section charge

由基本药包(束)或若干附加药包(束)组成，射击时可调整附加药包(束)的个数，使弹丸获得几个固定初速中任一初速的发射装药。

137. 全变装药 white bag charge

射击时，使弹丸获得固定最大初速和部分较大等级初速的变装药。

138. 减变装药 green bag charge

射击时，使弹丸获得固定最小初速和部分较小等级初速的变装药。

139. 装药结构 configuration of propelling charge；configuration of explosive charge

(1)按内弹道和武器系统要求，将一定形状、尺寸和质量的发射药、点火药以及其他装药元件，按一定结构形式安放在药筒或药室中的一种装药配置。

(2)依据武器及弹药功能要求，将炸药按规定的工艺压入、注入或用其他方法装填于弹药药室而形成的结构形式。

140. 装药元件 element of charge

构成发射装药或炸药装药的零部件的统称。

141. 铸装法 melt loading process

将熔性炸药(不是全部)熔化成药浆，注入弹体药室或模具，冷却后凝固成型的装药方法。

142. 压铸法 pressure casting process；pressure diecasting process

固相含量高的塑态混合炸药或高黏度的药浆，加压注入弹体药室或模具，冷却、固化或凝固成型的装药方法。

143. 块铸法 cast loading process of added explosive block

用药块代替部分药浆，装入弹体药室的铸装装药方法。

144. 压装法 press loading process

将散粒状炸药装入弹体药室或模具，加压成型的装药方法。

145. 螺旋装药法 screw extruder loading process

将散粒状炸药用螺旋装药机挤压装入弹体药室的装药方法。

146. 塑态装药法 heatmelting to plastic loading process

将混合炸药组分中的低熔点炸药加热熔化，使其具有塑性和黏流性后，装填于大型弹体药室，再进行震动和真空处理、冷却、固化成型的装药方法。

147. 真空装药法 vacuum cast loading process

将熔铸或压铸炸药组分中的低溶点炸药熔化后做成药浆，注于处于负压状态下的弹体药室或模具或注入弹体药室后再进行真空处理、冷却、固化成型的装药方法。

148. 振动装药法 vibration loading process

用振动台将塑态炸药或高黏度药浆充满弹体药室后，固化或凝固成型的装药方法。

149. 精密装药法 precision process

使炸药装药的形状、尺寸、密度达到高精度要求和高质量的成型装药方法。

150. 药室装药底隙 clearance at chamber bottom

弹体装药后，药柱与药室底面出现的间隙。

151. 弹药相容性 compatibility of ammunition

弹药中的化工材料制品(火药、炸药及各种药剂等)相互之间、组分之间或与弹药其他零部件之间相接触时，其物理性能、化学性能的变化不超过规定范围的能力。

152. 拔弹力 bullet pull

从定装式炮弹药筒或枪弹弹壳中拔出弹丸或弹头所需的轴向拉伸外力。

153. 拔断力 pull-fractur force

半可燃药筒或半可消失药筒，在受轴向拉伸载荷作用下，药筒被拉断时所需的轴向拉伸外力。

154. 拔盖力 cap pull

从分装式炮弹的药筒中拔出密封盖所需的轴向拉伸外力。

155. 起爆 initiation

火药、炸药、烟火药在外界能量作用下，发生爆燃或爆轰的现象。

156. 爆炸 explosion

物质在瞬间释放出大量能量、产生高温、放出大量气体，并在周围造成高压的化学反应或状态变化的现象。

157. 爆炸序列 explosive train

弹药系统中，所有的爆炸元件一般均按输出能量递增的顺序依次排列的组合。达到把一个较小的冲量有控制地放大到足以完全起爆炸药装药所需的能量。

158. 爆轰波 detonation wave

伴有快速化学反应的冲击波。

159. 爆轰 detonation

爆轰波在炸药中自行传播的现象。

160. 爆燃 deflagration

炸药迅速燃烧的现象。其反应区向未反应物质中推进的速度小于未反应物质中的声速。是炸药爆轰与燃烧的中间状态。

161. 燃烧 combustion

释放出大量热和生成高温气体的、能在物质中自行传播的剧烈氧化还原反应。在常压下，传播速度通常为几毫米每秒到几十毫米每秒。

162. 爆点 bursting point

弹药爆炸时，在空间或落点的坐标位置。

163. 爆点高度 burst altitude

从爆点至地面、目标平面或水面的垂直距离。

164. 毁伤 damage

弹药对目标击毁、杀伤、损坏等作用效果的统称。

165. 击毁 destroy

弹药对武器装备、器材等轻型目标完全破坏的现象。

166. 摧毁 destroy

弹药对阵地、机场等大目标或坚固目标彻底破坏的现象。

167. 扇形靶 arc target

用同种材料、同一规格尺寸制作，并在不同距离上按一定角度呈扇形布置的靶。

168. 球形靶 spheroidal target

用同种材料、同一规格尺寸制作成球形的靶。

169. 标准人形靶 standard silhouetted target

用高为 1.5 m、宽为 0.5 m、厚为 0.5 m，含水量不大于 15% 且无腐蚀、节疤、虫孔、材质均匀的松木或击穿比能为 118 J/cm$^2$ 相对应厚度的均质板制成的人形靶。

170. 脱靶 miss

弹丸、火箭弹或飞行弹体未击中靶板或目标的现象。

171. 冲击波峰值超压 peak overpressure of shock wave

冲击波波阵面的最大超压(或波阵面的超压)称为冲击波的峰值超压。

172. 冲击波的到达时间 arrive time of shock wave

对爆炸场内某点而言，从爆炸开始到冲击波阵面到达距爆点某一距离的时间称为冲击波的到达时间，用 $t$ 表示。

173. FAE 战斗部 Fuel-Air Explosive warhead

以 FAE 燃料为主要装药的战斗部总称。

174. 比当量 ratio TNT-equivalent

FAE 战斗部爆炸的 TNT 当量与其装药质量之比称为比当量 $q$，$q=Q_F/m_F$。

175. 自由场型压力传感器 free-field used overpressure sensor

用来测量自由场流体冲击波压力的传感器。

176. 壁面型压力传感器 wall fixed overpressure sensor

安装在壁面且敏感面与壁面平齐的压力传感器。